Adobe官方认证标准教材

U0215042

Adobe Premiere Pro 官方认证标准教材

组织编写◎文森学堂
主编◎田荣跃　王师备　李艮基　沈欣怡

清華大學出版社
北　京

内 容 简 介

本书是Adobe系列中的Premiere Pro分册。本书共分为15章，内容包括了解视频编辑软件、创建项目、认识Premiere Pro工作界面、导入素材并添加到序列、剪辑的基本操作、视频效果、使用关键帧、添加过渡、执行高级修剪、抠像与图像合成技术、掌握调色技巧、音频修复与优化、创建文本与标题动画、渲染与导出、综合案例等。本书以丰富的案例为主导，将软件功能进行详细的拆解与讲述，通过实践引导读者理解理论知识、掌握软件操作步骤。案例难度由浅入深，适合各类读者学习与参考。

本书封面贴有清华大学出版社防伪标签，无标签者不得销售。
版权所有，侵权必究。举报：010-62782989，beiqinquan@tup.tsinghua.edu.cn。

图书在版编目（CIP）数据

Adobe Premiere Pro官方认证标准教材 / 文森学堂组织编写；田荣跃等主编. —北京：清华大学出版社，2023.5（2024.11 重印）

Adobe 官方认证标准教材

ISBN 978-7-302-63361-7

I. ① A… II. ①文… ②田… III. ①视频编辑软件—教材 IV. ① TP317.53

中国版本图书馆 CIP 数据核字（2023）第 061614 号

责任编辑：贾小红
封面设计：姜 龙
版式设计：文森时代
责任校对：马军令
责任印制：宋 林

出版发行：清华大学出版社
网 址：https://www.tup.com.cn, https://www.wqxuetang.com
地 址：北京清华大学学研大厦 A 座 **邮 编：**100084
社 总 机：010-83470000 **邮 购：**010-62786544
投稿与读者服务：010-62776969，c-service@tup.tsinghua.edu.cn
质量反馈：010-62772015，zhiliang@tup.tsinghua.edu.cn
印 装 者：三河市龙大印装有限公司
经 销：全国新华书店
开 本：185mm × 260mm **印 张：**15.75 **字 数：**367 千字
版 次：2023 年 6 月第 1 版 **印 次：**2024 年 11 月第 3 次印刷
定 价：89.80 元

产品编号：091656-01

丛书序

Adobe Systems 创建于 1982 年，是世界领先的数字媒体和在线营销方案的供应商。Adobe 的客户包括世界各地的企业、知识工作者、创意人士和设计者、OEM 合作伙伴，以及开发人员，Adobe 致力于通过数字体验改变世界，并通过革命性创新正在重新定义数字体验的可能性。

Adobe 致力于实现“人人享有创造力”，以帮助世界各地的客户实现他们创意故事并与世界分享所需的工具、灵感和支持。

Adobe Authorized Training Center（简称 AATC，中文：Adobe 授权培训中心）是 Adobe 全球官方培训体系服务机构，旨在为院校、企业、个人等提供符合 Adobe 标准的技术技能培训服务，让更多的人掌握 Adobe 技术技能，培训考试合格后获得相应证书，为客户创造价值。

这套由 Adobe 授权培训中心牵头并参与组织编写及开发的系列丛书和配套课程，经过精心策划，通过清华大学出版社、文森时代科技有限公司的通力合作，形成了这套标准系列丛书及配套课程视频，助力数字传媒专业建设和社会相关人员培养，也助力参加各类 Adobe 标准的技术技能认证考试的学员学习。

文森时代科技有限公司是清华大学出版社第六事业部的文稿与数字媒体生产加工中心，同时“清大文森设计学堂”是一个在线开放型教育平台，开设了各类直播课堂辅导，为高校师生和社会读者提供服务。

非常感谢清华大学出版社及文森时代科技有限公司组织创作的标准教材系列丛书及配套课程视频。

北京中科卓望网络科技有限公司

（Adobe 授权培训中心）

郭功清

前言

Adobe Premiere Pro 是一款非常优秀的视频编辑软件，是电视、电影、多媒体、短视频、调音调色等行业的专业软件。它具有丰富的视频编辑功能，包括视频剪辑、特效处理、视频调色、图形动画、音频处理等。无论读者是零基础的新手，还是视频编辑的爱好者，或者是从事专业影视剪辑、后期制作多年的专业人士，本书都为他们提供了符合需求的专业级设计内容。

随着视频编辑行业的不断发展与进步，Adobe 官方也在根据行业的需求进行不断的修改与完善，更新了大量的、高效的、创新的软件功能，帮助视频制作者更好、更快地实现创意，满足工作需要，能够顺利地应对工作中遇到的挑战，最终制作出高质量的优秀作品。

本书内容共分为 15 章。第 1 章是了解视频编辑软件，首先对 Adobe 公司相关软件进行简单介绍，然后介绍 Premiere Pro 的操作流程，以及视频的常见参数。第 2 章是创建项目，介绍创建项目、创建序列的一些设置功能，以及介绍软件的首选项设置、键盘快捷键。第 3 章是认识 Premiere Pro 工作界面，介绍 Premiere Pro 的工作区、面板功能，以及如何调整并建立适合自己的自定义工作区。第 4 章是导入素材并添加到序列，介绍几种不同格式的素材导入方法，如何在项目面板中管理素材，如何将素材添加到序列中，以及介绍【源监视器】【节目监视器】的功能按钮与区别。第 5 章是剪辑的基本操作，介绍如何编辑序列上的剪辑，以及如何查找间隙、使用标记面板等一些编辑过程中的基本操作，还介绍时间轴上的一些功能按钮。第 6 章是视频效果，介绍 Premiere Pro 中的各种视频效果，这些内置效果分为多种类型，有固定效果、标准效果，或者是基于轨道的效果等，还可以安装一些外置的插件效果。第 7 章是使用关键帧，了解关键帧动画并制作关键帧动画，在制作动画时了解关键帧插值类型，使用效果并添加关键帧，可以制作出多种案例。第 8 章是添加过渡，介绍视频过渡与音频过渡的类型与使用方法。第 9 章是执行高级修剪，介绍了一些其他剪辑工具，如何使用序列嵌套、如何改变视频速度、替换剪辑和素材、多机位剪辑、创建动态链接等功能。第 10 章是抠像与图像合成技术，了解图像合成技术、混合模式与通道，并学会几种抠像方法。第 11 章是掌握调色技巧，了解 Premiere Pro 的颜色工作流程，使用【Lumetri 颜色】面板对视频进行调色，配合【Lumetri 范围】面板在调色时进行监测。第 12 章是音频修复与优化，了解音频的类型与基本属性，使用【音频剪辑混合器】【音轨混合器】处理时间轴上的音频，使用【基本声音】面板修复和美化声音。第 13 章是创建文本与标题动画，学习如何创建文字、编辑文字样式，并配合图形制作标题文字动画，学会使用动态图形模板，学习如何创建滚动字幕、开放式字幕。

第 14 章是渲染与导出，学习在编辑过程中如何渲染序列、导出单帧、创建代理，了解导出设置，学习如何收集项目文件、使用 Adobe Media Encoder 进行批量导出。第 15 章是综合案例，结合前面所学知识，制作相对复杂的案例作品，检验读者的软件掌握水平。

为方便读者更好、更快地学习 Adobe Premiere Pro，本书在清大文森学堂上提供了大量辅助学习视频。清大文森学堂是 Adobe Certified Professional 中国运营管理中心教材的合作方，立足于“直播辅导答疑，打破创意壁垒，一站式打造卓越设计师”的理念，为读者提供丰富的，融学习、考证、就业、职场提升为一体的，系统、完善的学习服务。为本书提供的具体服务内容如下：

■ 5 小时 40 分钟的配书教学视频，以及书中所有实例的源文件、素材文件和教学课件 PPT。

■ Adobe Certified Professional 考试认证服务，通过该报名端口可快速报名 Adobe 国际认证考试，获得视觉设计、影视设计、网页设计等认证专家证书。

■ UI 设计、电商设计、影视制作训练营，以及平面、剪辑、特效、渲染等大咖课。课程覆盖入门学习、职场就业和岗位提升等各种难度的练习案例和学习建议，紧贴实际工作中的常见问题，通过全方位地学习，可掌握真正的就业技能。

读者可扫描下方的二维码，及时关注，高效学习。

本书配套视频

扫码报名考试

清大文森设计学堂

在清大文森学堂中，读者可以认识诸多的良师益友，让学习之路不再孤单。同时，还可以获取更多实用的教程、插件、模板等资源，福利多多，干货满满，期待您的加入。

本书经过精心的构思与设计，便于读者根据自己的情况翻阅学习。以案例为先导，推动读者熟悉和掌握软件操作是本书的创作出发点。如果读者是初学者，则可以循序渐进地通过精彩的案例实践，掌握软件操作的基础知识；如果读者是有一定使用 Adobe 设计软件经验的用户，也将会在书中涉及的高级功能中获取新知。读者可以从头至尾按顺序通读全书，也可以根据个人兴趣和需求阅读相关的章节。

目 录

第 6 章 视频效果 54

第 7 章 使用关键帧 89

第 8 章 添加过渡 108

第 9 章 执行高级修剪 126

第 1 章 了解视频编辑软件

学习本书前，先来了解一下视频编辑软件，我们熟知的 Premiere Pro 和 After Effects 都是后期制作经常用到的软件，还有 Photoshop、Illustrator 等平面软件，这些都是 Adobe 公司推出的产品，Adobe 公司是一家专门提供创意设计应用程序和服务的公司。随着人们对审美的要求日益提升，行业技术需求也在不断发展，Adobe 更新了大量的新功能，在电影、电视节目、广告设计等领域有着非常大的影响力。使用这些创意设计软件可以轻松、快捷地实现创意，完成高质量的作品，同时可以将作品发布到平台上，分享给所有人。Adobe 公司的 LOGO 如图 1-1 所示。

Adobe

图 1-1

1.1 了解 Adobe Premiere Pro 软件

工作中通常将 Adobe Premiere Pro 简称为“Pr”，它是一款非线性编辑软件，是用于电影、电视和网络视频编辑的专业软件，可以在软件中完成剪辑、添加效果、添加过渡、编辑音频、调整颜色、制作动态标题文字、添加字幕等多种任务，只要没有最终导出为媒体文件，随时可以打开项目，任意编辑或修改时间线上的内容。

无论是简单的短视频创作，还是复杂的电影电视节目，都可以通过 Premiere Pro 自由快捷地实现。在剪辑方面有滚动编辑、波纹编辑等多种剪辑方式；调色方面有专业的颜色工作区；制作字幕时具有单独的字幕轨道与语音转录功能；还有视频效果与音频处理等功能；各方面都表现非常优秀。

在编辑过程中 Premiere Pro 并不会改变原始素材，素材以链接的形式保存在项目中，可以将项目中的素材称为“剪辑”，进行剪辑的排列组合、添加效果与过渡、添加字幕等操作。

1.2 认识与 Premiere Pro 相关的软件

Adobe Premiere Pro 是由 Adobe 公司开发的 Adobe Creative Cloud 创意应用软件之一，其中还包含 Ae、Au、Ps、Ai、Me 等，图 1-2 所示是各软件 LOGO。无论是音视频、插画、动画设计、网站排版都可以借助 Adobe Creative Cloud 提供的软件和服务尽情发挥创意，完成自己的作品。Adobe Creative Cloud 创意应用软件之间密切关联，可任意切换，自发布以来不断提升与进步，根据行业创意需求拓展出更多新的功能，可以轻松、高效地实现创意作品。下面简单介绍一下各行业会用到的软件。

图 1-2

After Effects 简称 Ae，是一款用于电影视觉和动态图形的专业编辑软件，在制作影视特效、片头片尾、图形动画等方面表现优秀，可以导入 Photoshop、Illustrator 文件，导出动态图形模板与 Premiere Pro 协作，非常方便。

Adobe Audition 简称 Au，是一款专业的音频工作站，是一流的数字音频处理软件，具有创建、录制、编辑、混音等强大的音频处理功能，可以高质量地完成修复、混音等音频处理工作。

Adobe Photoshop 简称 Ps，是一款著名的图像处理软件，是设计制作行业必备的软件，用于设计海报和平面图像、修饰照片等。

Adobe Illustrator 简称 Ai，是一款专门创建矢量图形、图标、Web 图形的软件，广泛应用于平面设计、动画、插画等领域。

Adobe Media Encoder 简称 Me，是一款几乎拥有所有格式的视频渲染输出软件。它是视频编辑制作过程中必备的软件，主要用于作品编码输出、转换格式等环节，能够有效提升渲染速度和渲染质量。

1.3 视频编辑制作流程

在进行视频编辑创作时，你可能只是参与到其中的一部分，这是远远不够的，很多问题必须要了解全部创作流程后才能更好地解决，下面介绍整个作品创作过程的大致流程，以及 Premiere Pro 在各个阶段的强大功能。

1. 准备素材

一个完整的作品需要准备的素材有视频、图片、音频等各种原始素材，这些原始素材需要通过实际拍摄、录音将内容捕捉下来，以文件形式进行储存。

2. 创建项目

创建 Premiere Pro 项目，之后的所有编辑工作都在项目中进行。项目中包含了视频、音频、过渡、图形、字幕等剪辑。用来记录对素材编辑的所有操作。后续需要修改，直接打开项目文件就可以对工程进行重新编辑，这就是非线性编辑的特点，是开启视频编辑的第一步。

3. 导入素材

将素材导入 Premiere Pro 中，素材以链接的形式储存在【项目】面板中，可以新建【素材箱】将素材整理分类，以备后续剪辑使用。

在 Premiere Pro 中可以将这些素材捕捉下来并转换格式，整理存放到计算机中，方便我们更快地将素材进行转换、备份。这些素材在【项目】面板中可以直接预览，随时调取使用，还可以重命名、搜索。

4. 剪辑素材

使用剪辑手法加入叙事方式将影片完整表现出来。先将素材在【源监视器】中进行粗剪，去除多余内容，然后精剪，将素材放到序列上剪辑、拼接，灵活运用多种编辑工具进行二次创作，还可以对多机位的素材进行同时预览与编辑，快捷完成剪辑工作。

5．添加效果与过渡

对剪辑添加一些效果以增加其表现力。片段之间制作过渡，完成衔接，让整个影片视觉效果更加丰富。

Premiere Pro 的【效果】面板中存放着大量的视频效果、音频效果、视频过渡，还可以安装外置效果，并且将它们整理分类。完成编辑效果的参数设置，制作关键帧动画之后，这些操作还可以另存为预设，方便之后重复使用，可以提升工作效率。

6．配音调色

选择合适的配乐和音效，让整个影片的节奏更加突出；对画面颜色进行校正或个性化处理。

在 Premiere Pro 的音频工作区中有【基本声音】面板、【音频剪辑混合器】面板、【音轨混合器】面板，可以创建多个音轨，对音频进行更加细致的调整。

调色方面也有单独的颜色工作区，【Lumetri 颜色】面板、【Lumetri 范围】面板对视频进行专业化的校正，内置大量滤镜效果，一键应用，或者直接使用“自动校正”功能，即使不具备专业的调色知识，也可以完成调色工作。

7．添加文字

创建文字并编辑文字样式，配合【基本图形】面板制作复杂的标题动画、滚动字幕等，或者直接导入动态图形模板，只需稍加修改就能完成复杂的动画。

8．输出

将整个项目导出为影片，方便传输与观看，这是整个项目编辑的最后一步。Premiere Pro 可以将视频导出为多种格式，保存着大量预设，直接单击预设或者自定义都可以。此外还可以在 Adobe Media Encoder 中以队列形式批量导出，快速高质量地压缩视频。

1.4 了解视频基本信息

1．视频格式

在导出时首先要确定的就是导出格式，常用的格式有 MP4、MOV、AVI、GIF、PNG 等，这些格式都有其特点，如 MP4 是网络传输常用格式，MOV 可以附带透明通道，GIF 经常用于存放简短动画等。这些格式在这里简单介绍一下，在后面章节中讲到导出设置时会给大家做详细讲解。

2．视频分辨率

影像技术的发展使分辨率尺寸越来越大，从 SD（标清）到 HD（高清），再到 FHD（超高清）

4K、8K，画面越来越清晰，分辨率越来越高，如图 1-3 所示。

图 1-3

分辨率是指每个方向上中的像素数量，单位是 px。分辨率越高，画面中包含的像素就越多，画面越清晰。如 720px、1280px 即通常说的高清视频，视频尺寸一般为 1280px × 720px 或 1920px × 1080px 是指画面中横向像素值 × 纵向像素值，其中 1080px 又称全高清。

4K：指分辨率为 3840px × 2160px 或 4096px × 2160px 的超高清视频，分辨率是高清视频的 4 倍。

8K：指分辨率为 7680px × 4320px 的视频，是 4K 视频的 4 倍以上，视频分辨率更大，包含的像素更多，表示画面中包含的像素更多，视频分辨率更大、更加清晰。

3. 帧速率

帧速率是指 px 每秒刷新图片的帧数，也可以解释为图像处理器每秒能够刷新几次，单位是帧 / 秒。光对视网膜所产生的视觉，在光停止作用后，仍然保留一段时间的现象被称为视觉暂留，其具体应用是电影的拍摄和放映。如图 1-4 所示是卓别林的电影画面，当时这部电影就应用了视觉暂留。

因为这种特性，要生成连贯平滑的画面，最低帧速率不低于 8 帧 / 秒。在电影的发展过程中，早期的无声电影，由于技术困难，所以采用低帧速率进行拍摄。发展到现在人们用 24 帧 / 秒作为最常用的帧速率。但是一些影视作品不满足于此，开始尝试更高的帧速率，如李安导演的《比利 · 林恩的中场战事》就是采用 120 帧 / 秒制作的，如图 1-5 所示。

图 1-4

图 1-5

总之，帧速率直接影响画面的流畅度，帧速率越高，画面越流畅。

4. 电视广播制式

电视广播制式分为 NTSC、PAL、SECAM，是由不同国家的电压和频率决定的，我国大部分地区使用 PAL 制式，帧速率为 25 帧 / 秒，日本和欧美国家使用 NTSC 制式，帧速率为 29.97 帧 / 秒，法国、俄罗斯等国家使用 SECAM 制式。

5. 隔行扫描与逐行扫描

在进行序列设置时会看到关于场的设置，场的扫描类型有隔行扫描与逐行扫描。

隔行扫描如图 1-6 所示。最早的模拟电视都是使用隔行扫描的，将每一帧分为奇数场（A）与偶数场（B），先扫描奇数场再扫描偶数场，也就是扫描两次才能获得一帧图像，这种方法会造成图像闪烁，影响人们的观感。逐行扫描（C）在显示图像时，扫描方式从第一行开始逐行进行，扫描一次就可以完成一帧图像，不会出现闪烁问题，显示效果大大提升，所以现在的数字高清电视为了得到更高的图像质量，使用了逐行扫描的方式。

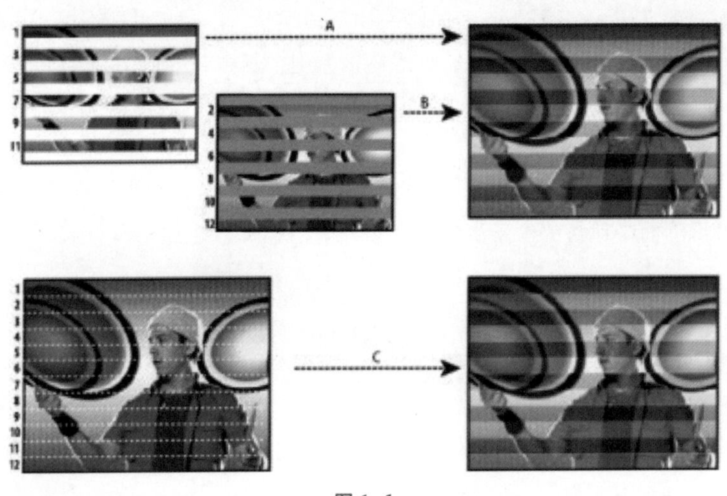

图 1-6

了解视频编辑的一些基本知识，可以帮助我们更深地理解非线性编辑，了解非线性编辑的优势所在。在以后的每个学习阶段基础理论都非常重要，掌握了这些基本概念我们才能更自由地发挥，实现创意，完成更好的作品。

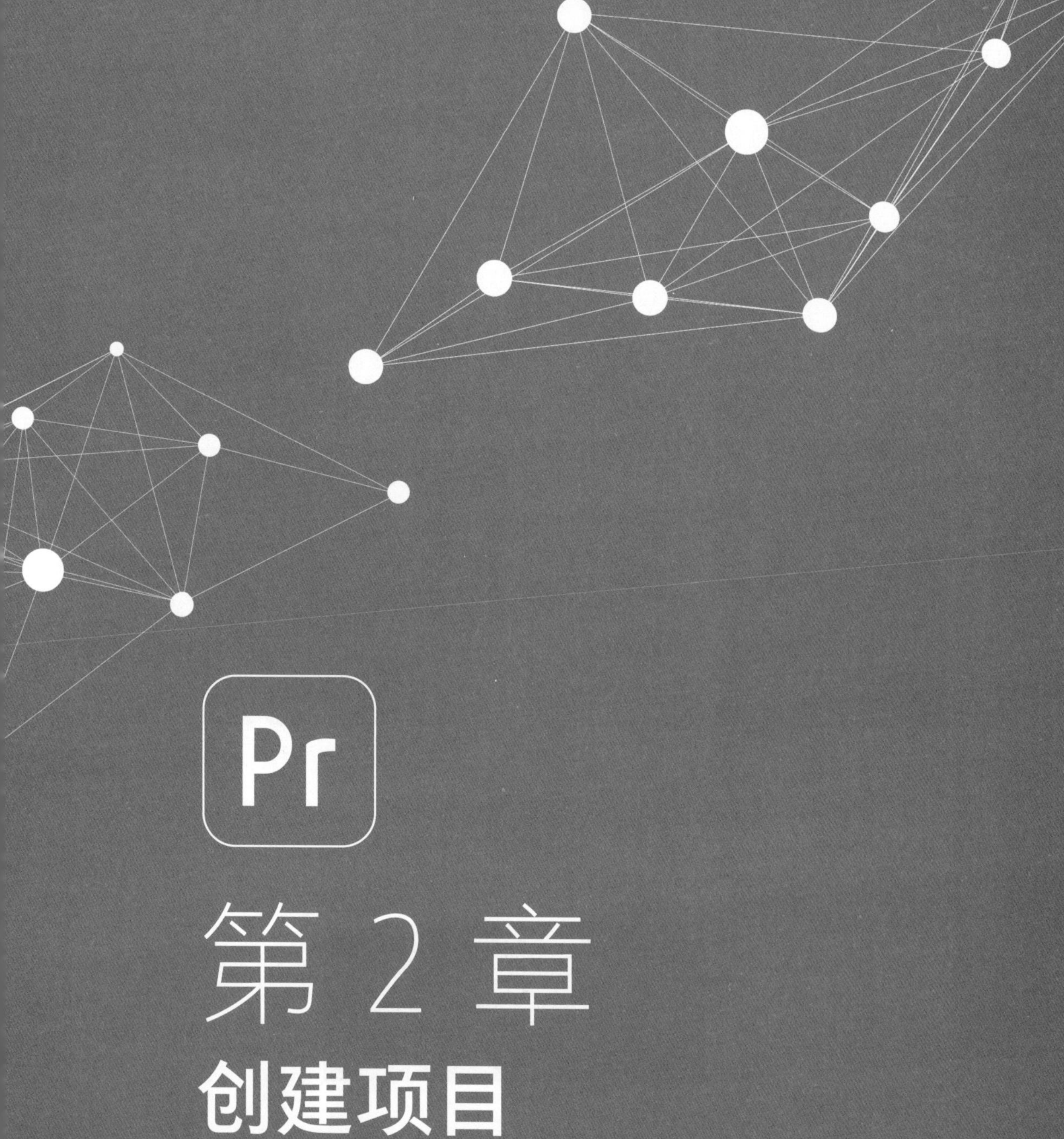

第 2 章
创建项目

打开 Premiere Pro 软件，在开始编辑工作之前首先要创建一个项目，项目文件是用来记录在Premiere Pro中进行的剪辑、效果、过渡等编辑过程。在后续工作中如果需要修改之前的操作时，只需要打开项目，就可以对之前的操作进行重新编辑。

2.1 创建项目

首先从初始界面开始，双击软件图标启动初始界面。打开 Premiere Pro 软件会弹出软件的主页。需要创建或打开项目选择【新建项目】或者【打开项目】，如果需要团队共同编辑项目可以单击下面的【新建团队项目】【打开团队项目】，如图 2-1 所示。

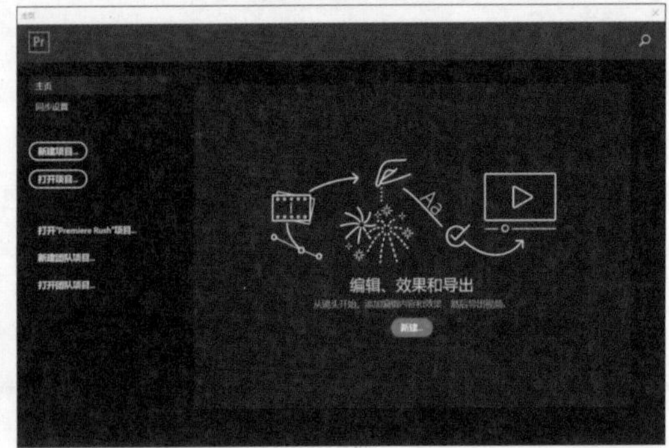

图 2-1

- 【主页】：显示当前页面，用于查看最近编辑过的项目。
- 【同步设置】：在【同步设置】中可以新建关于软件的一些设置，如果之前使用过 Premiere Pro 可以选择【立即同步设置】，将之前的设置应用到软件中，如图 2-2 所示。

图 2-2

- 【新建项目】：在弹出窗口中为项目命名，并选择存放的位置。
- 【打开项目】：在弹出窗口中选择之前保存的项目文件。

如果已编辑过的 Premiere Pro 项目，在界面中会有最近编辑的项目列表，直接单击项目名称就可以打开，非常方便。

【新建团队项目】【打开团队项目】：如果要与他人合作编辑项目，需要创建或者打开团队项目。

单击【新建项目】按钮，打开【新建项目】对话框，输入项目名称并选择存放位置，下面分别有【常规】【暂存盘】【收录设置】3 个选项卡，如图 2-3 所示。

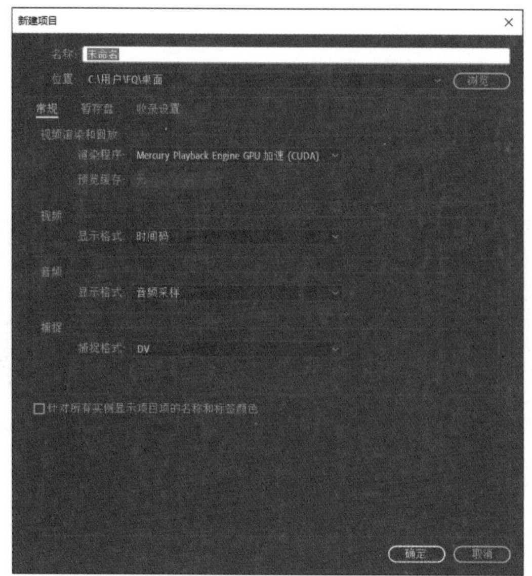

图 2-3

1．常规选项卡

在【常规】选项卡中可以设置【视频渲染和回放】的渲染程序，选择支持 GPU 渲染或基于软件渲染，如图 2-4 所示。

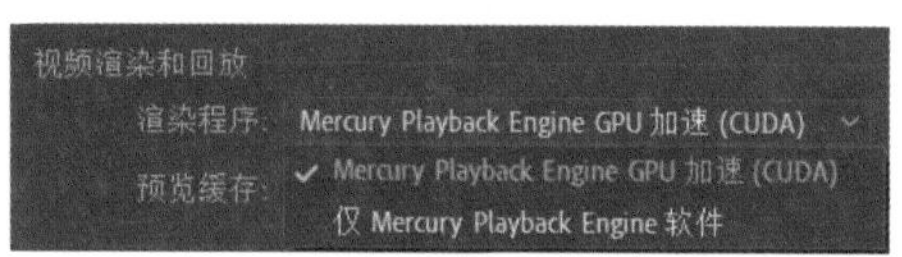

图 2-4

- Mercury Playback Engine GPU 加速 (CUDA)：默认选择 GPU 渲染，当预览视频时，Premiere Pro 将使用计算机的显卡进行加速渲染，有的显卡还会支持 (OpenCL)、(Metal) 的 GPU 加速选项，可以流畅地预览视频或预览在编辑过程中添加各种效果，在后面的章节中会发现在【效果】面板中有些效果带有 GPU 加速效果图标。
- 仅 Mercury Playback Engine 软件：软件将使用计算机进行渲染，选择该项渲染视频和回放时速度会变慢。

在【常规】选项卡中可以设置视频、音频的显示格式，这些显示格式只是单位不同，一般选择默认选项，【时间轴】面板中的时间码显示格式（见图 2-5）始终与【节目监视器】面板中的显示格式保持一致。

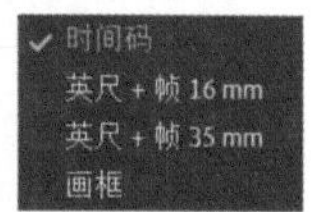

图 2-5

这里不对显示格式进行调整，如果需要调整，后续在序列上也可以直接修改。

2．暂存盘

单击【暂存盘】选项卡，在这里可以对项目后期需要用到的各种文件路径进行设置，如图 2-6 所示，包括捕捉的视频、音频，后期生成的视频、音频预览文件，项目自动保存，以及一些预设 cc 库下载、动态图形模板媒体的保存位置等。

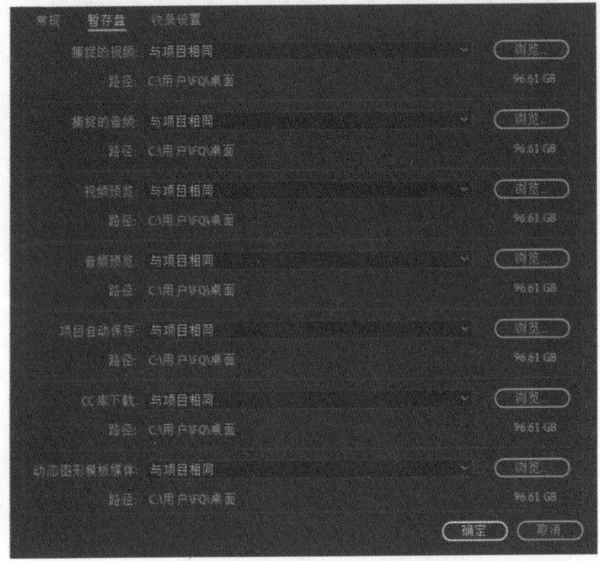

图 2-6

3．收录设置

切换为【收录设置】选项卡，如图 2-7 所示。收录设置可以将后期导入的素材进行重新收录，收录设置分为 4 种方式，即复制、转码、创建代理、复制并创建代理，如图 2-8 所示。

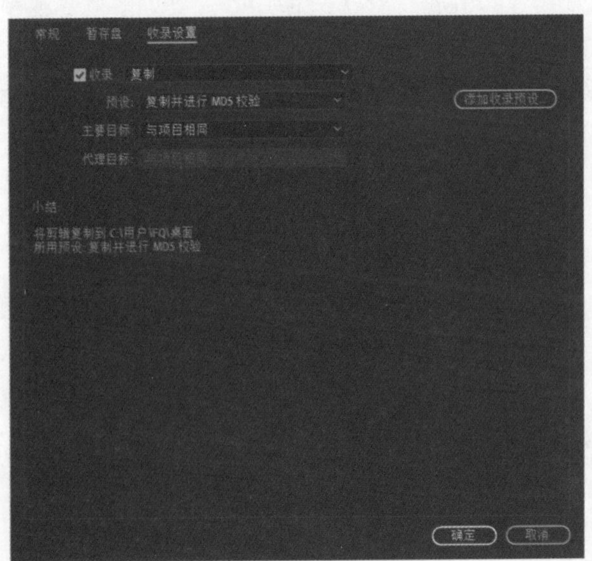

图 2-7

图 2-8

- 复制：将导入的素材重新复制到指定的路径中进行储存，例如向一些移动的磁盘、摄像机等设备中导入素材时可以使用这个选项。
- 转码：将素材转码为统一的格式进行储存，当素材格式不一致需要对素材进行统一格式时，可以使用转码，然后在预设选项中指定一个预设，将素材转码为统一格式的素材。
- 创建代理：可以为收录的素材创建代理文件，代理文件是一种尺寸较小、分辨率较低的剪辑，预览起来非常流畅，Premiere Pro 将使用代理文件进行编辑，从而提升性能。
- 复制并创建代理：将素材文件复制到指定路径中并为素材创建代理，保证原始素材的质量，生成的代理文件可以很流畅地播放。

创建好项目后进入 Premiere Pro 软件界面。

2.2　创建序列

创建好项目后还需要创建序列，序列就像一个时间线，其中存放着视频、图片、音频，序列决定了视频的尺寸、帧速率等参数。一个项目中可以包含一个或者多个序列，也可以包含不同设置的序列，就像文件夹一样。

选择【文件】-【新建】-【序列】命令，打开【新建序列】对话框，或者单击【项目】面板底部的【新建项】图标，在弹出的对话框中选择【序列】。

在对话框中可以看到关于序列的一些预设、设置等，下面介绍各选项卡的参数，如图 2-9 所示。

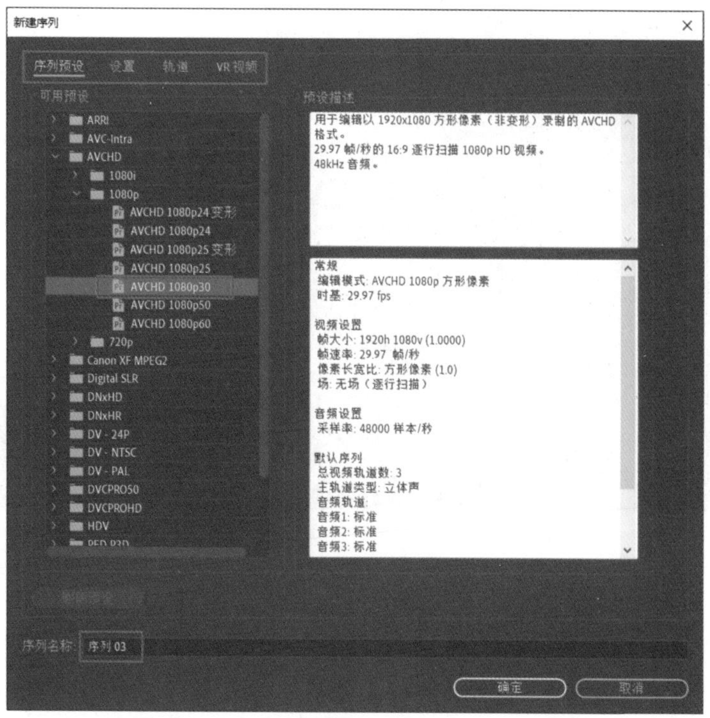

图 2-9

1. 序列预设

在【序列预设】选项卡中保存着大量预设，这些预设足够我们创建序列设置。预设按照格式分类排列，打开文件夹可以看到不同的尺寸，如 1080P、2880P、4K、8K 等。

在【可用预设】参数栏中选择某个预设，在右侧可以看到预设描述和预设的参数设置，包括帧大小、像素长宽比、帧速率、采样率等详细信息。直接选择相应的预设，在对话框底部输入序列名称，然后单击【确定】按钮即可创建序列。

2. 设置

切换到【设置】选项卡，这里显示了序列的详细参数，如果没有找到想要的预设，单击【编辑模式】下拉菜单，选择【自定义】模式，自定义序列设置。

自定义序列设置后，单击窗口底部的【保存预设】按钮，将序列设置保存，如图 2-10 所示。下次使用时可以在【序列预设】选项卡的【自定义】文件夹中找到保存的预设。

也可以再次修改已经创建好的序列设置，右击【项目】面板的序列，在弹出的下拉菜单中选择【序列设置】命令，修改参数后单击【确定】按钮就可以改变序列设置。

此外，当素材的类型与序列设置不匹配时，选择素材移动到创建好的序列上，Premiere Pro 会弹出【剪辑不匹配警告】对话框。单击【更改序列设置】按钮，软件将根据素材修改序列设置，单击【保持现有设置】按钮，素材将自动转化以匹配现有序列的设置，如图 2-11 所示。

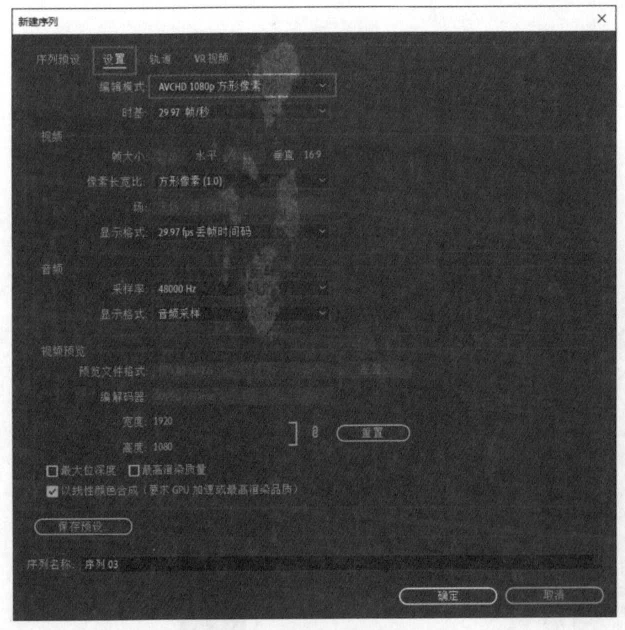

图 2-10

图 2-11

3. 轨道

切换到【轨道】选项卡，这里显示了预设中序列设置的轨道，分为视频轨道与音频轨道，可以设置序列中轨道的数量与类型，如图 2-12 所示。

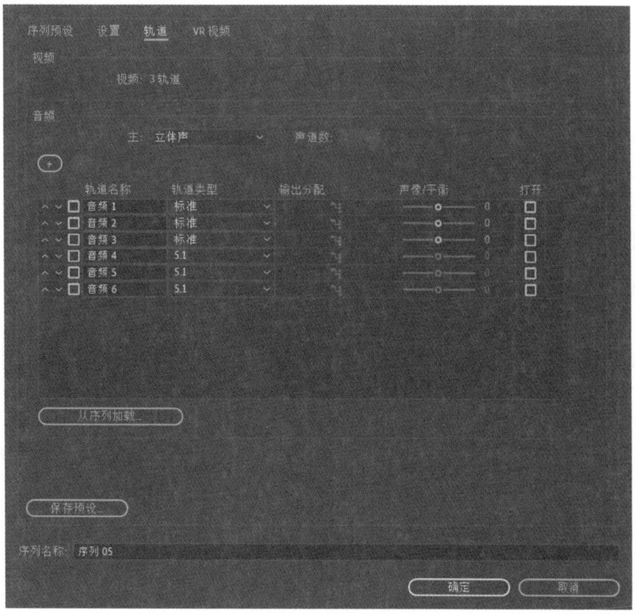

图 2-12

可以在视频选项中直接输入视频轨道的数量。

在音频参数设置中可以添加或者删除声道，设置轨道类型，以及调整轨道的声像 / 平衡等参数。

4．VR 视频

切换到【VR 视频】选项卡，用此选项卡导入 VR 视频。选择投影的方式，然后根据素材类型修改相应的参数，如图 2-13 所示。

图 2-13

序列的参数设置将直接影响后面编辑工作的渲染速度，要尽量让一些参数保持一致，当素材的格式、帧速率、像素比等参数与序列设置中的参数不匹配时，Premiere Pro 将自动进行转化并生成缓存，这会降低编辑的预览速度，影响软件的性能。

2.3 首选项设置

为了满足个性化的操作习惯，Premiere Pro 为用户提供了很多方便的设置，就是软件的【首选项】设置，选择【编辑】-【首选项】命令，打开【首选项】对话框，如图 2-14 所示，下面简单介绍一下常用的首选项设置。

- 外观：这里可以调节软件界面、交互控件、焦点指示器的亮度，直接移动滑块就能看到明显区别，如图 2-15 所示。

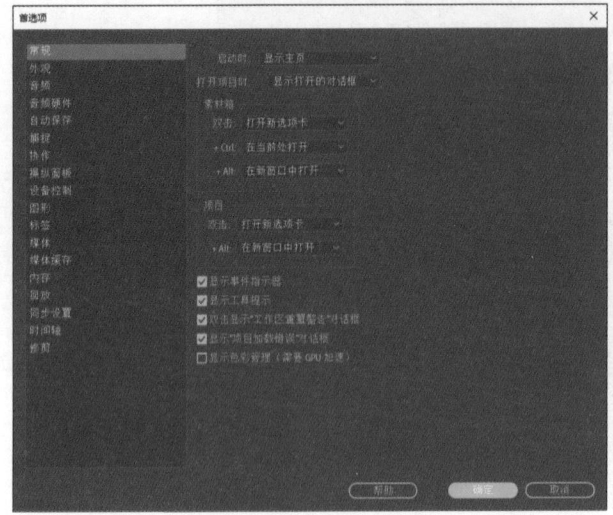

图 2-14

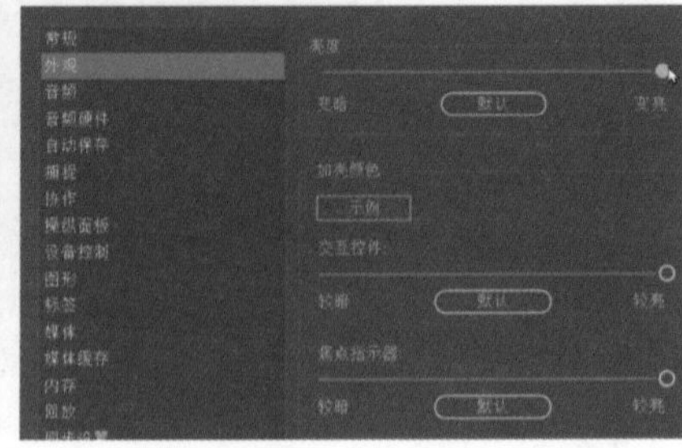

图 2-15

- 音频硬件：如果计算机中存在多个声音驱动设备，这里有必要对输入、输出设备进行调节，选择相应的音频设备，保证在软件中可以正常听到声音。
- 自动保存：Premiere Pro 将在固定时间内自动保存项目，防止因意外情况导致项目数据丢失，可以根据自己的情况设置自动保存的时间间隔，如图 2-16 所示。

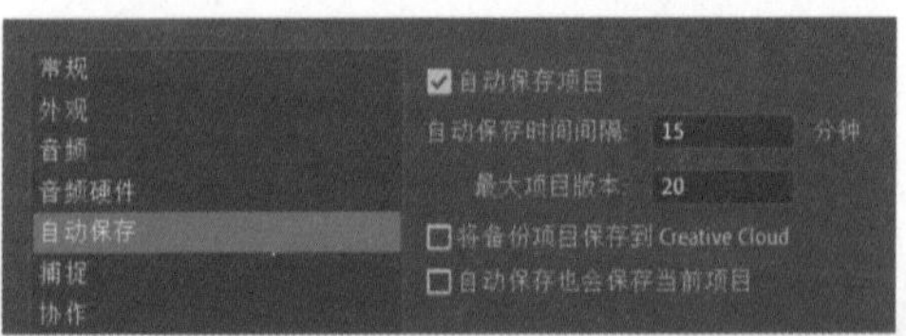

图 2-16

- 媒体缓存：建议缓存位置选择 C 盘以外的硬盘，Premiere Pro 在编辑时会产生大量缓存文件，较大的硬盘可以提升预览速度，如图 2-17 所示。
- 内存：当启动的软件过多时会涉及内存分配问题，这里可以对内存进行分配，保证软件的运行速度，一般将内存更多地分配给 Adobe 软件，如图 2-18 所示。

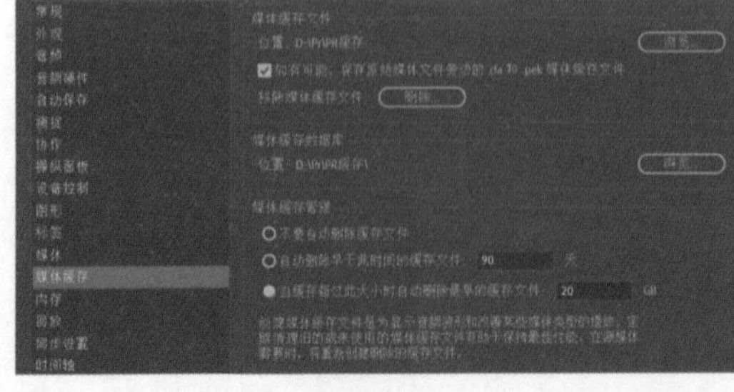

图 2-17

图 2-18

2.4 键盘快捷键

在 Premiere Pro 中很多命令都有对应的快捷键，使用快捷键可以快速地进行编辑，提升效率。在这里这些快捷键已经统一整理，方便用户查看。选择【编辑】-【快捷键】命令，打开【键盘快捷键】对话框，如图 2-19 所示。

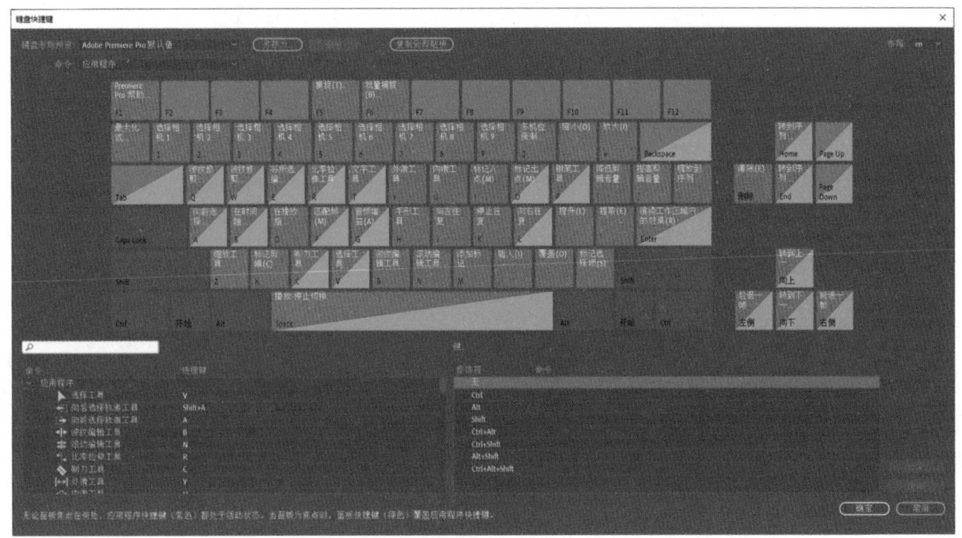

图 2-19

按住键盘上相应键或者单击窗口中键盘图上的键，在右下角的区域中会显示选中的键所执行的命令，还有配合修饰符执行的命令。在左下角的区域中可以预览所有应用程序、面板的快捷键。

也可以自定义快捷键，选择快捷键后单击右侧小叉将快捷键清除，再次单击快捷键区域在键盘上按键即可修改，如图 2-20 所示。

如果快捷键重复，窗口底部会出现已被另一个应用程序命令使用的提示字样，如图 2-21 所示。

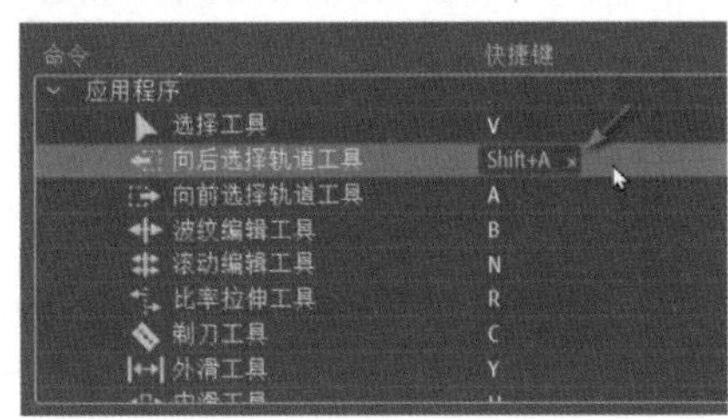

图 2-20

图 2-21

这里不建议修改快捷键，保持默认就好。

做好准备工作方便后面编辑工作的进行，了解软件的首选项与快捷键可以为编辑工作提供很大帮助，节省很多时间。

第 3 章 认识 Premiere Pro 工作界面

创建好项目后可以看到 Premiere Pro 的各个工作区与面板，不同的工作区用于不同的工作任务，每个面板具有不同的功能。熟练地切换工作区，使用各个面板是学习软件的基础。本章将详细介绍各面板的调整、功能，并带领读者制作适合自己的自定义工作区。

在软件的顶部区域排列着【编辑】【颜色】【效果】等多个工作区选项卡，这些工作界面用来完成不同的工作任务，例如【效果】工作区适合编辑效果，【颜色】工作区用于校对颜色，【音频】工作区用于调音等，各个工作界面的作用是方便用户工作，如图 3-1 所示。

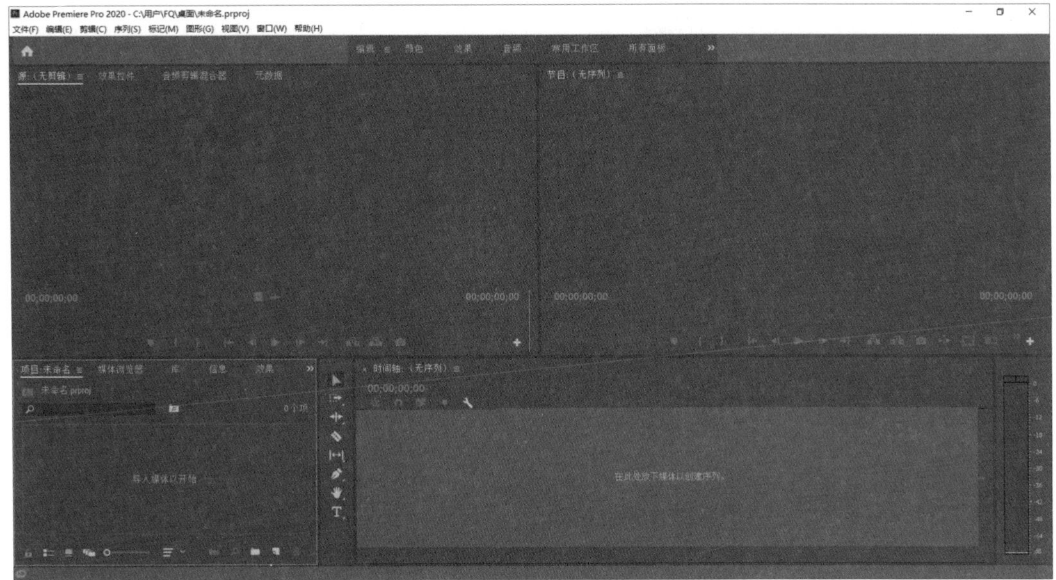

图 3-1

3.1 了解 Premiere Pro 工作区

Premiere Pro 2020 的工作界面，了解这些工作界面有哪些特定的用途，借助这些面板可以高效完成指定任务，为了更加方便我们的工作需要，软件将这些面板排列组合，根据不同的工作任务，将面板进行合理的布局。

这些工作区的区别在于各个面板的布局，当然常用的面板（如【时间轴】面板、【节目监视器】面板、【项目】面板等）都是必不可少的。

单击【颜色】切换到【颜色】工作区，可以看到这个工作区专属的【Lumetri 颜色】面板。切换到【效果】工作区，可以看到【效果控件】面板、【效果】面板，还有【音频】工作区、【图形】工作区、【学习】工作区，在这里有一个特殊的面板【learn】面板，通过这个面板可以学习关于软件的很多操作步骤，更快掌握基础操作。

这些工作区拥有特殊的面板，专门用于处理不同的任务。

3.2 编辑工作区

根据用户习惯可以随意修改工作区的前后顺序。在任意工作区选项卡的右侧都会有【面板菜单图标】▤，单击图标在弹出的下拉菜单中选择【编辑工作区】命令，如图 3-2 所示。

在工作区后面单击双箭头图标»，也可以打开【编辑工作区】对话框，如图 3-3 所示。

打开【编辑工作区】对话框可以将工作区移动到【溢出菜单】栏中，或者直接放到【不显示】栏中，用来修改工作区的排列顺序。有些工作区选中之后可以单击左下角【删除】按钮将其删除，如图 3-4 所示。

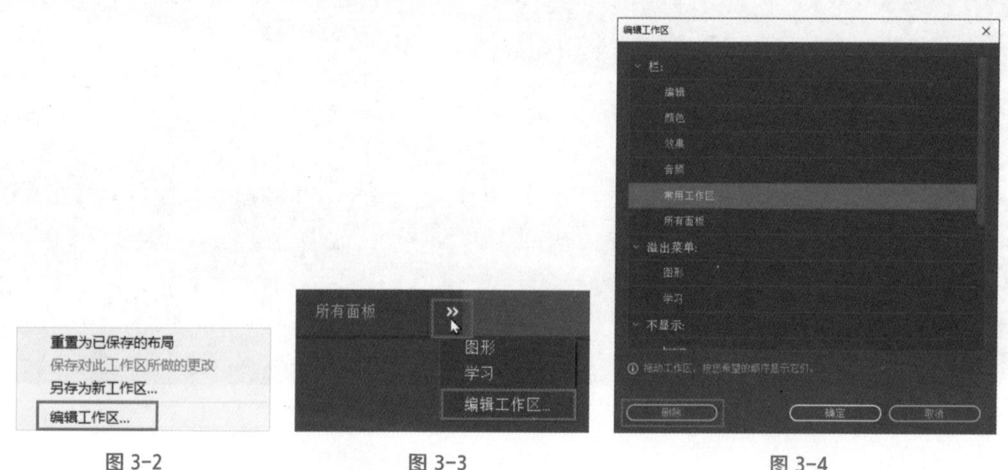

图 3-2　图 3-3　图 3-4

3.3 面板的调整

在每个面板名称的后面也有【面板菜单图标】▤，单击图标或者直接在面板名称上右击会显示关于面板的一些操作。

选择【浮动面板】命令可以使面板脱离面板组并移动到任意位置。将鼠标移动到【面板组设置】命令上可以看到关于面板组的一些操作，选择【取消面板组停靠】命令可以将整个面板组变为浮动方式，如图 3-5 所示。

单击面板的名称左右移动可以改变面板在该面板组中的前后位置，移动面板时其他面板会自动给该面板让出位置，如图 3-6 所示。

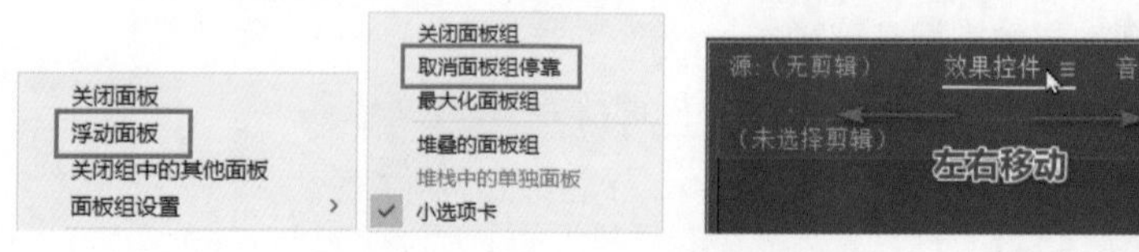

图 3-5　图 3-6

也可以将面板移动到其他面板组中，选择面板名称拖曳到其他面板组的顶部或者中间部分，面板组会高亮显示，松开鼠标面板就放到了另一个面板组中，如图 3-7 所示。

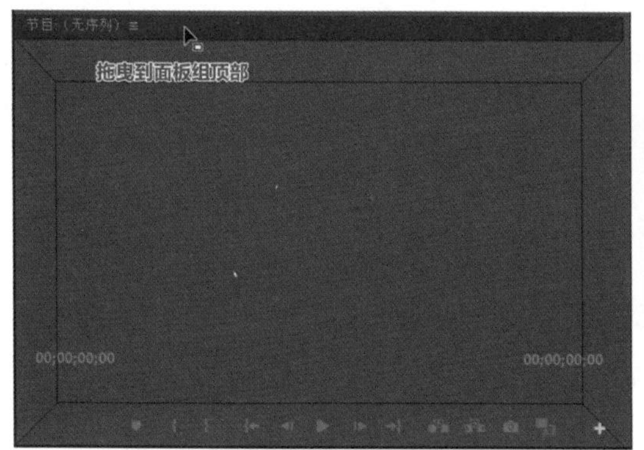

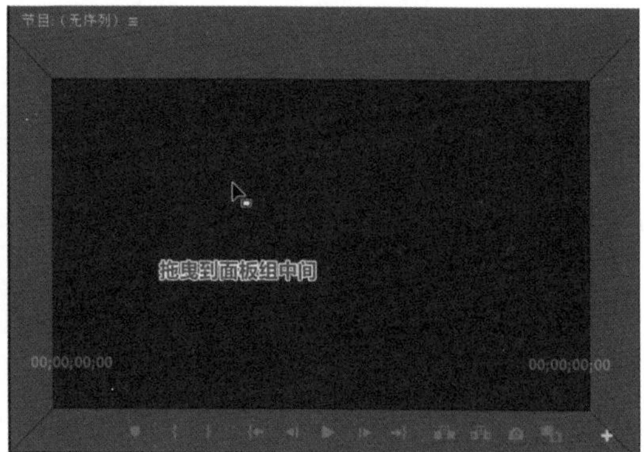

图 3-7

移动到两个面板组中间，这时面板边缘会显示梯形高亮，松开鼠标将面板单独放在两个面板组之间形成新的面板组，如图 3-8 所示。

将鼠标移动到面板组边缘，鼠标会变成双箭头，按住鼠标左键移动可以调整面板组的大小，这时相邻的面板会自动跟随鼠标移动改变大小，如图 3-9 所示。

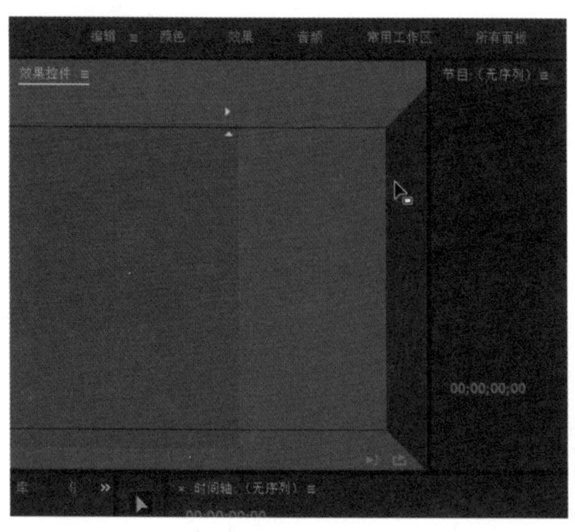

图 3-8

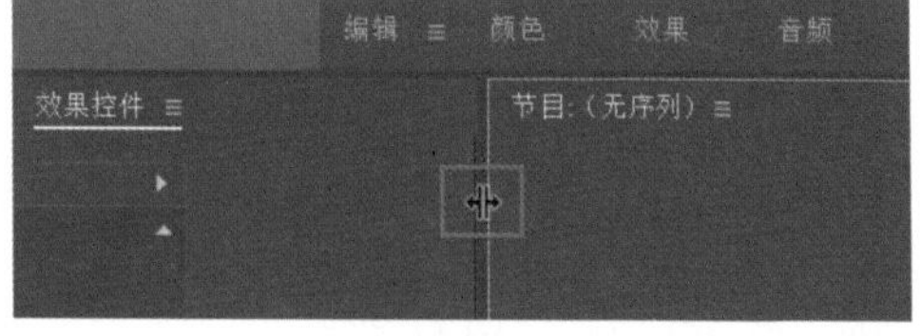

图 3-9

除了鼠标移动控制面板大小，还可以使用快捷键来控制。单击任意面板，选择【窗口】-【最大化框架】命令或按快捷键 Shift+`，可以将面板最大化，再次执行命令恢复面板大小。此外，在输入法为英文状态下将鼠标悬停在任意面板上，按键盘 ~ 键可以将面板最大化显示。

按 Ctrl+~ 键可将【节目监视器】最大化显示。

如果界面中没有想要的面板，可以在【窗口】中找到它。单击【窗口】菜单，可以看到所有的面板，被选中的面板表示已经存在于 Premiere Pro 界面中，没有选中的表示处于关闭状态。在菜单中单击名称可以将该面板打开，如图 3-10 所示。

如果面板组中的面板过多，有些面板可能无法显示，可以单击面板组中的双箭头图标显示面板，或者使用鼠标滑轮滚动显示面板，如图 3-11 所示。

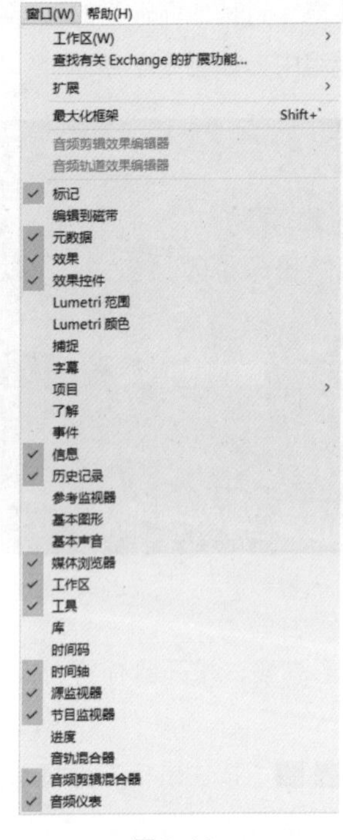

图 3-10

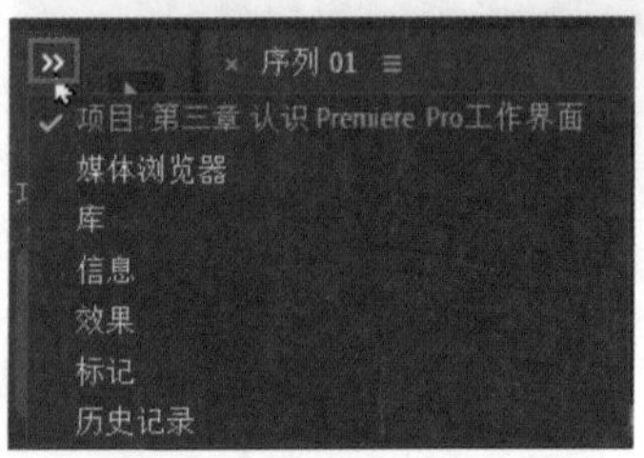

图 3-11

3.4 自定义工作区

如果在默认工作区中不小心关闭了一些面板，或者打乱了工作区的布局，可以单击工作区后面的【面板菜单图标】，在弹出的下拉菜单中选择【重置为已保存的布局】命令就可以将工作区还原为之前的状态。

除了软件默认的工作区，用户还可以根据自己的操作习惯自定义工作区，在工作区中添加或者关闭面板，修改面板的大小、放置位置等，可以将多个面板组合在同一面板组中，在面板组中切换，调整出方便使用的排列方式。

单击当前工作区后面的【面板菜单图标】，选择【另存为新的工作区】命令，或者选择【窗口】-【工作区】-【另存为新工作区】命令，输入名称后单击【确定】按钮就可以保存自己的工作区了，如图 3-12 所示。

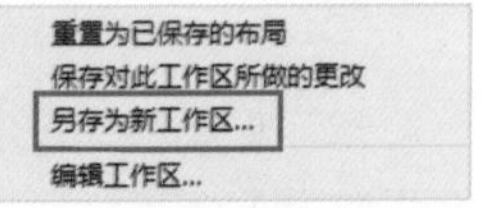

图 3-12

3.5 认识面板

在这些面板中有很多我们常用的，如【项目】面板、【效果】面板等，当然也有一些不常使用的，打开本章提供的项目“第 3 章 认识 Premiere Pro 工作界面”。下面就来简单介绍一下这些面板都有哪些功能。

1. 【项目】面板

【项目】面板主要用来存放导入的素材，但是这些素材并不是真的存放在项目中，而是使用链接的方式存放在项目中，当项目使用的文件丢失时，软件会弹出链接媒体的对话框，提示我们缺少这些剪辑的媒体。其中也包括我们创建的序列、调整图层、字幕等，如图 3-13 所示。

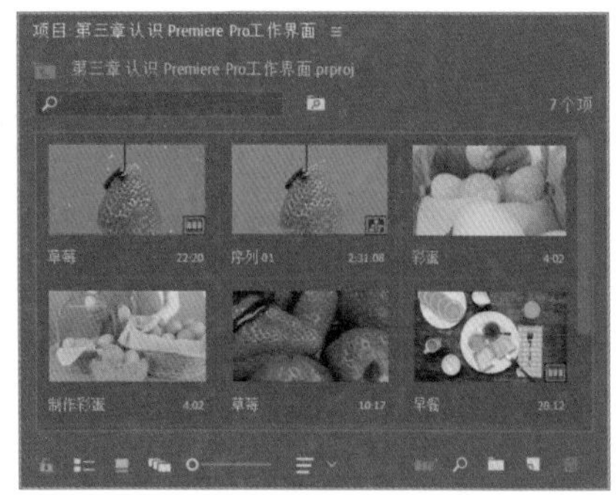

图 3-13

如果【项目】面板中的素材太多不方便查找时，可以在搜索栏中输入素材名称快速找到相应素材，或者直接搜索素材箱。

- 【项目可写】：单击此图标可以在只读与读 / 写之间切换项目。
- 在【项目】面板中有 3 种素材的排列方式：【列表视图】、【图标视图】、【自由变换视图】。其中【自由变换视图】可以使用鼠标在面板中移动素材，任意排列素材，移动后面的滑块可以调整图标和缩览图的大小，单击排列图标可以设置图标的排列方式。
- 【自动匹配序列】：单击按钮打开【序列自动化】对话框，如图 3-14 所示，将素材按顺序排列在序列上。
- 【查找】：在项目中按照类型查找素材。
- 【新建素材箱】：新建素材箱并命名，可将素材移动到素材箱中进行分类整理。
- 【新建项】：单击按钮出现新建的选项，经常在这里新建【序列】【调整图层】【字幕】【颜色遮罩】等素材，如图 3-15 所示。
- 【清除】：将选中的素材在【项目】面板中清除。

单击【项目】面板中的【面板菜单图标】可以看到关于面板的其他设置，例如激活【预览区域】后，面板会显示出素材的预览图和其他信息，如图 3-16 所示。

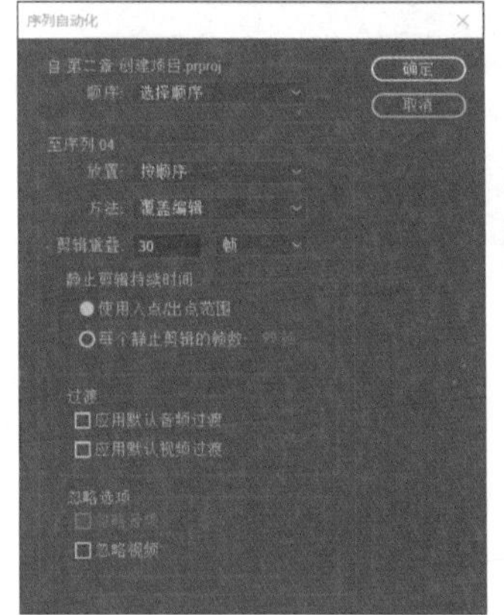

图 3-14

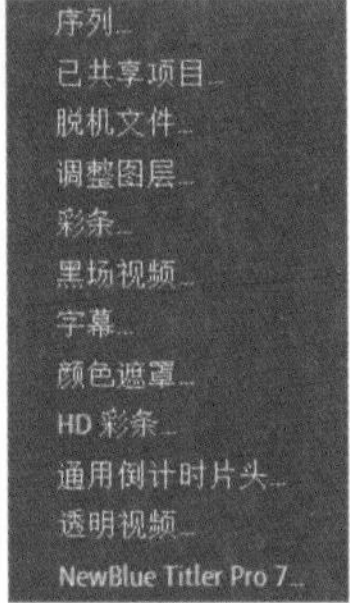

图 3-15

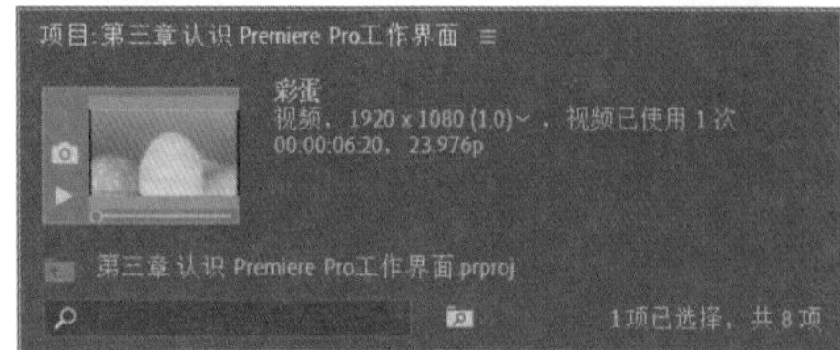

图 3-16

还可以在【面板菜单图标】中单击【字体大小】设置字体显示的大小，单击【元数据显示】在对话框中设置素材显示的信息等。

2.【源监视器】面板

【源监视器】默认位置在左侧，在【项目】面板中双击素材即可在【源监视器】中打开，如图 3-17 所示，查看原始素材，对原始素材添加入点与出点，将源素材进行粗剪。如果打开的是音频素材，会显示出音频的波形图，如果源素材包含视频与音频，可以在视图中右击找到【显示模式】，或者在【设置】选项中切换为【合成视频】或者【音频波形】等。

图 3-17

3.【节目监视器】面板

位于右侧的是【节目监视器】面板，用来查看当前序列上编辑后的效果，如图 3-18 所示，与【源监视器】有相同的按钮，但是还具有很多不同的功能，可以对剪辑进行精剪、调色等，这里显示着输出视频时的最终效果。

图 3-18

4.【时间轴】面板

【时间轴】面板是编辑的主要工作区域，在这里完成剪辑工作。时间轴上可以存放一个或多个序列，打开序列可以看到视频轨道与音频轨道，轨道上分布着视频剪辑、音频剪辑、图片、文本等剪辑。

时间轴上也有时间码，表示时间轴上指针所在位置，与【节目监视器】中的时间码同步，如图 3-19 所示。在【时间轴】面板的右侧与底部有着滑块，移动滑块可以放大或缩小序列，查看序列的范围。

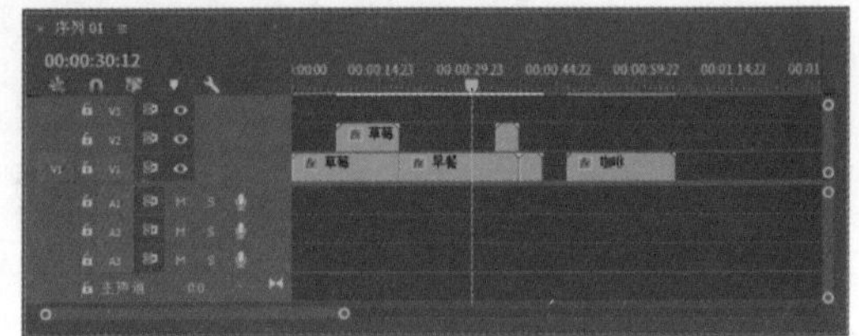

图 3-19

5.【参考监视器】面板

在 Premiere Pro 中还有第 3 个监视器【参考监视器】，一般很容易被人忽视，选择【窗口】-【参考监视器】命令打开面板，它用于参考，与【节目监视器】做对比，对比序列不同时间的效果，如图 3-20 所示。

图 3-20

6.【工具】面板

【工具】面板中存放着编辑时需要用到的工具，如【剃刀工具】【波纹编辑工具】【钢笔工具】【文字工具】等，在一些工具的右下角还会有小三角图标，表示隐藏着多个工具，长按图标可以在弹出的下拉菜单中选择隐藏的工具，如图 3-21 所示。

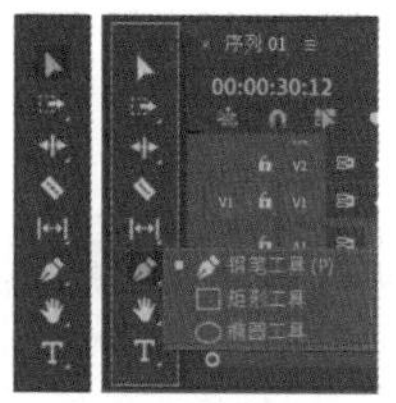

图 3-21

7. 【效果】面板

这里存放着软件中的所有效果，包括视频效果、视频过渡、音频效果、音频过渡、预设、插件等。这些效果被分类整理在文件夹中，如图 3-22 所示，如果找不到想要的效果还可以在搜索栏中直接输入效果的名字快速查找，也可以单击面板右下角的【新建自定义素材箱】将一些预设整理存放起来。

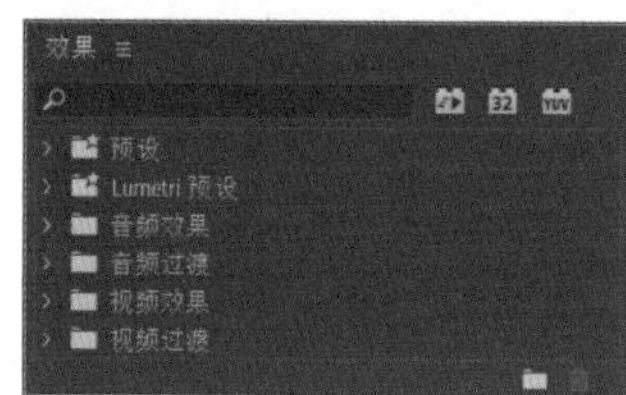

图 3-22

8. 【效果控件】面板

在这里编辑应用到剪辑上的效果，如图 3-23 所示，应用效果后会显示在【效果控件】面板中。效果控件显示了剪辑的【固定效果】【标准效果】【效果增效工具】等，在这里可以调整效果的参数，制作关键帧动画等。

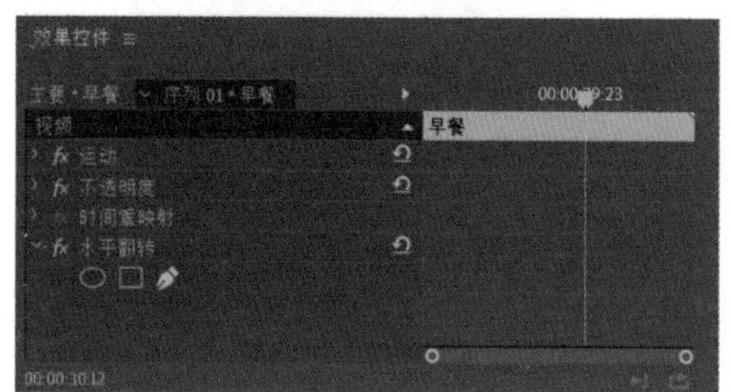

图 3-23

9. 【标记】面板

用于查看标记信息，当给素材文件、序列添加标记时，在【标记】面板中可以显示标记的详细信息，还可以在标记上添加注释、编辑标记的入点出点、修改标记颜色、修改标记类型等，方便定位和排列剪辑，如图 3-24 所示。

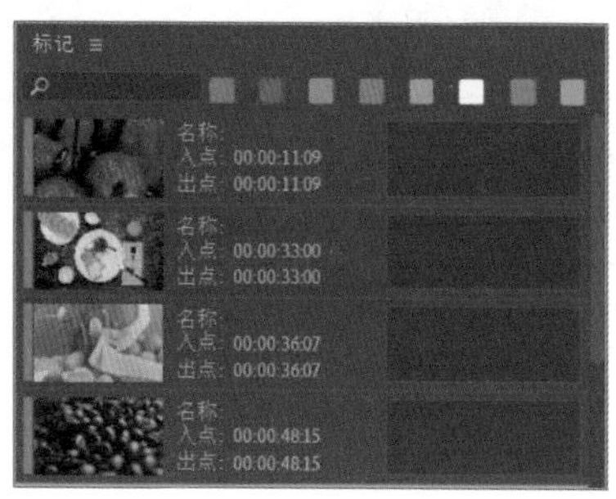

图 3-24

10. 【媒体浏览器】面板

在面板中可以直接浏览硬盘里的文件，常用于收录摄像机素材，双击素材可以在【源监视器】中打开，也可以直接将素材拖曳到时间轴上，查找和导入素材很方便，如图 3-25 所示。

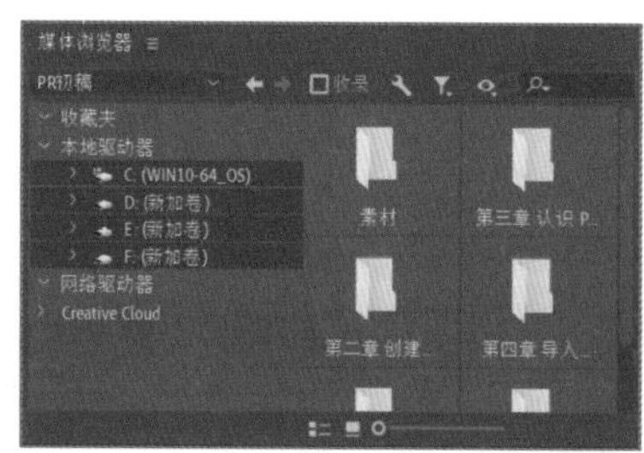

图 3-25

11. 【音轨混合器】面板

【音轨混合器】面板用于编辑整个音频轨道，面板显示着当前序列中的所有音频轨道，移动滑轮可以控制整个轨道的左右声道平衡，其他音频轨道如【静音轨道】【独奏轨道】【启用轨道】控件，与轨道上的控件具有相同作用，此外还可以使用衰减器的滑块实时控制轨道音量，如图 3-26 所示。

在轨道左上角单击小箭头可以打开【效果和发送】控件，为当前轨道添加音频效果，如图 3-27 所示。

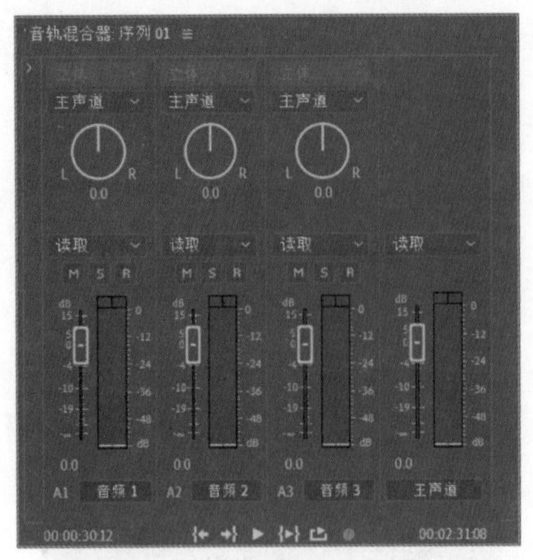

图 3-26

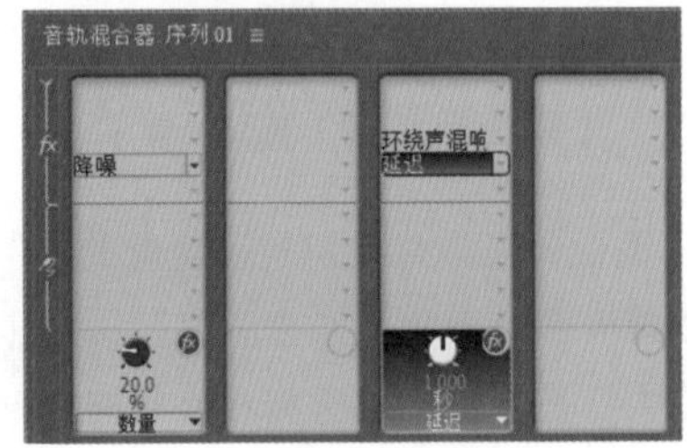

图 3-27

12. 【字幕】面板

在编辑的最后经常会在视频上添加字幕，新建字幕后单击字幕就可以在【字幕】面板中编辑字幕，如图 3-28 所示，可以在面板中设置字幕的字体、大小、样式等，还可以设置开放式字幕、隐藏式字幕。

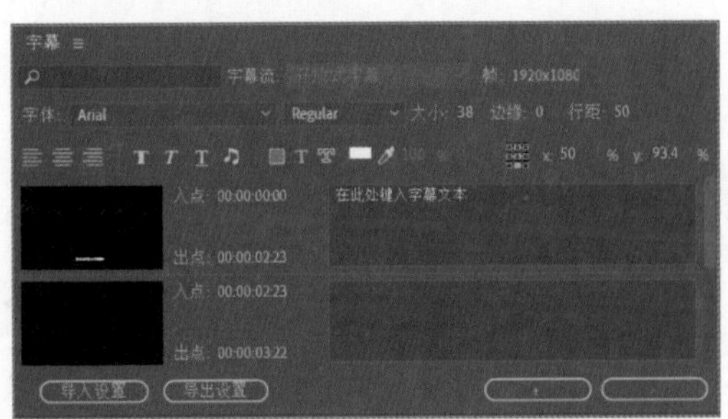

图 3-28

13. 【历史记录】面板

这个面板将编辑时的操作步骤记录下来，如图 3-29 所示。想撤回之前的操作，或者想查看之前操作的问题时直接单击浏览可以快捷地回到那一步。

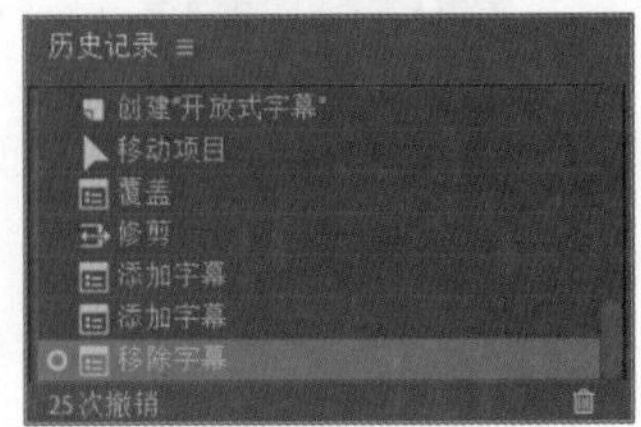

图 3-29

默认历史记录状态是 32，当然也可以选择【面板菜单】-【设置】命令，打开【历史记录设置】对话框修改历史记录的状态，如图 3-30 所示。

图 3-30

14. 【信息】面板

【信息】面板就是显示信息的，在时间轴上选择任意剪辑，【信息】面板中会显示出剪辑的类型、尺寸、开始 / 结束时间、持续时间等信息，如图 3-31 所示。

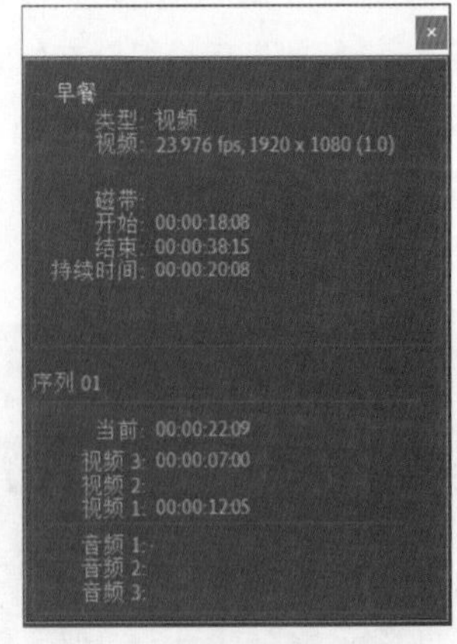

图 3-31

本章中我们了解了 Premiere Pro 中几个工作区之间的区别，知道了一些面板的作用，赶快自己动手，试着建立自己的工作区吧。

第 4 章 导入素材并添加到序列

在创建完项目后，首要任务就是把不同的素材导入 Premiere Pro 软件中以便后期制作。这里的导入素材并不是真的将原始素材放到 Premiere Pro 中，而是在软件中建立一个链接，相当于快捷方式，在编辑的过程中通过修剪这个链接来完成作品，编辑过程并不会破坏原始素材，这个软件中的链接称为“剪辑”。

4.1 导入素材的方法

在 Premiere Pro 中有几种不同的导入素材的方法，下面简单介绍一下。

（1）选择【文件】-【导入】命令，或按快捷键 Ctrl+I，如图 4-1 所示。打开【导入】对话框，选择要导入的素材，单击【打开】按钮即可，如图 4-2 所示。

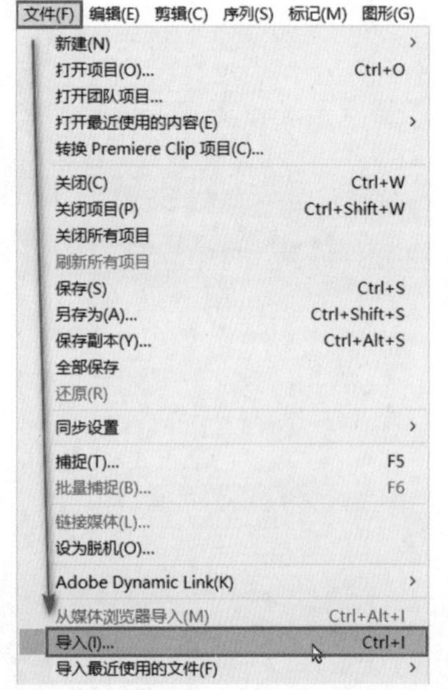

图 4-1

图 4-2

（2）在【项目】面板空白处右击，选择【导入】命令或者直接在空白处双击，打开【导入】对话框，在窗口中选择相应素材，单击【打开】按钮，如图 4-3 所示。

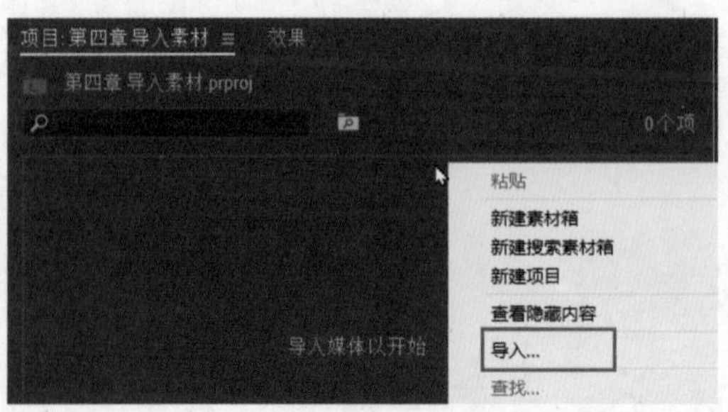

图 4-3

（3）在文件夹中选择素材，直接将素材拖放到【项目】面板中也可以导入素材。

（4）打开【媒体浏览器】面板，找到素材后右击选择【导入】命令或直接拖放到序列上也可以导入素材，如图 4-4 所示。

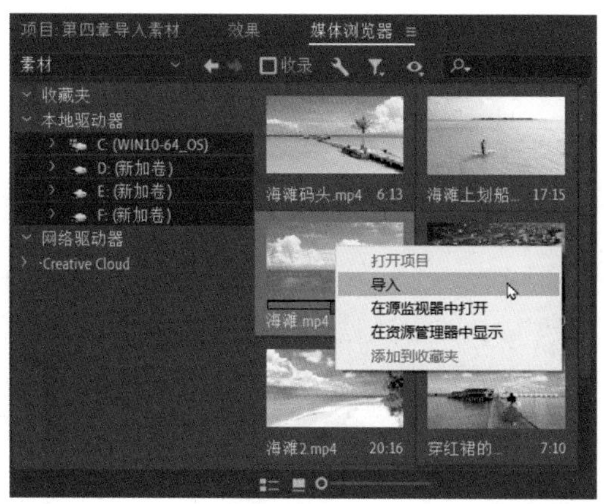

图 4-4

4.2　不同格式的素材导入

在导入素材时，Premiere Pro 可以识别视频、音频、图像、图像序列、字幕、动态图形模板等大量的文件类型，并且每种文件类型也支持非常多的文件格式导入，下面介绍几种常见格式的导入方法。

1．导入图像序列

如果导入的素材为图像序列，导入时在弹出窗口中选择图像序列的第一张图片，并选中【图像序列】复选框，即可将图像序列导入一个完整的剪辑，如图 4-5 所示。

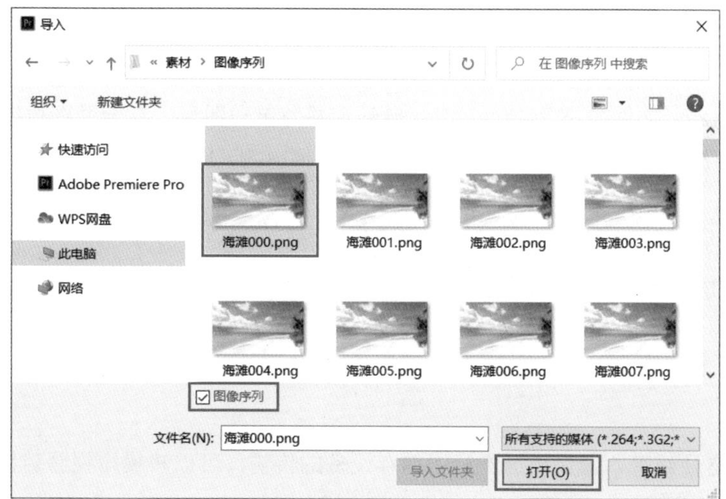

图 4-5

2．导入 Photoshop 文件

Premiere Pro 支持 Adobe 其他软件的文件导入，包括 Photoshop 文件的导入。Premiere Pro 会自动将文件中的图层放在不同的轨道上。导入时会出现“导入分层文件：服务特色”对话框，如图 4-6 所示。

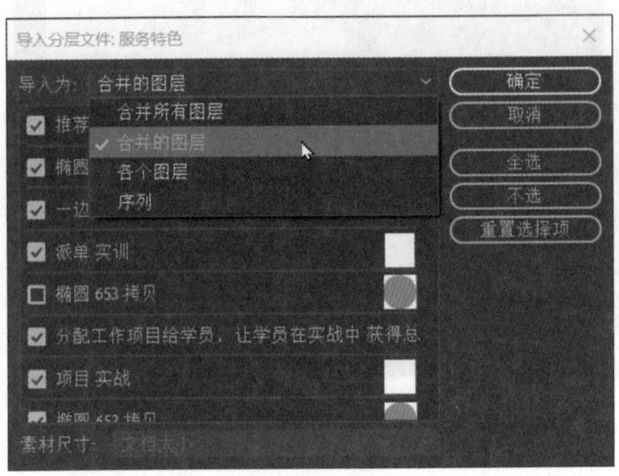

图 4-6

可以选择如下 4 种导入方式。

- 【合并所有图层】：将素材所有图层合并为一个图层并导入。
- 【合并的图层】：将素材中选中的图层合并为一个图层并导入，未选中部分删除，默认情况下选中全部图层。
- 【各个图层】：将导入素材中选中的图层导入并生成素材箱，打开素材箱，其中的每个图层都是独立的，默认情况下选中全部图层。
- 【序列】：将选中的图层导入并生成素材箱，软件会根据素材大小自动创建序列，序列中的所有图层都是独立的。

在面板右侧可以选择【全选】或者【不选】，底部可以选择导入素材的尺寸【文档大小】或【图层大小】。

3．导入 Illustrator 文件

导入 Illustrator 文件会被 Premiere Pro 自动合并为单一图层，在合并图层时自动将图层进行“栅格化”处理，并且对图像边缘做抗锯齿处理，将空白区域变为透明。

4．导入文件夹

导入文件夹与导入素材类似，在弹出的窗口中选中文件夹，单击右下角【导入文件夹】，Premiere Pro 将自动生成素材箱，打开素材箱可以看到其中的全部素材。

5．捕捉

捕捉功能方便磁带、摄像机这类视频储存设备的传输，可以将模拟视频转换为数字视频，捕捉下来并保存在硬盘中，然后再将媒体文件导入 Premiere Pro 进行编辑。

打开项目后选择【文件】-【捕捉】命令，打开【捕捉】对话框，如图 4-7 所示。

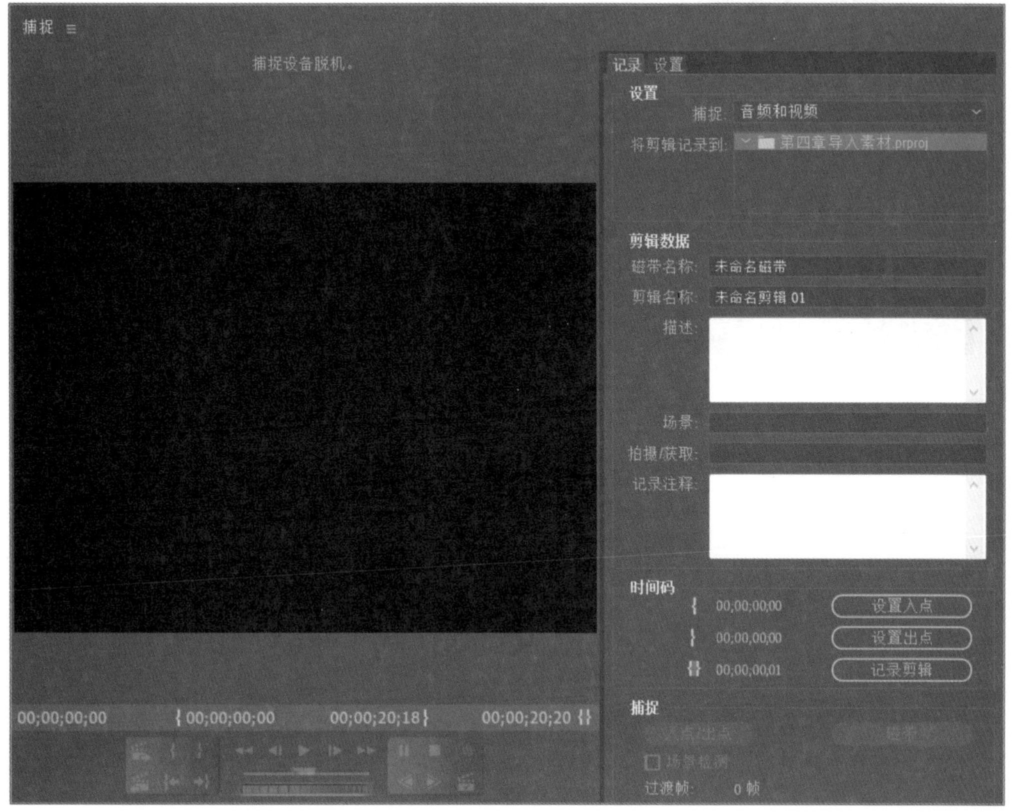

图 4-7

连接好设备后在右侧【记录】选项卡中将磁带、剪辑命名，使用面板底部的录制按钮对磁带进行录制，可以设置入点、出点，预览素材时快进、慢放等。

单击【设置】选项卡，选择导出的格式与路径等。

4.3　管理素材

在【项目】面板中，素材是根据用户的选择顺序进行排列的，也可以手动拖曳改变排列顺序，按住鼠标左键拖动素材在面板中移动就可以修改排列顺序，或者单击面板底部的【排序图标】选择排列顺序。

1．设置标识帧

在【项目】面板中，当素材过多时可能会分不清楚视频内容是什么，选择素材可以看到素材上显示的播放滑块，如图 4-8 所示。

移动播放滑块可以直接预览视频内容，右击在弹出的下拉菜单中选择【标识帧】命令可以为视频设置标识帧，如图 4-9 所示。

图 4-8

图 4-9

2．创建代理

在预览素材时，有些超清素材的尺寸很大，受计算机的性能影响预览起来会出现卡顿现象、播放不流畅，在 Premiere Pro 中可以创建代理文件，创建一个尺寸小、低分辨率的代理文件方便用户预览，减少渲染时间。

在【项目】面板中，右击素材，选择【代理】-【创建代理】命令，在弹出的【创建代理】对话框中选择格式和预设并选择存放的位置，如图 4-10 所示。

设置好后单击【确定】按钮，Premiere Pro 会打开 Adobe Media Encoder 软件根据设置渲染视频，渲染完成后找到之前设置好的目标路径，会看到出现“Proxies”文件夹。双击打开可以看到里面新生成的代理文件。

选择【编辑】-【首选项】-【媒体】命令，选中【启用代理】复选框，如图 4-11 所示，或者单击【节目监视器】底部的【切换代理】按钮，可以在源素材与代理文件之间进行切换，使用代理就可以流畅地预览视频了。

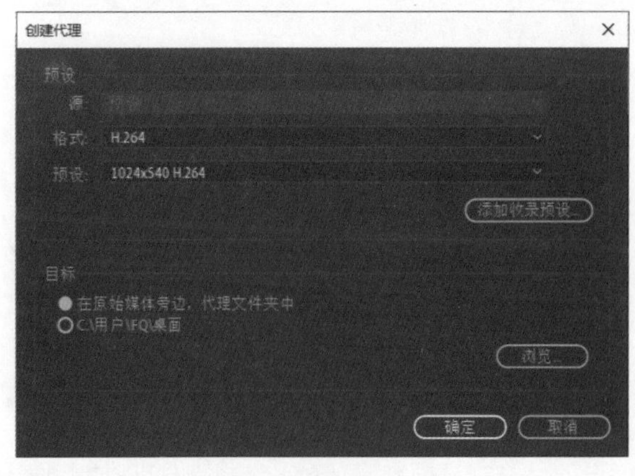

图 4-10

图 4-11

虽然预览时使用的是代理文件，但是在导出时 Premiere Pro 会自动使用源素材的分辨率进行导出，所以使用代理文件可以提高预览速度且不会改变最终的效果。

3．找回丢失素材

导入素材时并不是真的将素材存放在【项目】面板中，而是为素材创建链接，以链接的方式将素材关联起来，导入素材后如果文件夹中的媒体文件丢失，Premiere Pro 会弹出“链接媒体”对话框，如图 4-12 所示。

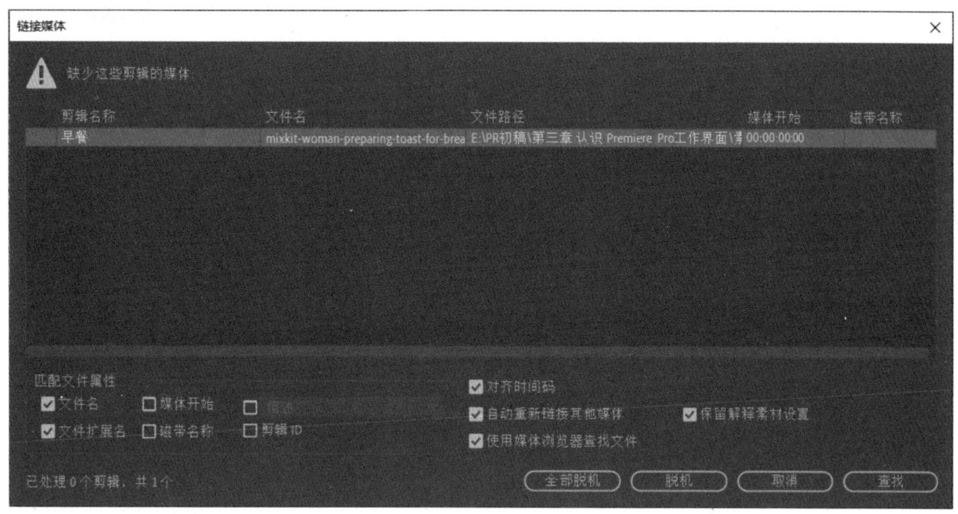

图 4-12

选择【查找】命令打开“查找文件”窗口，找到缺失的媒体文件并选中，然后单击【确定】按钮，重新链接素材。或者选择【搜索】命令，如图 4-13 所示，Premiere Pro 将在指定区域自动搜索与丢失的媒体文件名一致的文件，方便用户找回丢失的媒体文件，如果丢失了多个文件，当丢失的文件路径相同时，Premiere Pro 将自动链接相同路径下的文件，找回丢失的素材。

图 4-13

4. 新建素材箱

在【项目】面板底部有【新建素材箱】按钮，可以将素材进行整理分类。单击按钮会在【项目】面板中出现【素材箱】，如图 4-14 所示，也可以在【项目】面板中右击，在弹出的下拉菜单中选择【新建素材箱】命令。

将素材箱重命名后可以对素材进行整理，移动到素材箱中，双击【素材箱】打开，【素材箱】将以选项卡的形式出现在【项目】所在面板组中。

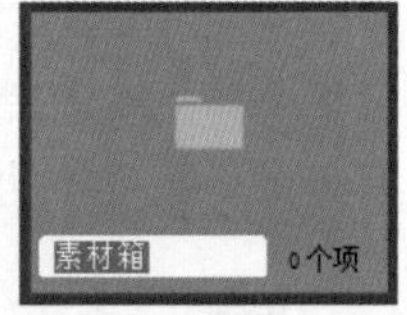

图 4-14

5. 隐藏素材

如果【项目】面板的素材过多可以将一些不常用的素材隐藏起来，减少素材堆积，右击素材选择【隐藏】命令，如图 4-15 所示，素材就会被隐藏起来。想再次使用，则在【项目】面板中右击选择【查看隐藏内容】命令即可恢复。

图 4-15

6. 查找素材

如果制作的项目工程很大，用到的素材很多，可以使用【项目】面板中的查找功能查找素材，在搜索栏中输入文字搜索素材或者单击底部的【查找】按钮，打开【查找】对话框，如图 4-16 所示，这里可以对素材进行高级查找。

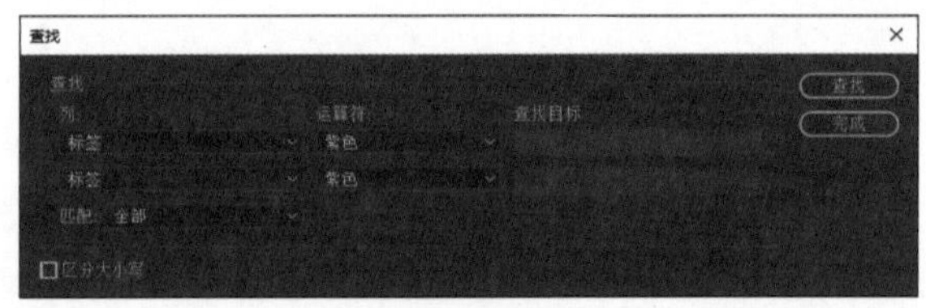

图 4-16

按照素材的标签、名称、媒体类型等多种方式，在【运算符】中选择关于【列】的搜索条件，单击【查找】按钮就可以找到相应的素材，素材会在【项目】面板中被选中。

4.4 将剪辑添加到序列

一般将剪辑添加到序列上时都需要确定添加的位置，在源监视器中提供了几种不同的添加方式，下面来看一下这些操作的区别。

1. 剪辑基本命令【插入】和【覆盖】

- 在【项目】面板中双击素材，在【源监视器】中打开，单击【源监视器】底部的【插入】和【覆盖】按钮可以将素材添加到序列中，插入位置以序列中播放指示器所在位置为起点。
- 或者将素材移动到【节目监视器】中，【节目监视器】中会出现不同的叠加区域，如图 4-17 所示。

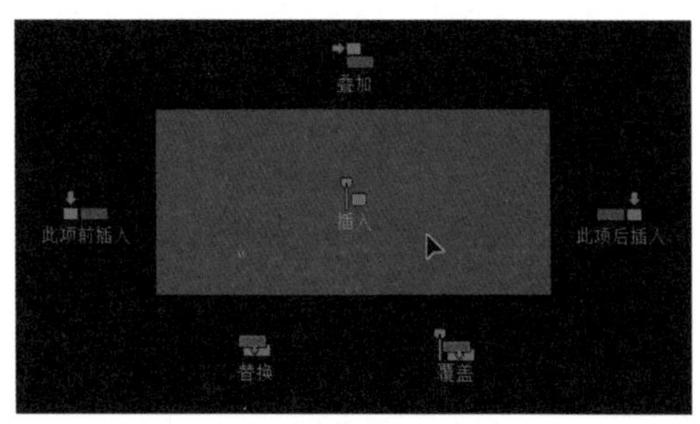

图 4-17

【插入】：在当前播放指示器的位置插入素材。

【覆盖】：在序列源修补所在轨道，在当前播放指示器的位置插入并覆盖素材。

【叠加】：在当前播放指示器的位置，有素材的最高轨道上插入素材。

【替换】：在没有选中任何剪辑的情况下，将源修补轨道上当前播放指示器所在的剪辑替换。如果选中了剪辑，将选中的剪辑替换。

【此项前插入】【此项后插入】：将源修补轨道上素材前面、素材后面插入素材。

这种方法更方便具有触屏功能的计算机操作。

2．拖曳剪辑到序列

鼠标直接在【项目】面板中拖曳素材放到序列上，此时鼠标会显示出“覆盖”图标，如图 4-18 所示。

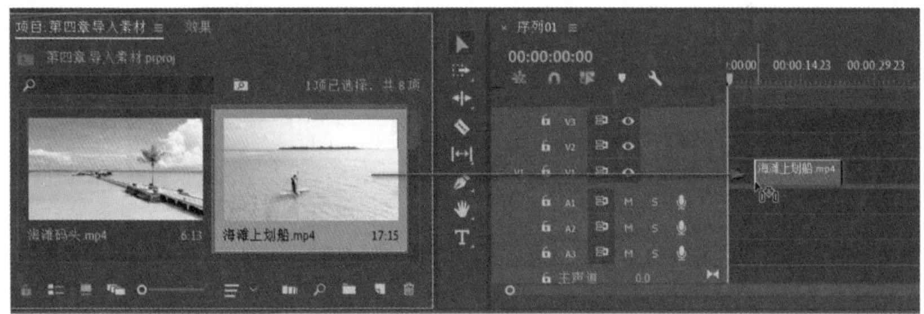

图 4-18

3．创建匹配源素材的序列

要想创建的序列与源素材的参数一样，Premiere Pro 提供了两种快捷的方法，在【时间轴】面板上显示着“在此处放下媒体以创建序列”的文字，直接将素材拖曳到时间轴面板上，这时光标会变成一个抓手图标，松开鼠标就可以创建匹配源素材的序列，如图 4-19 所示。

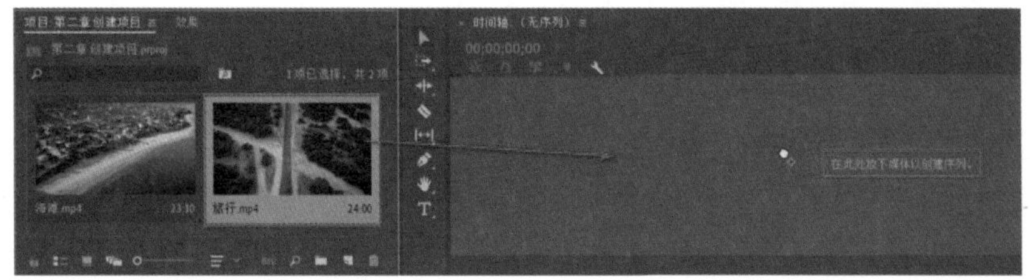

图 4-19

另一种方式是将素材拖曳到【项目】面板底部的【新建项】按钮上，这样也可以创建匹配源素材的序列，如图 4-20 所示。

图 4-20

4．三点编辑与四点编辑

一般将未在【源监视器】修剪过的素材插入序列中，这种编辑方式属于三点编辑，也就是指定了三个位置。

四点编辑指的是在【节目监视器】面板、【时间轴】面板指定了四个点来确定剪辑的位置，四个点分别是剪辑入点、剪辑出点、序列入点、序列出点。

在序列上添加入点与出点，同时将素材在【源监视器】中添加入点与出点，单击【插入】按钮，这时会弹出【适合剪辑】对话框，如图 4-21 所示。

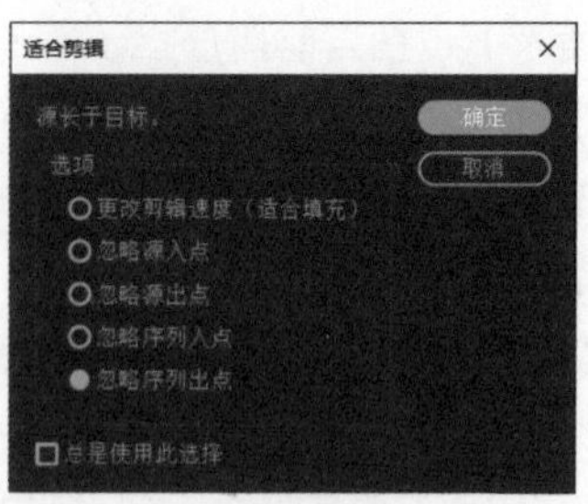

图 4-21

【适合剪辑】对话框会出现的两种情况：源长于目标、源短于目标。当出现源短于目标时没有“忽略源入点”与“忽略源出点”选项。

【更改剪辑速度（适合填充）】：将按照序列上入点与出点的持续时间更改剪辑的速度。

【忽略源入点】：忽略源素材的入点，将源素材插入序列中的入点处。

【忽略源出点】：忽略源素材的出点，将源素材插入序列中的入点处。

【忽略序列入点】：忽略序列的入点，将源素材的出点与序列出点匹配并插入。

【忽略序列出点】：忽略序列的出点，将源素材的入点与序列入点匹配并插入。

4.5 认识【源监视器】与【节目监视器】

1．【源监视器】功能按钮

工作区中监视器分为左右两个，都是用来查看剪辑效果的，位于左侧的是【源监视器】，用来查看原始素材，下面来认识一下【源监视器】上各按钮的功能。

- 【播放指示器位置】00;00;00;00：简称“时间码”，显示源素材当前帧的位置，时间单位依次表示：时；分；秒；帧。

鼠标放在时间码上时出现左右箭头，如图 4-22 所示，左右拖曳可以改变数值，【播放指示器】跟随数值大小同步移动。

直接单击时间码，在其中输入数值然后按 Enter 键，直接跳转到任意点，如图 4-23 所示。

在时间码上右击可以选择其他显示格式，如图 4-24 所示。

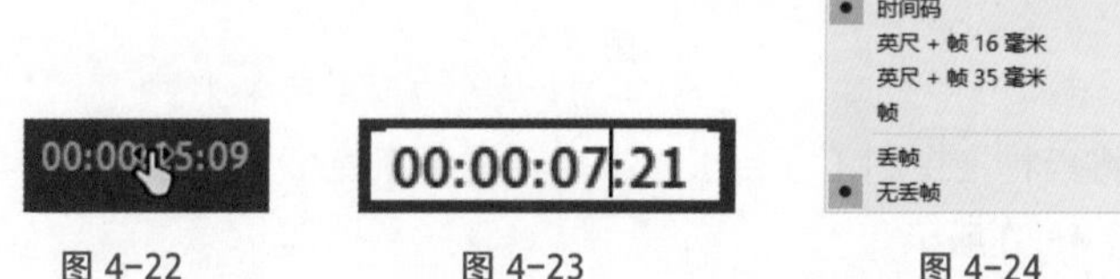

图 4-22　　图 4-23　　图 4-24

- 【选择缩放级别】适合：用于设置【源监视器】中画面放大、缩小的比例，如图 4-25 所示。

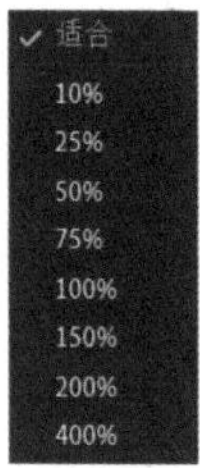

图 4-25

- 【仅拖动视频】：鼠标拖曳图标，仅拖动素材的视频部分放到序列中。
- 【仅拖动音频】：鼠标拖曳图标，仅拖动素材的音频部分放到序列中。
- 【选择回放分辨率】完整：用于设置在【源监视器】中播放视频时的分辨率，当播放尺寸很大的视频时，由于计算机性能的不同，可能会出现视频播放不流畅，这时可以降低播放的分辨率使视频流畅播放。分辨率数值越大，视频越清晰，反之，视频越模糊。暂定播放时，分辨率还原为完整分辨率。这里的分辨率并不会影响序列的原有分辨率，图 4-26 所示为完整分辨率和四分之一分辨率。

完整分辨率

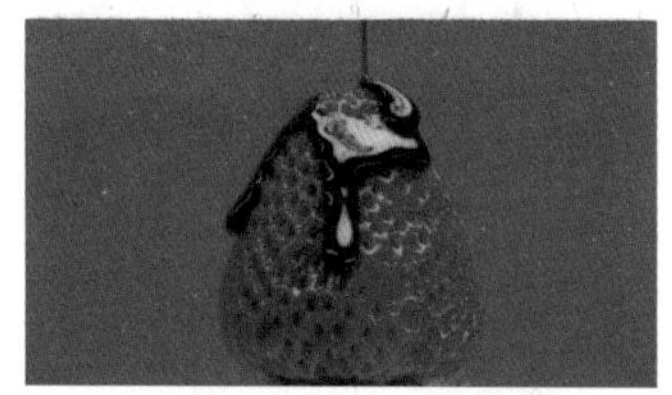

四分之一分辨率

图 4-26

- 设置：设置在【源监视器】中显示或者隐藏的控件，单击【设置】按钮打开菜单，如图 4-27 所示。

图 4-27

- 绑定源与节目：将【源监视器】与【节目监视器】绑定，用于源素材与序列做对比。
- 选择显示模式：在【源监视器】【节目监视器】中都可以选择显示模式设置。

合成视频：显示序列上最终合成的视频图像。

音频波形：显示最终合成的音频波形图。

Alpha：显示序列上的 Alpha 通道区域，将不透明区域显示为灰色，透明区域显示为黑色。

多机位：显示多机位视图，在后面章节中会进行详细讲解。

- 【入点 / 出点持续时间】00:00:05:18：显示源素材入点与出点的持续时间。

- 【播放指示器】：用于定位素材当前帧的位置，其作用与【时间轴】的指针类似，以后统称为“指针”。
- 【添加标记】：在源素材上添加标记，快捷键为 M。
- 【标记入点】：在源素材上添加标记入点，快捷键为 I。
- 【标记出点】：在源素材上添加标记出点，快捷键为 O。
- 【转到入点】：将指针移动到入点位置，快捷键为 Shift+I。
- 【后退一帧】：指针向后移动一帧，快捷键为←左方向键。
- 【播放 - 停止切换】：播放序列或者停止序列，快捷键为空格键。
- 【前进一帧】：指针向前移动一帧，快捷键为键盘→右方向键。
- 【转到出点】：指针移动到出点位置，快捷键为 Shift+O。
- 【插入】：将源素材插入序列中。
- 【覆盖】：将源素材覆盖到序列中。
- 【导出帧】：单击此按钮在弹出的【导出帧】对话框中输入名称并选择导出的格式与路径，Premiere Pro 将当前帧导出为单帧画面，如图 4-28 所示。

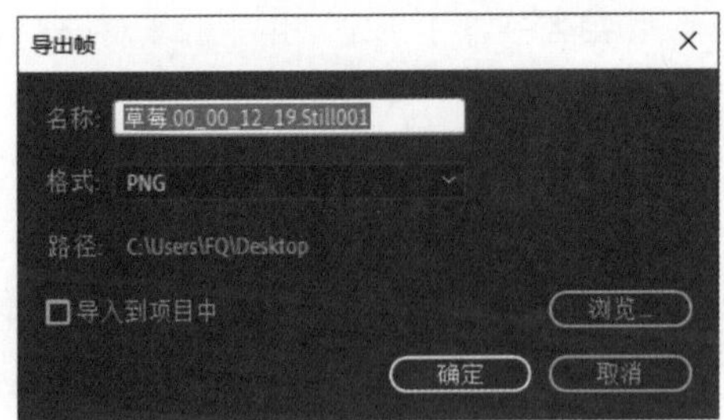

图 4-28

在【源监视器】中使用【导出帧】时，Premiere Pro 将根据源素材的分辨率导出单帧，但是在【节目监视器】中使用【导出帧】时，Premiere Pro 会根据序列当前的分辨率导出单帧，两个导出的分辨率有所不同。

在【源监视器】右下角的【按钮编辑器】中还存放着更多的功能按钮，这些与【节目监视器】中的功能类似，下面在介绍【节目监视器】时会列举一部分按钮进行介绍。

2. 【节目监视器】功能按钮

【节目监视器】默认在界面右侧，用来查看当前序列上编辑后的素材，是最常用的监视器。

- 【设置】：与【源监视器】的面板有一些不同的设置，如图 4-29 所示。

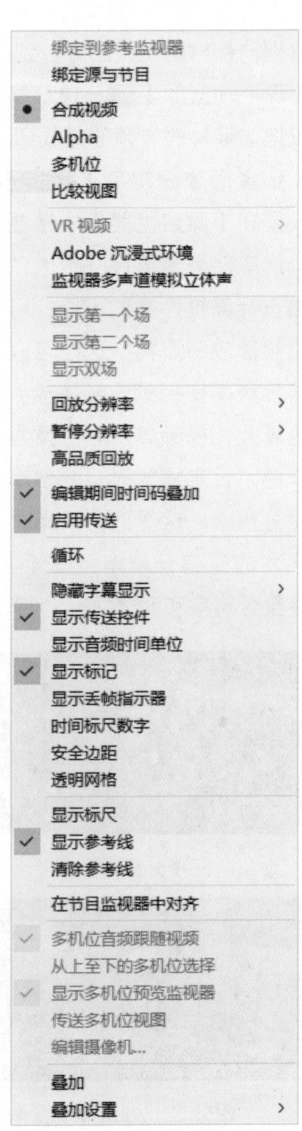

图 4-29

- 【提升】：将当前激活轨道的入点与出点的片段删除，删除后留下时间间隙。
- 【提取】：将当前激活轨道的入点与出点的片段删除，删除后不会留下间隙。
- 【对比视图】：将监视器分为参考屏幕与当前屏幕，用于不同时间段做对比，如图 4-30 所示，单击【镜头或帧比较】按钮，可以用于添加效果做前后对比，可以切换并排方式或者拆分方式进行预览，如图 4-31 所示。

图 4-30

图 4-31

- 【按钮编辑器】：【节目监视器】并没有显示全部的控件，一些控件被放在【按钮编辑器】中，在这里显示着所有的控件，如图 4-32 所示，要想使用控件，直接拖曳控件到【节目监视器】底部区域，然后单击【确定】按钮即可，下面列举一部分按钮进行介绍。

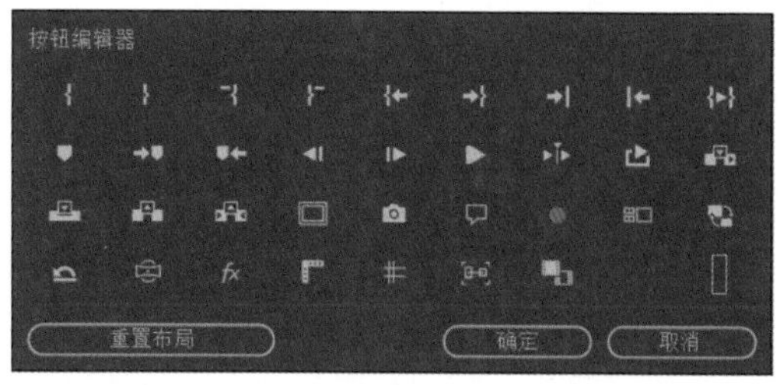

图 4-32

- 【安全边距】：激活此按钮会在【节目监视器】视图中显示出安全边框，这些线只显示在监视器中，并不会包含在导出的媒体文件中。
- 【切换代理】：在源素材与代理之间切换，在后面章节中会提到关于创建代理的知识。
- 【显示标尺】：在面板中显示标尺，鼠标拖曳标尺可以创建参考线，也可以选择【视图】-【标尺】命令打开。
- 【显示参考线】：设置参考线显示或隐藏，选择【视图】-【添加参考线】命令，打开【添加参考线】对话框可以精确设置参考线的位置、方向、颜色等参数，如图 4-33 所示。

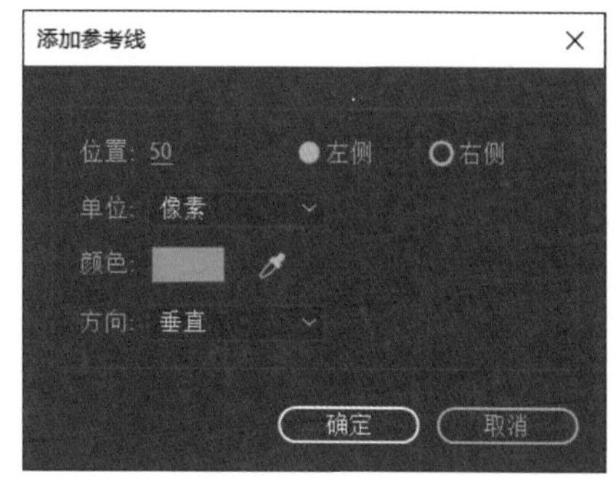

图 4-33

- 【全局 *fx* 静音】：激活此按钮可以将当前序列上所有剪辑应用的视频效果、音频效果关闭，再次单击可以激活，与【效果控件】面板中的效果按钮作用类似，前者控制序列上的全部效果，后者控制单独的效果。

3.【源监视器】与【节目监视器】的区别

两个监视器有很多相同的地方，如都是显示素材的窗口，可以切换不同的预览方式，有相同的播放控件、标记按钮、设置入点 / 出点等，但是两者还是有很大区别的。

- 【源监视器】只能对单一素材进行查看或剪辑，而【节目监视器】面板是对序列上的所有剪辑进行查看。
- 【源监视器】的时间轴为查看素材的时间轴，而【节目监视器】是查看序列的时间轴，与【时间轴】面板同步。
- 【源监视器】的功能按钮【节目监视器】都有，并且【节目监视器】具有更多的功能按钮，如【参考线】【标尺】【全局 *fx* 静音】【比较视图】等功能按钮。
- 【源监视器】标记的是源素材的入点与出点，而【节目监视器】标记的是序列的入点与出点。
- 【源监视器】中有【仅拖动视频】【仅拖动音频】按钮，而【节目监视器】中没有。
- 可以将效果拖曳到【源监视器】中为当前源素材添加效果，但是将效果拖曳到【节目监视器】中不可以为当前序列添加效果。

本章主要讲述了素材的导入以及怎样将素材添加到序列上，我们学会了导入各种格式的素材，并认识了在 Premiere Pro 中两个监视器的作用与区别，完成这些准备工作我们就可以进入真正的剪辑阶段了。

第 5 章 剪辑的基本操作

本章开始真正的编辑工作，学会剪辑是编辑工作的基础，剪辑不仅仅是将视频切开，还需要修剪、组接形成一个完整的故事。下面一起来认识一下剪辑使用的工具以及一些剪辑过程中常用的操作。

5.1 认识蒙太奇

提到“蒙太奇”都不陌生，蒙太奇源于建筑学术语，电影发明后又引申为“剪辑”，剪辑就是指镜头的组接，不同的镜头组接起来产生了单独存在时不具有的含义。两个镜头的组合产生的效果并不一定是两数之和而是两数之积，可以在时间与空间上创造极大的自由，在极短的时间内描绘一个人的一生，同时叙述两个空间发生的故事等，丰富了电影艺术的表现力。

蒙太奇具有叙事和表意两大功能，主要分为 3 种基本类型：叙事蒙太奇、理性蒙太奇、表现蒙太奇。蒙太奇又细分为平行蒙太奇、交叉蒙太奇、抒情蒙太奇、对比蒙太奇等。

5.2 编辑剪辑

1. 选择剪辑

打开本章提供的项目“第 5 章 剪辑的基本操作”，下面简单介绍一下。

选择剪辑的方式与选择计算机中的文件一样，使用【选择工具】或按快捷键 V。

- 选择单一剪辑：在序列上单击剪辑，选中的剪辑变为高亮。
- 选择多个剪辑：鼠标在序列上框选多个剪辑，或者按住 Shift 键同时单击多个剪辑。
- 全选剪辑：选择【编辑】-【全选】命令，或按快捷键 Ctrl+A。
- 编组：鼠标框选多个剪辑后，右击选择【编组】，或按快捷键 Ctrl+G，可以将选中的剪辑编为一组，选择组中的任一剪辑都将选中整个编组；想要取消编组，右击剪辑，选择【取消编组】即可，或按快捷键 Ctrl+Shift+G。

【向前选择工具】：在【工具】面板中，使用【向前选择工具】或按快捷键 A，在序列上单击，可以选择所有轨道上光标右侧的所有剪辑，如图 5-1 所示。

【向后选择工具】：按快捷键 Shift+A，在序列上单击可以选择所有轨道上光标左侧的所有剪辑，如图 5-2 所示。

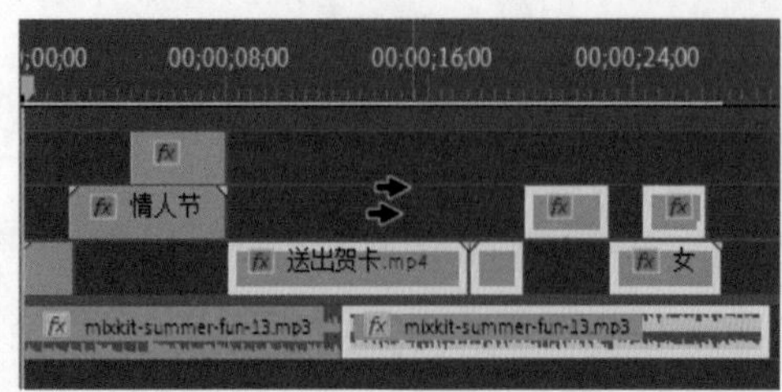

图 5-1

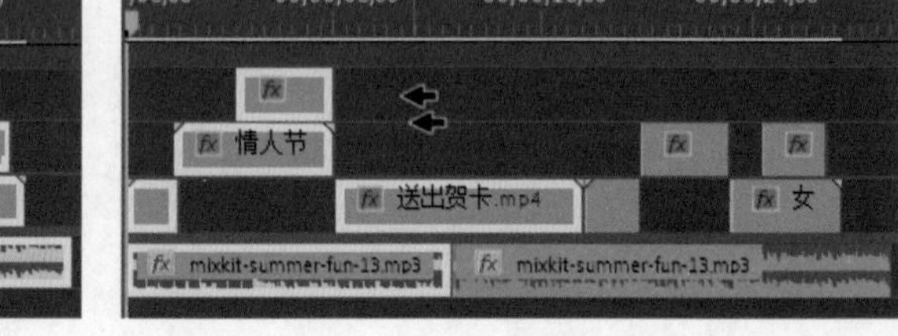

图 5-2

2．移动剪辑位置

选择剪辑后鼠标在序列轨道上左右移动就可以改变剪辑在序列上的入点、出点，如果剪辑左右两边有其他剪辑，移动时会覆盖其他剪辑。移动时会显示移动距离，光标会出现“覆盖”图标，例如将“拆开信封”向右移动时，时间会实时变化，光标出现“覆盖”图标，如图 5-3 所示。

按 Alt+ 左右方向键可以在当前轨道上微移剪辑的位置，每次移动 1 帧，按住 Shift+Alt+ 左右方向键，每次可以移动 5 帧。或者使用小键盘中的 +（加号）/-（减号）键，按键后时间轴上的时间码进入编辑状态，输入需要移动的帧数，按 Enter 键剪辑就会移动对应的帧数，如图 5-4 所示。

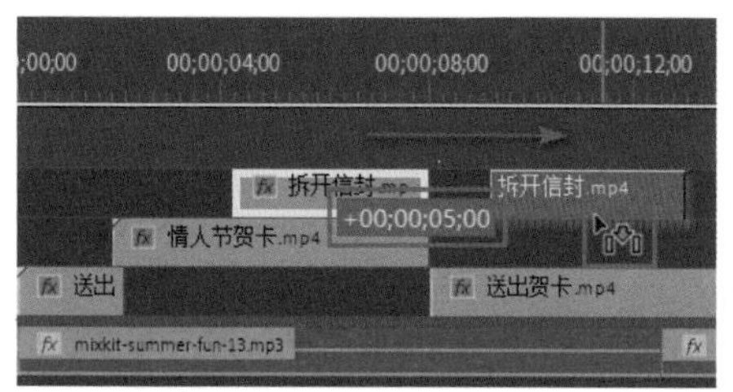

图 5-3

图 5-4

选择剪辑后鼠标在序列轨道上上下移动可以改变剪辑所在的轨道，按住 Alt+ 上下方向键可以快速切换轨道。

移动剪辑的过程中按 Ctrl 键会变为“插入”编辑方式，光标会出现“插入”图标，并且在时间轴上出现三角线，如图 5-5 所示。

在移动的过程中按住 Shift 键，剪辑将只能上下切换轨道，不能左右移动，保证剪辑在切换轨道时不会有时间上的移动，如图 5-6 所示。

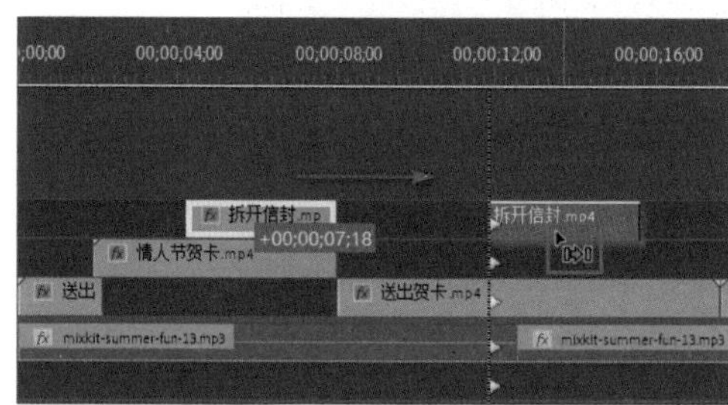

图 5-5

图 5-6

在移动的过程中按住 Ctrl+Alt 键可以变为“重新排列”编辑方式，鼠标会出现“重新排列”图标，这种方式适合同一轨道的剪辑，修改前后位置时使用。

3．复制、粘贴剪辑

选择序列上的剪辑并选择【剪辑】-【复制】命令，或按快捷键 Ctrl+C，移动指针到其他位置，选择【剪辑】-【粘贴】命令，或按快捷键 Ctrl+V 粘贴，可以在序列上创建剪辑的副本，粘贴的位置在指针所在位置。

也可以使用拖曳方法复制剪辑，按住 Alt 键，然后拖曳剪辑到其他位置，松开鼠标就可以看到新的副本，如图 5-7 所示。

图 5-7

4．使用【剃刀工具】拆分剪辑

在【工具】面板中选择【剃刀工具】，光标移动到剪辑上时会出现切割的图标，单击后可以将一个剪辑切割为两部分，如图 5-8 所示。

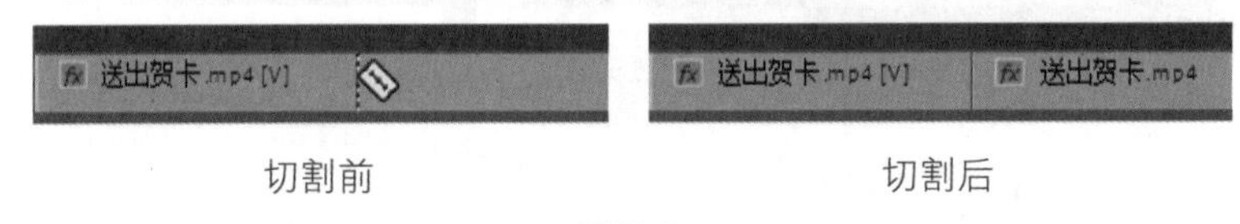

切割前　　　　切割后

图 5-8

当剪辑包含视频与音频时，【剃刀工具】将同时切开视频与音频，要想只切开单一部分，按住 Alt 键并单击剪辑的任意位置即可将视频或音频单独切开。

- 切割时按住 Shift 键，光标会变为双剃刀图标，如图 5-9 所示，可以将所有轨道上的剪辑同时切开。

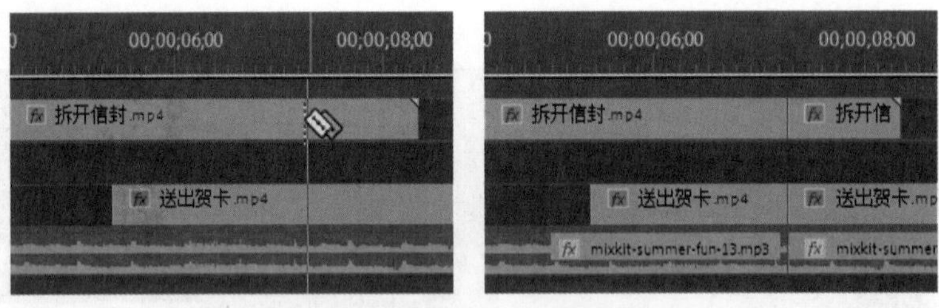

图 5-9

- 使用快捷键 Ctrl+Shift+K 可以将播放指示器处所有轨道上的剪辑切开。

被切开的两段剪辑还可以恢复为之前的状态，鼠标切换为【选择工具】，选择切割处的编辑点，右击选择【通过编辑连接】命令，如图 5-10 所示，或者选择编辑点，直接按 Delete 键就可以将剪辑还原为完整的一段。

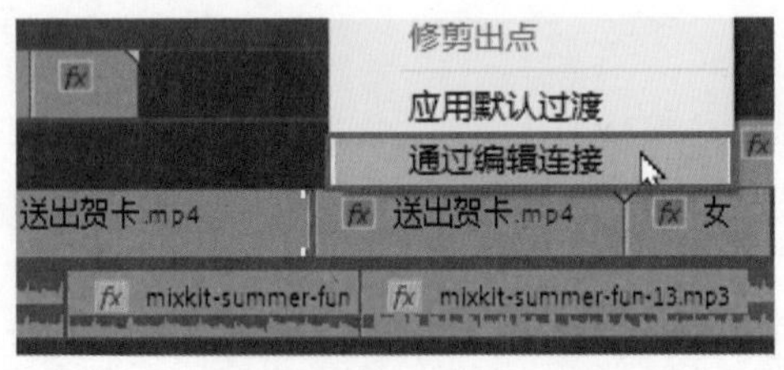

图 5-10

5．修剪剪辑

使用【选择工具】移动光标放在剪辑的编辑点上时会出现“修剪入点”图标或者“修剪出点”图标，单击编辑点并左右移动就可以修剪剪辑了，鼠标拖曳过程中，序列上会显示出修剪的时间，以及修剪剪辑后的持续时间，如图 5-11 所示，修剪后会在轨道上留下间隙。

使用【选择工具】并按住 Alt 键，当光标放在编辑点两侧时红色图标变为黄色“波纹编辑”图标，可以执行波纹编辑，光标正好放在编辑点上时变为红色“滚动编辑”图标，可以执行滚动编辑，取消 Alt 键还原为【选择工具】。

使用 Shift 键可以同时选择多个编辑点，应保持都是剪辑的入点 / 出点，使用不同的编辑工具进行修剪，选择的编辑点会同时发生变化，如图 5-12 所示。

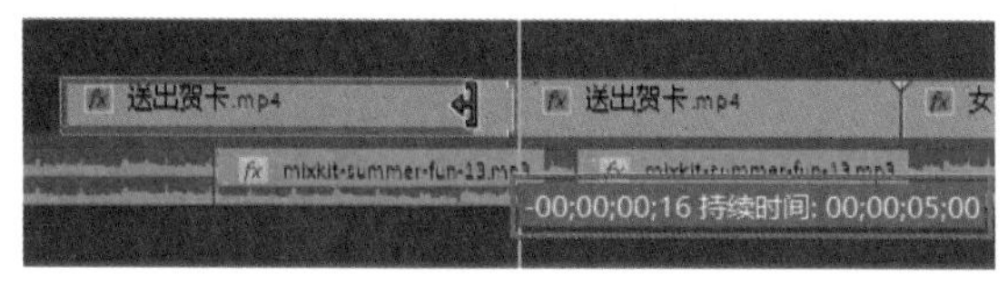

图 5-11

图 5-12

6．执行波纹编辑

选择【工具】面板中的【波纹编辑工具】，或按快捷键 B，移动光标放在剪辑的编辑点上会出现“修剪入点”图标或者“修剪出点”图标，修剪后在轨道上不会留下间隙。

双击打开【项目】面板中的“序列 02”，使用【波纹编辑工具】在序列上向左拖曳“送出贺卡”的出点，修剪后“送出贺卡”与“情人节贺卡”之间并不会产生间隙，由于默认的轨道同步设置，上方轨道的“女孩送出礼物”也会向左移动相同的时间，如图 5-13 所示。

图 5-13

7．执行滚动编辑

长按【波纹编辑工具】，在弹出的下拉菜单中选择【滚动编辑工具】，或按快捷键 N，【波纹编辑工具】适合修剪两段剪辑的连接处，同时修剪一段剪辑的入点和另一段剪辑的出点，并且保持两段剪辑的持续时间不变，修剪前后如图 5-14 所示。

图 5-14

8．删除剪辑

- 选择序列上的剪辑，然后选择【编辑】-【清除】命令，或按快捷键 Backspace，或者选择【波纹删除】快捷键 Shift+Delete，如图 5-15 所示。

清除(E)	Backspace
波纹删除(T)	Shift+删除

图 5-15

- 也可以选择序列上的素材右击，在弹出的下拉菜单中选择【清除】/【波纹删除】，按 Delete 键也可以删除剪辑，选择【清除】命令后序列上会留下间隙，选择【波纹删除】序列上不会留下间隙。

5.3 视频与音频的分割与链接

当一段剪辑包含视频与音频，在编辑时默认是保持同步的，如果需要单独修剪视频或音频，可以将视频与音频链接取消。选择序列上的剪辑，然后选择【剪辑】-【取消链接】命令，或者右击选择【取消链接】命令即可将视频与音频分割，取消链接后再移动视频或音频时，不会保持同步移动的状态。

取消链接后也可以重新链接起来，同时框选视频与音频，右击选择【链接】命令即可。

选择剪辑之前按住 Alt 键，可以单独选择视频或者音频，左右移动可以将视频与音频错位，剪辑的入点处会显示出红色的字符，表示错位的时间，如图 5-16 所示，但是它们还是相互链接的，在红色字符上右击选择【移动到同步】命令可以还原剪辑状态，如图 5-17 所示。

如果在编辑的过程中发现视频部分或者音频部分被完全覆盖，也可以找回来，将指针移动到剪辑所在位置，选择【序列】-【匹配帧】命令可以在【源监视器】中打开剪辑，然后在【源监视器】中找到【仅拖动视频】【仅拖动音频】按钮，如图 5-18 所示，拖曳到时间轴上即可找回丢失的剪辑。

图 5-16

图 5-17

图 5-18

5.4 查找序列间隙

在编辑过程中肯定会有一些地方出现间隙，有些间隙不容易被发现，Premiere Pro 可以帮助我们找到间隙并删除，选择【序列】-【封闭间隙】命令可以将序列中的间隙删除，也可以选择【转到间隔】命令手动选择保留或者删除间隙，如图 5-19 所示。

并不是所有的轨道间隙都可以被删除，因为轨道中默认是打开【轨道同步】功能的，在其他轨道中，选择其他轨道，右击选择【波纹删除】命令，如图 5-20 所示，也可以直接按 Delete 键，删除一部分间隙。

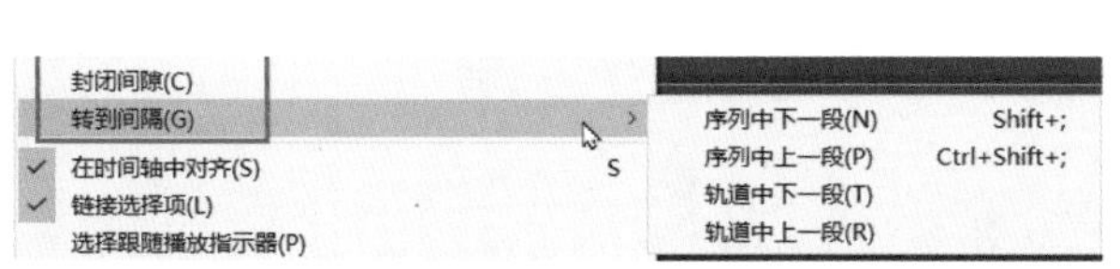

图 5-19

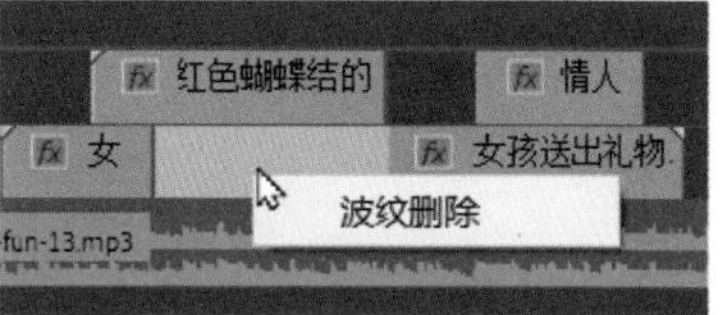

图 5-20

5.5 剪辑的启用与关闭

如果序列上的剪辑暂时不用可以将它关闭，从而查看序列中剪辑存在与不存在的前后效果。选择剪辑，右击取消选择【启用】命令，或按快捷键 Shift+E，剪辑会变成灰色，如图 5-21 所示，播放序列时就看不到被禁用的剪辑。

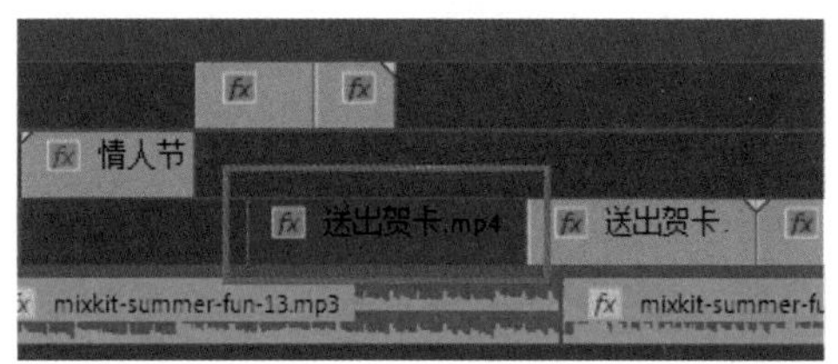

图 5-21

如果想再次使用剪辑，右击选择【启用】命令即可恢复剪辑状态。

5.6 使用标记面板

标记面板在前面简单介绍过，用于在序列中或者在剪辑上添加标记，可以给标记添加注释信息，编辑标记的入点 / 出点，修改标记的颜色、类型等，用于定位剪辑，方便排列序列上的剪辑。

1. 添加标记

- 在序列上添加标记：序列上添加的标记，标记会显示在【时间轴】面板、【节目监视器】中面板或者【效果控件】面板中。

在没有选中任何剪辑的情况下，移动播放指示器到需要标记的位置，单击【节目监视器】中的【添加标记】按钮，或按快捷键 M，即可添加标记。也可以在【时间轴】的时间标尺上右击，在弹出的下拉菜单中选择【添加标记】命令，如图 5-22 所示。

添加标记后会在时间轴上显示绿色的标记点，如图 5-23 所示，在【节目监视器】中同样位置也会显示出来。

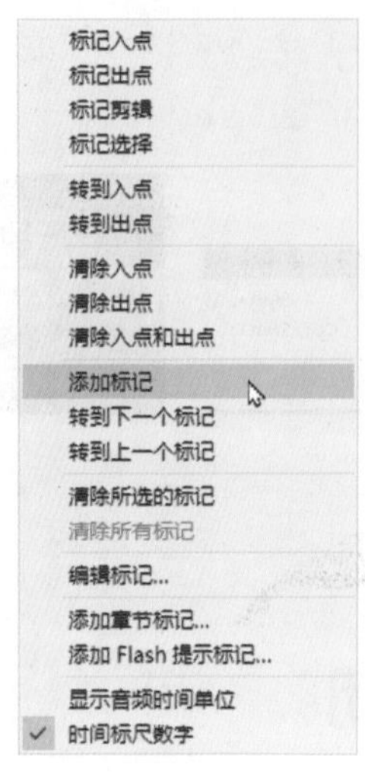

图 5-22

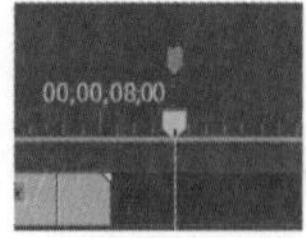

图 5-23

- 在剪辑上添加标记：在【源监视器】中打开剪辑，移动播放指示器到需要标记的位置，单击【添加标记】按钮，或者选择【时间轴】面板上的剪辑，单击【时间轴】面板左上角的【添加标记】按钮，或按快捷键 M，即可添加标记。添加标记后在剪辑上可以看到绿色标记点。

2．编辑标记

在【标记】面板中双击标记视图，可以打开【标记】对话框，如图 5-24 所示。也可以在【时间轴】面板上双击标记，或者在标记点处右击，选择【编辑标记 ...】命令。

图 5-24

在对话框中，可以对标记进行命名、设置标记的持续时间、为标记添加注释。选项中直接单击颜色块可以为标记设置不同的颜色。

标记分为以下 5 种类型。

- 注释标记：在时间轴上或剪辑上添加标记、注释等信息。
- 章节标记：设置章节标记点，输出视频后，章节标记将同时输出，在观看视频时可以看到章节标记，可以快速跳转到章节标记处播放视频。
- 分段标记：分段标记在一些视频服务器中可以识别，这些分段标记被视频服务器分割开来，用来插入片段、广告等其他内容。
- Web 链接：可以为标记设置 Web 超链接，当视频播放到标记点处时，将自动打开输入的 Web 网页，在网页中可观看更多的内容。
- Flash 提示点：这类标记点用于在 Adobe Animate 软件中识别。

3．在【标记】面板中管理标记

添加完标记后可以在【标记】面板中对标记进行快速整理，如图 5-25 所示，如果没有选择任何剪辑，显示的是序列上的所有标记，如果选择了剪辑，就会显示剪辑上的标记。

在【标记】面板中输入标记的名称可以快速查找标记点，或者选中面板中的标记颜色，可以对相同颜色的标记进行筛选，面板会将其他颜色的标记忽略，如图 5-26 所示，也可以同时选中多个颜色进行筛选。

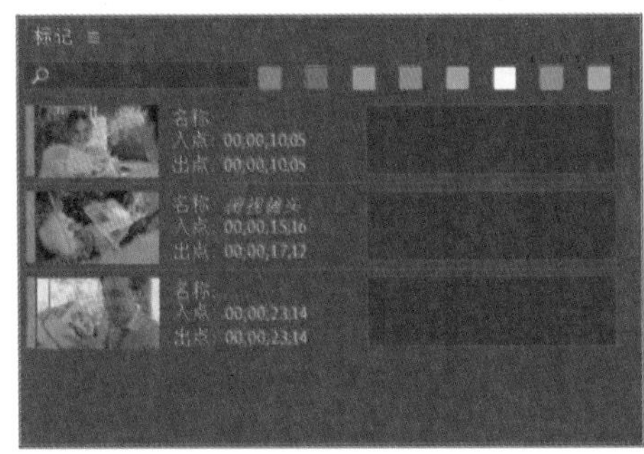

图 5-25

图 5-26

在面板中单击任意标记点，时间轴中的指针将自动跳转到标记点处，快速浏览标记点内容，也可以在时间轴中右击选择【转到上一标记点】【转到下一标记点】命令切换不同时间的标记。

如果不使用标记点了，直接在面板中选择标记点，按 Delete 键删除或者在时间轴中右击选择【清除所选标记】命令即可删除标记点。如果要清除所有标记，选择【标记】-【清除所有标记】命令即可，或按快捷键 Ctrl+Alt+Shift+M。

5.7　使用标签

在 Premiere Pro 中每种类型的素材都有默认的标签颜色，例如视频的标签颜色为【紫色】，图片的标签颜色为【淡紫色】，音频的标签颜色为【加勒比海蓝色】，在【项目】面板或【时间轴】面板中选择剪辑右击，找到【标签】命令可以看到所有的标签颜色，这些标签颜色可以自定义修改，直接单击就可以切换不同的标签，如图 5-27 所示。

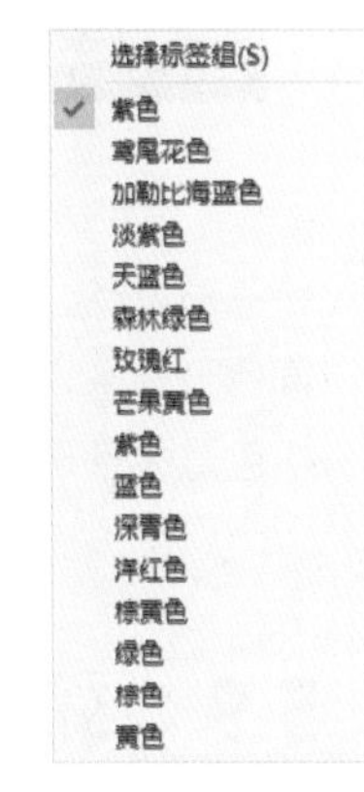

图 5-27

可以为一组剪辑修改为相同的标签颜色，然后在任一剪辑上右击选择【标签】-【选择标签组】命令将这些剪辑全部选中。

5.8　时间轴设置

在时间轴面板的左侧排列着一些设置按钮，这里简单介绍一下。

- 将序列作为嵌套或个别剪辑插入并覆盖：这个按钮默认是激活状态，当序列中添加另一段序列时，序列将作为嵌套方式添加，取消激活按钮，再次插入序列时，会将序列中的素材以单个剪辑的方式插入。

- 在时间轴中对齐：当鼠标拖曳序列上的剪辑时会自动吸附到最近的编辑点。
- 链接选择项：选择序列上的素材时，视频与链接的音频会被同时选中。
- 添加标记：在序列、剪辑上添加标记。
- 时间轴设置：单击按钮显示关于时间轴的多种设置，如图 5-28 所示。
- 时间标尺：显示当前序列的时间刻度，右击可以切换显示单位，如图 5-29 所示。

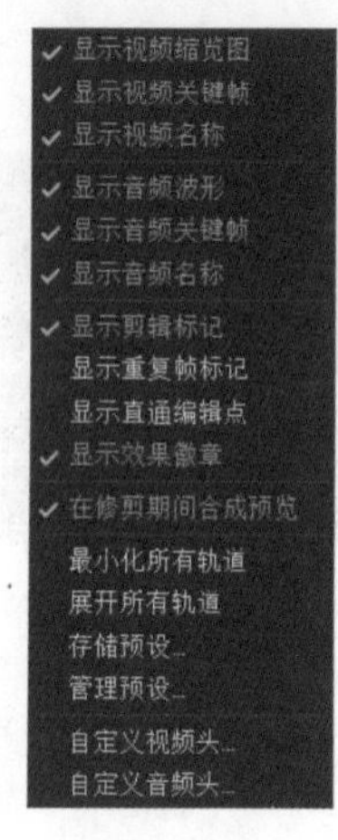

图 5-28

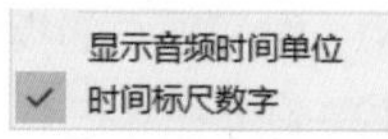

图 5-29

在时间标尺下方有彩色渲染条，不同的颜色代表实时渲染的完成进度，如图 5-30 所示。

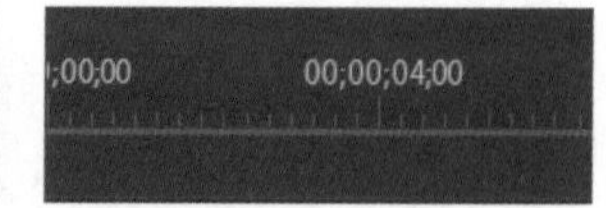

图 5-30

绿色渲染条：表示已经渲染的部分，可以实时预览。

黄色渲染条：表示未渲染部分，但是可以实时预览，不会出现丢帧现象。

红色渲染条：必须渲染后才能实时预览内容。

5.9 轨道设置

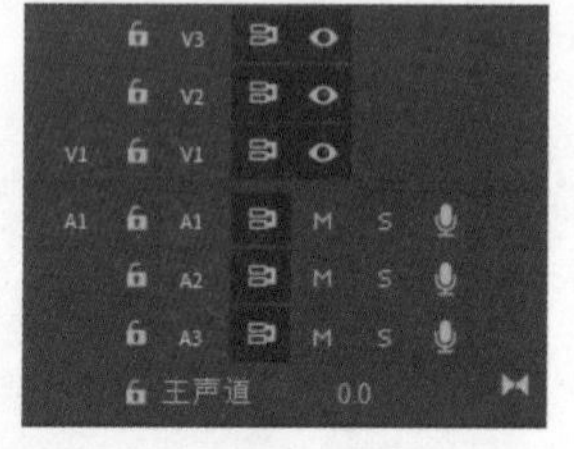

图 5-31

轨道用于存放素材，分为视频轨道、音频轨道，视频轨道用“V”表示，即 Video 的首字母，音频轨道用“A”表示，即 Audio 的首字母，在音频轨道底部是主声道，如图 5-31 所示。

1. 轨道按钮的作用

在每个轨道的左侧会有关于轨道设置的按钮，下面来介绍这些按钮的作用。

- 【源修补】：可以控制插入素材时的插入轨道的位置，在垂直方向空白区域单击可以切换源修补所在轨道。例如当源修补在 V1 轨道时，执行插入、覆盖命令时，素材会出现在 V1 轨道。
- 【轨道锁定】：单击按钮变为高亮，可以将当前轨道上的剪辑全部锁定，不能对当前轨道进行任何编辑，再次单击取消轨道锁定。
- 【目标轨道】：可以控制粘贴素材时的位置，素材生成的位置，例如选择一段剪辑按快捷键 Ctrl+C 复制，当 V1 轨道激活时，按快捷键 Ctrl+V 粘贴，副本将出现在 V1 轨道。
- 【切换同步锁定】：在编辑项目时可以保证序列上的所有轨道保持同步。
- 【切换轨道输出】：可以控制当前轨道上的所有剪辑显示或者隐藏。

2．添加 / 删除轨道

鼠标在轨道头上右击可以看到关于轨道的一些操作，如图 5-32 所示。

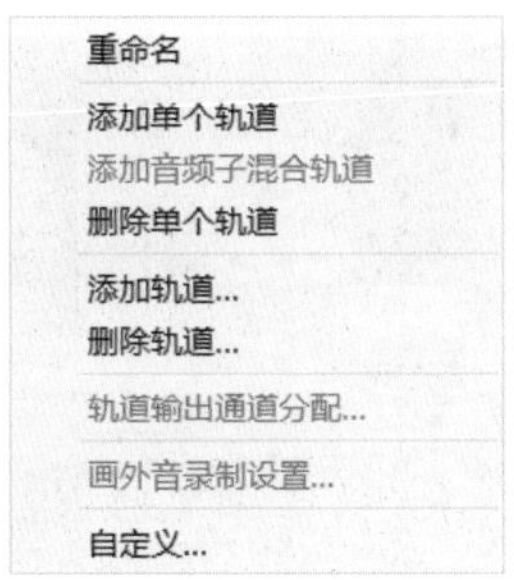

图 5-32

选择【添加单个轨道】命令可以新建轨道，默认新生成的轨道在所在轨道的上方。

如果想要一次添加多个轨道可以选择【添加轨道】命令，如图 5-33 所示。在弹出的【添加轨道】对话框中选择添加轨道的数目、位置、轨道类型等。

如果想删除轨道，在轨道处右击选择【删除单个轨道】命令即可，如果想要一次删除多个空轨道可以选择【删除轨道】命令，在弹出的【删除轨道】对话框中选中【删除视频轨道】复选框并在下拉菜单中选择【所有空轨道】命令即可将所有空白轨道删除，如图 5-34 所示。

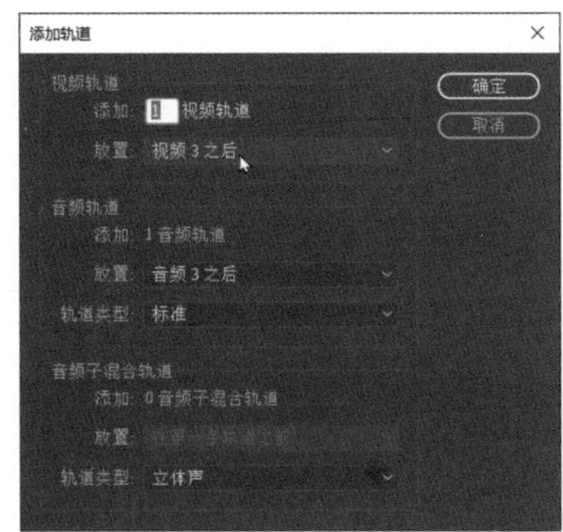

图 5-33

图 5-34

3．轨道视图

双击轨道空白区域可以将轨道视图放大，这样可以看到素材在序列中的缩览图，如图 5-35 所示，将鼠标放到两轨道之间，当鼠标变成双箭头时拖曳轨道可以任意调整轨道视图大小。

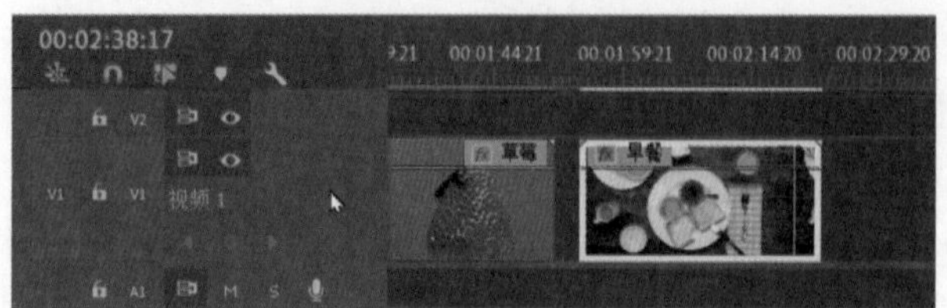

图 5-35

也可以单击【时间轴显示设置】按钮，选择【最小化所有轨道】或【展开所有轨道】调整轨道视图大小。

在时间轴的底部与右侧都有滑块，如图 5-36 所示。

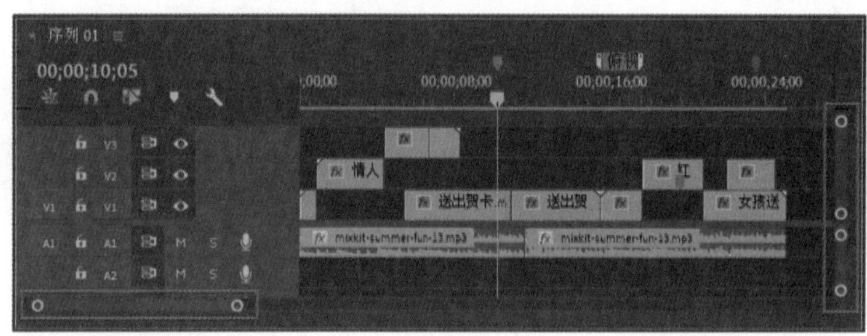

图 5-36

左右移动时间轴底部的滑块可以查看序列上的所有剪辑，移动滑块两侧的端点可以缩放时间轴视图，上下移动时间轴右侧滑块可以查看所有的视频轨道、音频轨道。

4．自定义轨道头

在轨道面板上有一些默认按钮，但是还有一些按钮是被隐藏的，在轨道头上右击选择【自定义】命令，打开【按钮编辑器】对话框（视频轨道与音频轨道略有不同），在这里可以自定义轨道头，如图 5-37 所示。

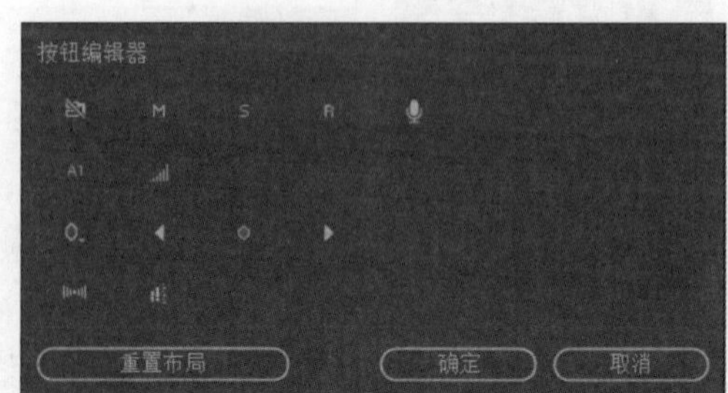

图 5-37

直接拖曳按钮到轨道上，然后单击【确定】按钮就可以将按钮放到轨道上。

5.10 案例——欢乐圣诞

（1）新建项目“欢乐圣诞”，导入全部素材并移动到时间轴创建序列。

（2）这时所有的剪辑都在 V1 轨道上从左到右排列着，我们使用几种方法将这些片段修剪为 3 秒左右。移动指针到 11 秒处，选择【剃刀工具】在“礼物”上单击创建编辑点，如图 5-38 所示，选择后半部分片段右击选择【波纹删除】命令。

（3）移动指针到 13 秒处选择“小伙伴”，鼠标移动到入点处并按住 Ctrl 键，当光标变为黄色波纹修剪图标时拖曳入点到指针处，如图 5-39 所示，这种波纹修剪的方法修剪后不会留下间隙。

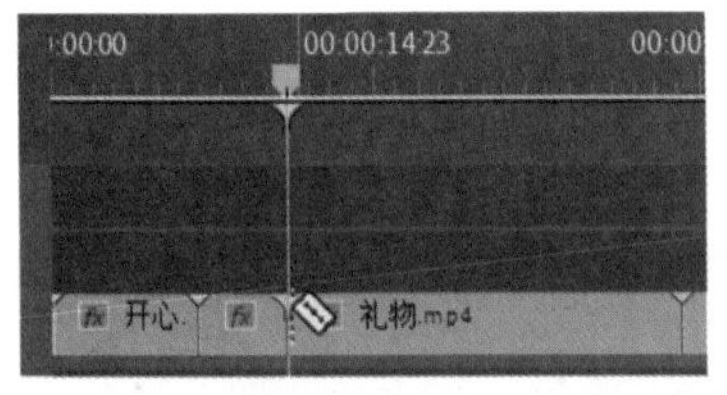

图 5-38

图 5-39

（4）移动指针到 15 秒处，选择“转圈”直接向左移动，当入点与指针对齐时松开鼠标，这样“转圈”就直接将左侧的剪辑覆盖，同样的方法移动指针到 18 秒处，选择“装饰圣诞树”向左移动与指针对齐，如图 5-40 所示。

图 5-40

（5）移动指针到 21 秒处，选择“开心”移动到指针处，将“装饰圣诞树”后面部分覆盖，然后移动指针到 24 秒处，使用【剃刀工具】切开剪辑，将后面部分删除。

（6）选择轨道前面的间隙，右击选择【波纹删除】命令，如图 5-41 所示，将背景音乐“黄帆之歌”放到 A1 轨道，修剪音频与视频使它们的持续时间相同，这样一个短视频就剪辑完成了。

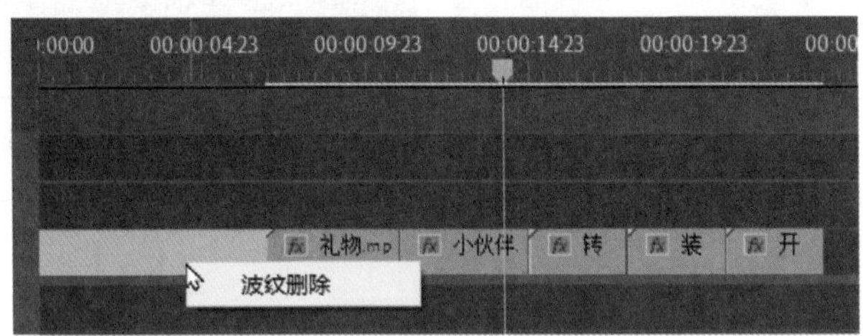

图 5-41

5.11 案例——足球射门短视频

（1）新建项目“足球射门短视频”，导入准备好的素材，单击【项目】面板底部的【新建项】按钮选择【序列】命令，选择预设【AVCHD 1080p30】将序列命名为“足球射门短视频”。

（2）创建好序列后在【项目】面板中双击剪辑“守门员”，在【源监视器】中打开，移动指针到1秒处选择【标记入点】命令，移动指针到4秒处，选择【标记出点】命令，如图5-42所示。

（3）将“守门员”移动到【时间轴】面板中的V1轨道上，选择“准备射门”移动到“守门员”后面，如图5-43所示。

图 5-42

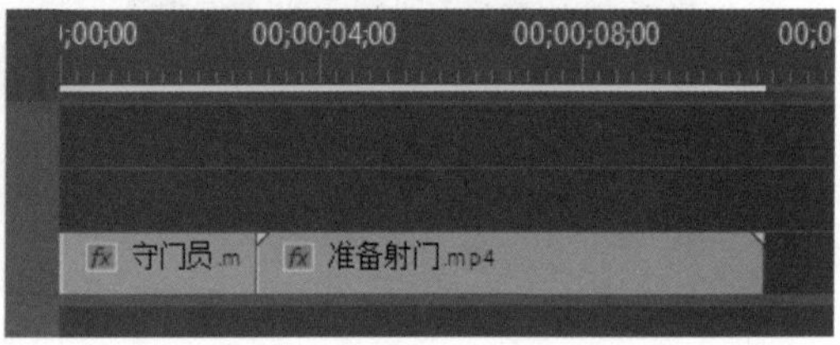

图 5-43

（4）选择将“放置足球”放在V2轨道4秒5帧处，用来承接“准备射门”的不同镜头，在7秒处视频中足球被放置好的时间点使用【剃刀工具】在“放置足球”上添加编辑点，如图5-44所示，切开后选择后半段剪辑，右击选择【清除】命令。

（5）选择“踢球”将剪辑放到V2轨道上，移动指针到画面中足球被踢出去的时间处，如图5-45所示。

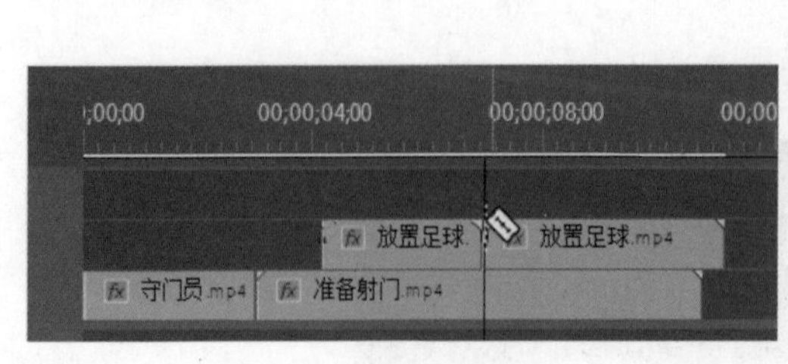

图 5-44

图 5-45

（6）鼠标移动到“踢球”的出点，当鼠标光标变为“修剪工具”时移动出点到指针处，如图5-46所示。

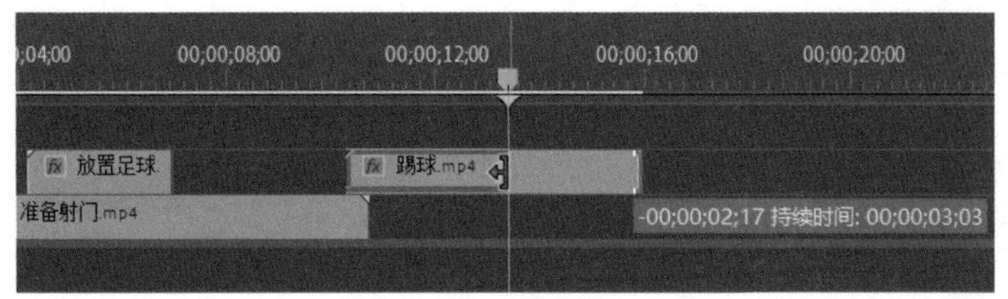

图 5-46

（7）在【项目】面板中双击“进球”，在 2 分 15 帧处单击【标记入点】，然后将剪辑放到 V1 轨道“踢球”的出点处，如图 5-47 所示。

图 5-47

（8）添加音乐“Cinematic Racing Hip-Hop”放到 A1 轨道，简单修剪一下，这样一个完整的足球射门短视频就剪辑完成了。

学完本章就可以处理简单的视频剪辑工作了，从选择、移动剪辑到复制粘贴，然后对剪辑进行修剪，修剪的过程中使用不同的工具编辑，剪辑成为一个剧情。这就是非线性编辑，可以自由地在时间线上发挥创意。

第 6 章 视频效果

Premiere Pro 是一款主要用于视频剪辑的软件，不过它也内置了很多视频效果，这些视频效果非常强大，可以用它们完成转场、动画、调色、风格化等丰富的后期制作工作，在很多编辑的过程中都会用到。

如电影《终结者：黑暗命运》在制作过程中就使用了 Adobe 视频工具，在 Premiere Pro 中进行剪辑，在 After Effects 中进行视觉特效制作。

纪录片《迈克尔 · 乔丹》的幕后团队使用了 Premiere Pro、After Effects 和 Photoshop 讲述 Air Jordan 标志性运动鞋的故事。

6.1 认识视频效果

为了增加视觉效果经常会应用到一些特效画面、滤镜、调色等功能，给观众视觉上带来极大震撼，这些效果并不是视频素材原有的，很多都是经过后期制作合成添加上去的，经过细致的制作、跟踪、调色等环节使画面像真的一样，这就是视频效果。

在 Premiere Pro 中有非常多的效果都被整理分类在【效果】面板中，这些效果有固定效果、标准效果、基于剪辑或基于轨道的效果、外部制造商制作的外置效果。

基于剪辑的效果如视频效果，基于轨道的效果如音频效果，在【音轨混合器】面板中，可以将音频效果应用于整个轨道。外置效果就更多了，并且提供了更多可调整的参数。如 Trapcode 插件、红巨星 VFX Suite 插件、蓝宝石 Sapphire 插件等，这些外置插件需要自己安装。

6.2 固定视频效果

固定效果就是剪辑本身拥有的效果，不需要手动添加。打开本书提供的项目“第 6 章 视频效果”，选择剪辑，在【效果控件】面板中就可以看到，这是剪辑所具备的基本属性。如【运动】【不透明度】【时间重映射】，如果是音频，基本属性为【音量】【声道音量】【声像器】，如图 6-1 所示。

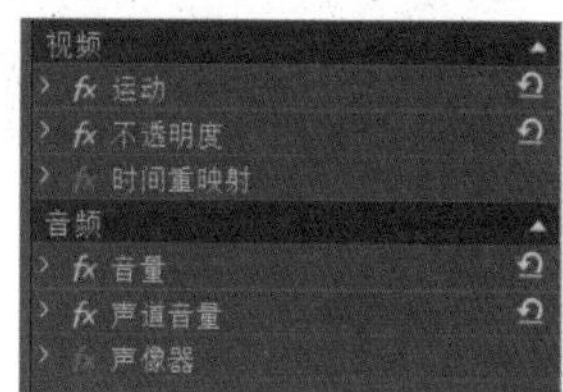

图 6-1

1. 【运动】效果

展开【运动】效果可以看到其包含有几个属性，如图 6-2 所示。

图 6-2

【位置】：坐标位于图像的中点，由 X 轴、Y 轴控制。

【缩放】：控制图像缩放比例，数值小于 100% 时，缩小图像，数值大于 100% 时，放大图像。当取消选中【等比缩放】复选框时，可以单独调整【缩放】【缩放宽度】属性。

【旋转】：控制图像的旋转角度，图像沿着垂直于屏幕的 Z 轴进行旋转，数值为正时顺时针方向旋转，反之，逆时针方向旋转。当旋转角度大于 360° 时，将计数为 1X 并显示角度值，例如 540° 显示为 1X180° 。

【锚点】：用来控制旋转的中心，锚点位置可以在图像内，也可以在图像外。

【防闪烁滤镜】：用于消除图像中的闪烁现象。当图像中有细线或者比较锐利的边缘时，移动时就会产生闪烁现象，调整【防闪烁滤镜】可以改善闪烁现象。

2. 【不透明度】效果

用来控制图像的【不透明度】与【混合模式】，还可以为图像添加蒙版，制作蒙版动画等操作。【不透明度】用百分比表示，当数值在 0% ~ 100% 时为半透明状态，当数值为 0% 时图层为完全透明。

在这里，为图层准备了 3 种蒙版工具。

- 【创建椭圆形蒙版】：单击按钮可以在【节目监视器】中看到创建的椭圆形蒙版，如图 6-3 所示，蒙版内部显示为不透明，蒙版外部显示为透明。
- 【创建 4 点多边形蒙版】：单击按钮创建矩形蒙版，如图 6-4 所示。
- 自由绘制贝塞尔曲线：单击按钮可以使用钢笔在【节目监视器】中绘制任意多边形蒙版，如图 6-5 所示。

图 6-3

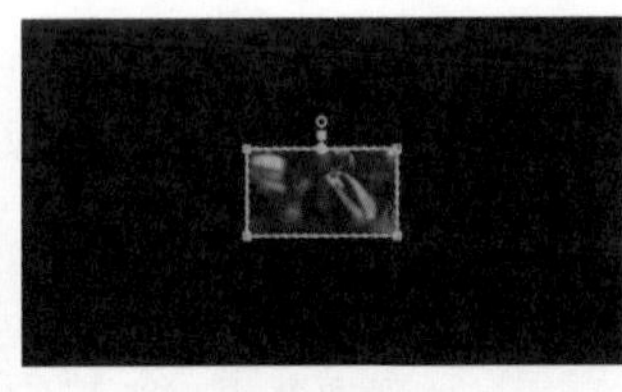

图 6-4

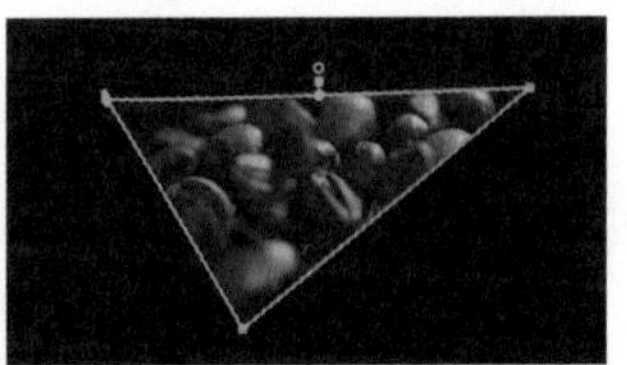

图 6-5

关于图层蒙版与【混合模式】在后面的章节中会详细讲解。

3. 【时间重映射】效果

【时间重映射】用来改变剪辑的播放速度，实现加速、减速或者将帧冻结，这里简单认识一下，在后面章节中会详细解释【时间重映射】的作用并操作演示。

如果剪辑包含音频，音频也有其固定效果，如【音量】【声道音量】【声像器】，这些固定效果在之后讲解关于音频的章节中会学习到，这里先简单认识一下，不做过多介绍。

4. 快速调整【运动】属性

【运动】效果中的属性在【节目监视器】中可以快速调整，单击【效果控件】面板中的【运动】属性栏，这时在【节目监视器】中可以看到视频边缘出现高亮的点，在【节目监视器】中使用手柄予以操控，鼠标放在不同的位置，手柄形状会自动变化，如图 6-6 所示。

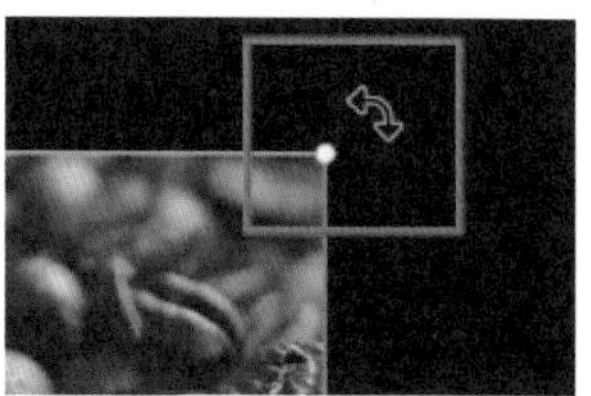

图 6-6

光标在图像中单击并拖曳可以移动位置，放在中心锚点上可以移动锚点，光标放在四周点上时手柄可以缩放，光标放在点附近时可以旋转，这种方法能快速直观地呈现出效果，如图 6-7 所示。

图 6-7

6.3 编辑效果

除了剪辑的固定效果，在【效果】面板中还有大量的内置效果，打开【视频效果】文件夹，可以看到效果被分为很多类型，如图 6-8 所示。

如果找不到想要的效果，可以在【效果】面板的查找栏中输入文件夹名称或效果名称快速搜索效果，如图 6-9 所示。

图 6-8

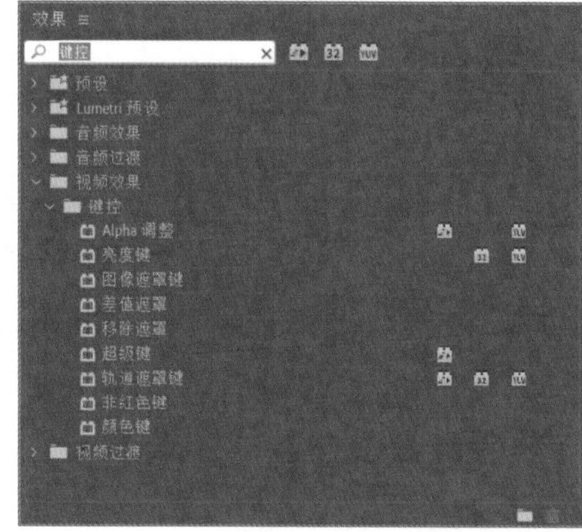

图 6-9

可以发现有些效果后面会出现特殊的标签，这些标签有特殊的含义，单击搜索栏后面的标签按钮，可以直接筛选出具有该类型的效果。

- 【加速效果】：这些效果可以使用 GPU 进行加速渲染，不需要手动渲染就可以实时查看。

- 【32 位颜色】：这些效果将使用 32bpc 像素来渲染高位深度资源，颜色的分辨率更高，颜色渐变更加自然。
- 【YUV 效果】：可以直接使用 YUV 颜色进行颜色处理工作，不用转换为 RGB 颜色，不会出现变色的现象。

在【效果】面板右下角单击【新建自定义素材箱】按钮可以创建新的分组并命名，将常用的效果移动到素材箱中，素材箱中会出现效果的副本，如图 6-10 所示。

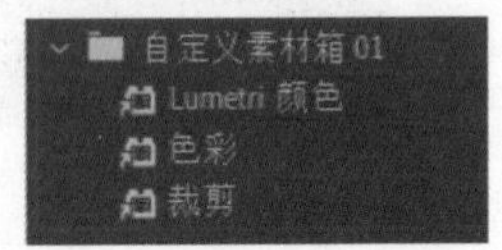

图 6-10

1．添加效果

在【效果】面板中选择效果，拖曳效果到【时间轴】面板中的剪辑上就可以应用效果了，或者选择剪辑后直接在【效果】面板双击效果也可以应用效果，打开【效果控件】面板可以看到剪辑上应用的效果。

添加效果有两种类型，一种是添加到序列的剪辑上，另一种是添加到源素材上。

- 将效果添加到剪辑上：在【效果】面板中选择【风格化】-【查找边缘】命令拖曳到“倒咖啡”上，效果如图 6-11 所示。

打开【效果控件】面板，可以看到【查找边缘】效果和效果参数，单击效果前面的【切换效果开关】可以暂时关闭应用的效果，用于前后做对比，如图 6-12 所示。

图 6-11

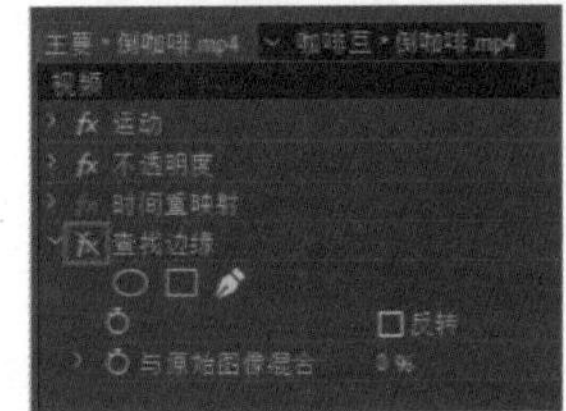

图 6-12

- 将效果应用到源素材上。

按住 Alt 键向右拖曳“磨碎的咖啡”在右侧创建副本，如图 6-13 所示。

在【项目】面板中双击源素材“磨碎的咖啡”，然后在【效果】面板上找到【黑白】效果并移动到【源监视器】面板中，这时可以看到序列上的两段剪辑都变为了黑白色，这种在源素材上应用效果的方式可以一次同时修改多个剪辑。

需要注意的是这种效果并没有应用到剪辑上，单击序列上的剪辑，在【效果控件】面板看不到任何效果，必须在【项目】面板中双击源素材在【源监视器】中打开，然后切换到【效果控件】面板才可以看到应用的效果，如图 6-14 所示，这里只有应用的效果，不存在固定效果。

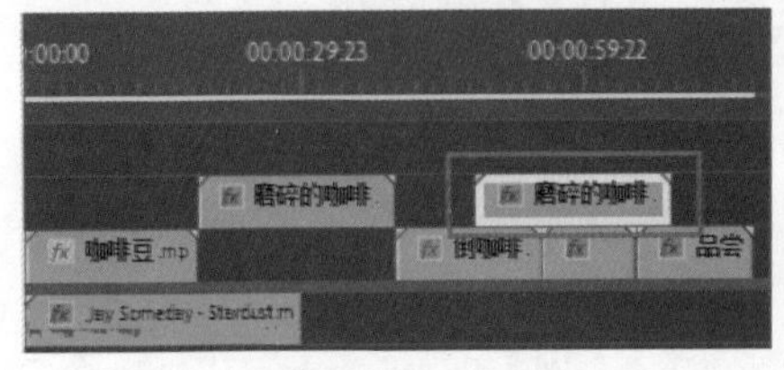

图 6-13

图 6-14

2. 复制效果

添加的效果可以直接复制到另一段剪辑上，不需要重新调整效果参数。

选择【效果控件】面板中的效果，右击选择【复制】命令，如图 6-15 所示，然后单击序列上的其他剪辑，回到【效果控件】面板中，右击选择【粘贴】命令即可。

如果想要同时复制多个效果，可以在序列上选择剪辑，右击选择【复制】命令，然后选择序列上的其他剪辑，右击选择【粘贴属性】命令，如图 6-16 所示，打开【粘贴属性】对话框，选中需要粘贴的属性即可，如图 6-17 所示，单击【确定】按钮后，剪辑上会有与之前复制的剪辑具有相同的效果。

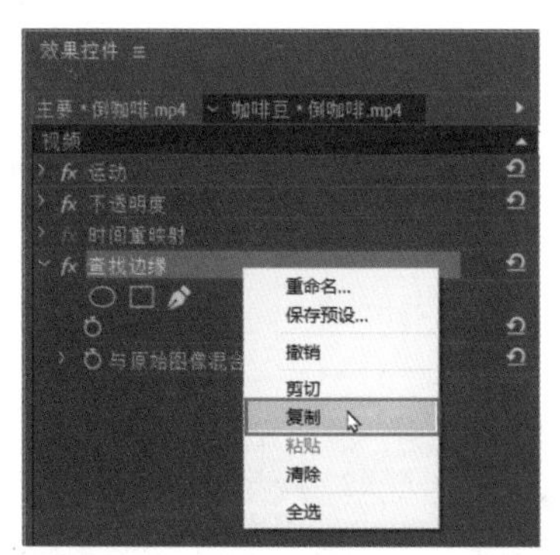

图 6-15

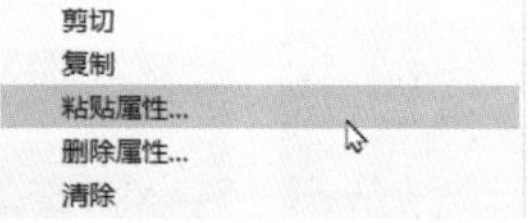

图 6-16

图 6-17

3. 编辑效果参数

编辑效果参数可以有几种控件方式，如图 6-18 所示。

- 一些数值类参数可以直接单击参数并输入新的数值。
- 可以使用鼠标在数值上左右拖曳，数值就会随鼠标移动而改变。
- 移动滑块控制参数变化，如【不透明度】【亮度】【饱和度】等。
- 选中复选框控制参数变化，如【等比缩放】【方向】等。

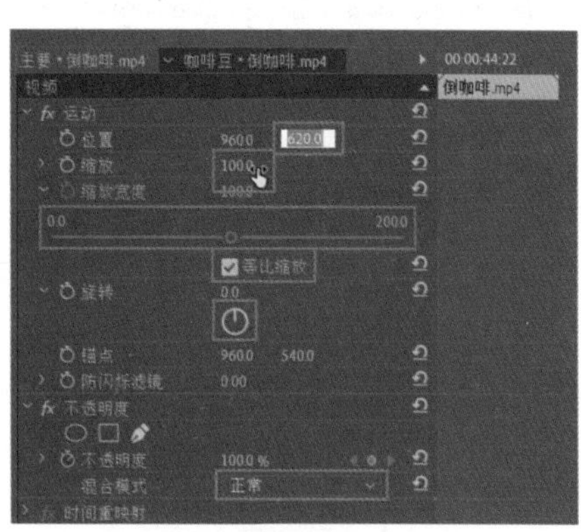

图 6-18

- 移动表盘控制数值变化，如【旋转】【色相】等。
- 直接单击下拉菜单选择选项，如【混合模式】【合成方式】等。

如果一些参数修改后太过混乱，可以单击参数后面的【重置参数】按钮，还原数值。

4．使用【效果徽章】

在序列上，剪辑都会有一个【效果徽章】，不同的效果徽章代表了不同的意思，如图 6-19 所示。通过效果徽章的颜色可以分别剪辑是否修改了固定效果或应用了其他效果。

图 6-19

- 灰色徽章：剪辑没有修改固定效果，也没有应用任何其他效果，处于原始状态。
- 黄色徽章：只修改了固定效果，如【运动】【不透明度】【时间重映射】等，没有应用任何其他效果。
- 紫色徽章：应用【效果】面板中的效果，但是没有修改固定效果。
- 绿色徽章：应用【效果】面板中的效果，同时修改了固定效果。
- 红色下画线徽章：在源素材上应用了效果。

在效果徽章上右击可以看到剪辑上所有效果的属性，如图 6-20 所示。

单击效果属性，然后放大轨道视图可以在序列上看到一条线，鼠标拖曳直线上下移动可以控制该属性的数值，如图 6-21 所示，在直线上也可以添加关键帧。

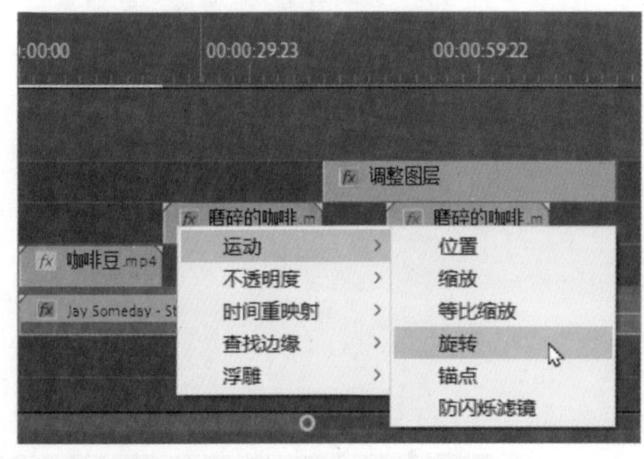

图 6-20

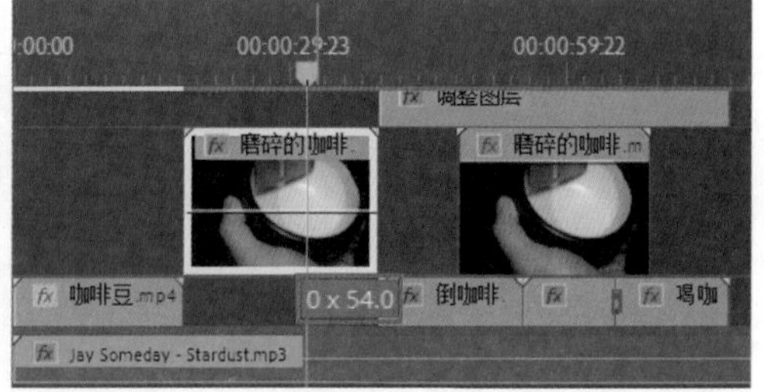

图 6-21

5．删除视频效果

- 想要删除应用的效果，选择【效果控件】面板中的效果，右击选择【清除】命令即可。
- 如果想要清除应用的全部效果，按住 Ctrl 键依次选择全部效果，然后单击【效果控件】面板中的【面板菜单图标】，在弹出的下拉菜单中选择【移除所选效果】命令即可，如图 6-22 所示。
- 如果想还原剪辑的所有属性，可以选择【移除效果】命令，或者在序列上选择剪辑，右击选择【删除属性】命令，打开【删除属性】对话框，如图 6-23 所示。

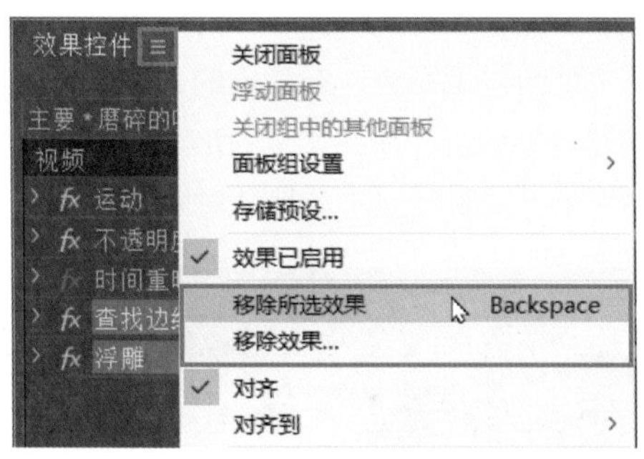

图 6-22

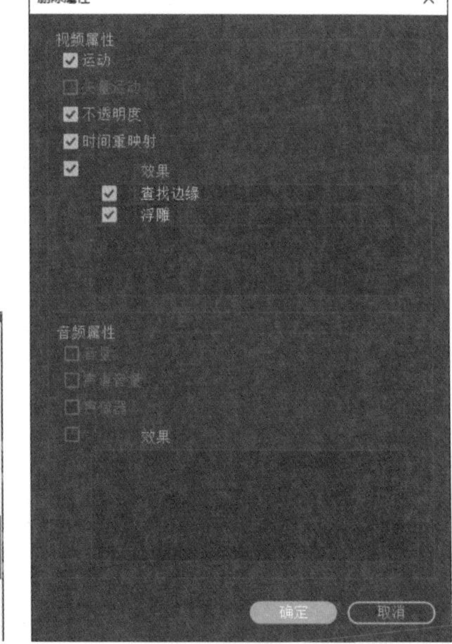

图 6-23

所有的效果都会显示在对话框中，选中需要删除的属性，单击【确定】按钮即可删除应用的全部效果，选中固定效果时将还原所有属性数值。

- 如果想删除应用到源素材上的效果，需要在【项目】面板中双击源素材，然后切换到【效果控件】面板中，选择效果右击选择【清除】命令。

6．效果上下层级关系

如果一个剪辑上添加了多个效果，在【效果控件】中，效果会按照先后顺序从上到下排列，当然也可以手动拖曳效果，改变效果的上下层关系，但是这会影响最终输出的效果。

如依次在“喝咖啡”上添加效果【黑白】【四色渐变】，并调整【四色渐变】的【混合模式】为【相加】，最终【节目监视器】中输出的效果如图 6-24 所示。

选择效果【四色渐变】移动到【黑白】的上层，【节目监视器】中输出的效果如图 6-25 所示。

图 6-24

图 6-25

可以发现【效果控件】面板中执行自上而下的效果输出，所以添加多个视频效果时，添加的顺序不同，对其视频最后效果的影响很大。

6.4 使用调整图层

Premiere Pro 中的调整图层在视频效果中发挥着很大的作用，如果想将当前的多个视频应用同一种效果，最简单的方法就是在最上层轨道创建一个调整图层，在调整图层上添加效果，调整图层将直接影响最终视频输出的效果。

选择【项目】面板右下角的【新建项】-【调整图层】命令，在弹出的【调整图层】对话框中确定尺寸与像素长宽比，单击【确定】按钮创建调整图层，如图 6-26 所示。

然后将【调整图层】放到序列 V3 轨道上，修改【调整图层】的持续时间，如图 6-27 所示。

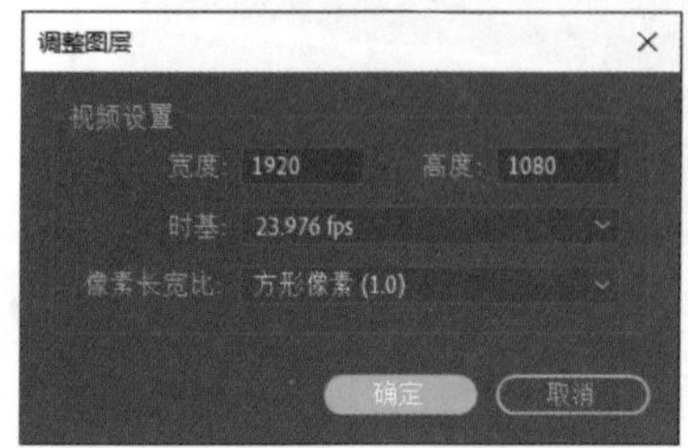

图 6-26

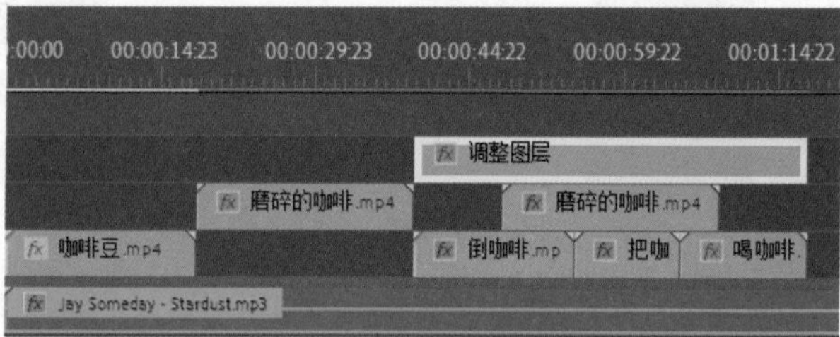

图 6-27

选择“喝咖啡”，将【四色渐变】效果剪切到【调整图层】上，移动指针可以看到，调整图层所在时间下面的图层都应用了【四色渐变】效果，如图 6-28 所示。

图 6-28

移动指针发现调整图层入点左侧的剪辑没有任何改变，修改【调整图层】的【不透明度】属性为 50%，可以看到效果变淡了许多，如图 6-29 所示。

修改【调整图层】的【位置】为【0，540】，如图 6-30 所示。可以发现【调整图层】之外的区域没有任何效果。

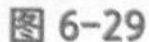

图 6-29

图 6-30

可以看到【调整图层】也有【时间重映射】属性，它是所有剪辑的固定效果，在这里并不会对【调整图层】起作用。

这就是调整图层的作用，它只是影响最终的输出效果，并不需要将效果应用到其轨道下方的剪辑上。

6.5 创建效果预设

在【效果】面板中可以看到大量的效果预设，如图 6-31 所示，使用这些预设可以提升工作效率，在这里也可以创建自定义预设，单击面板右下角的【新建自定义素材箱】按钮，将自己常用的效果保存成预设放到文件夹中，供以后编辑时直接使用预设，可以大大提升工作效率。

选择剪辑添加并设置好效果后，在【效果控件】面板中选择一个或多个效果，右击选择【保存预设】命令，在弹出的【保存预设】对话框中为预设命名，选择保存预设的类型，还可以为预设添加一些描述，然后单击【确定】按钮即可保存预设，如图 6-32 所示。

图 6-31

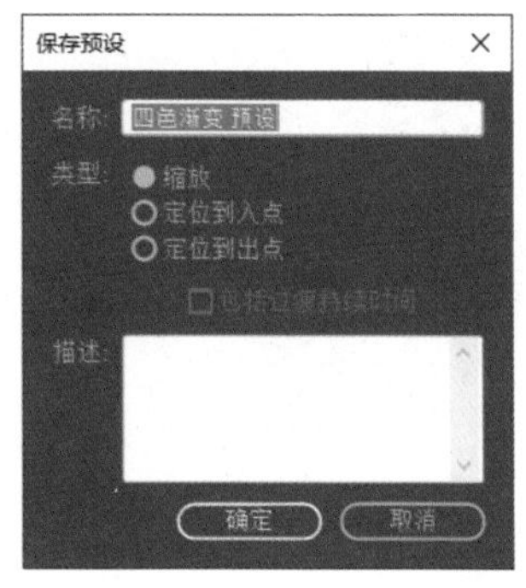

图 6-32

当预设中存在关键帧时，保存预设类型用来控制关键帧定位的位置。

- 缩放：根据剪辑的持续时间缩放关键帧的距离。
- 定位到入点：根据剪辑的入点定位关键帧的位置。
- 定位到出点：根据剪辑的出点定位关键帧的位置。

保存预设后，在项目面板中打开【预设】文件夹，就可以看到自定义的预设。

6.6 视频效果的分类

在【效果】-【视频效果】命令中效果被分为很多类放在文件夹中，如【图像控制】【扭曲】【杂色与颗粒】【键控】等，下面对这些效果系统地进行介绍。

1. 变换

【变换】组中包含的效果如图 6-33 所示，常用于调整图像视图、尺寸等，打开序列“变换”，原始图像，如图 6-34 所示。

【垂直翻转】：将图像上下翻转。

【水平翻转】：将图像从左到右翻转。

【羽化边缘】：使图像边缘像素变为半透明，产生羽化效果，如图 6-35 所示。

图 6-33

图 6-34

图 6-35

【自动重新构图】：对于不同尺寸大小的剪辑，将进行分析构图，重新匹配当前序列，打开序列“竖版”应用效果后可以在【效果控件】面板中看到【运动】属性的变化并自动创建关键帧，如图 6-36 所示，前后效果如图 6-37 所示。

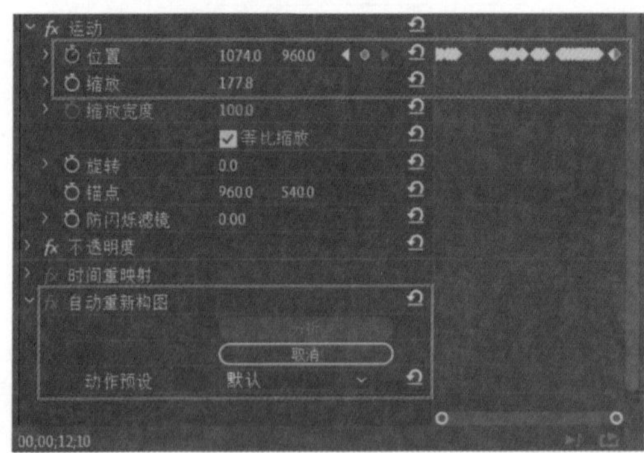

图 6-36

图 6-37

【裁剪】：裁剪当前画面，可以控制裁剪的位置并调整裁剪比例，在裁剪的边缘可以增加羽化值，如图 6-38 所示，选中【缩放】复选框可以保证图像缩放匹配画面大小，如图 6-39 所示。

图 6-38

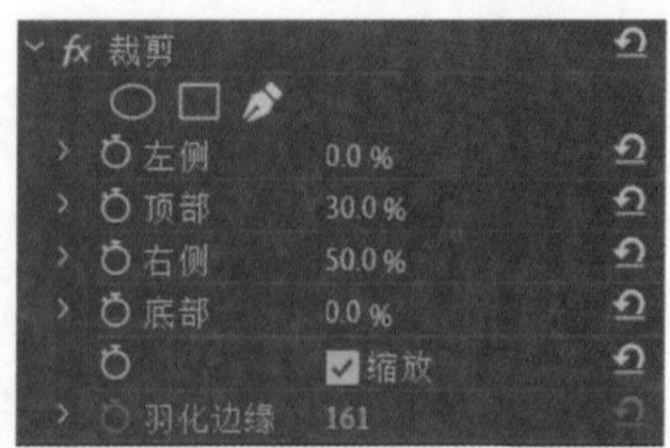

图 6-39

2. 图像控制

【图像控制】组包含的效果如图 6-40 所示，主要用于处理图像颜色，打开序列“图像控制”的原始图像，如图 6-41 所示。

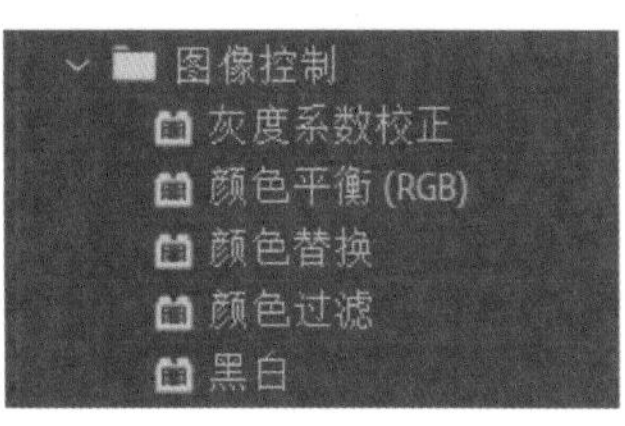

图 6-40

图 6-41

【灰度系数校正】：调整整个图像的中间调的亮度级别，使图像变亮或变暗。

【颜色平衡（RGB）】：调整图像中的红色、绿色、蓝色的颜色级别，调整参数后如图 6-42 所示。

【颜色替换】：选定图像中的颜色并调整【相似性】，将原有颜色替换为其他颜色可以使用【吸管工具】取色，效果如图 6-43 所示。

图 6-42

图 6-43

【颜色过滤】：将颜色进行过滤，除了指定颜色外其他颜色变为黑白色，效果如图 6-44 所示。

【黑白】：使图像的颜色显示为灰度，图像变为黑白色，效果如图 6-45 所示。

图 6-44

图 6-45

3. 实用程序

【实用程序】组只有【Cineon 转换器】效果，如图 6-46 所示，打开序列“实用程序”。

图 6-46

【Cineon 转换器】：主要对 Cineon 图像的颜色进行转换控制，转换类型有对数到对数、对数到线性、线性到对数 3 种，可以增强重要色调范围，同时保持总体色调平衡。

4．扭曲

【扭曲】组包含的效果如图 6-47 所示，主要对图像进行扭曲、变形，打开序列“扭曲”原始图像，如图 6-48 所示。

【偏移】：使图像产生位置的偏移，偏移的图像信息会在对面显示，如图 6-49 所示。

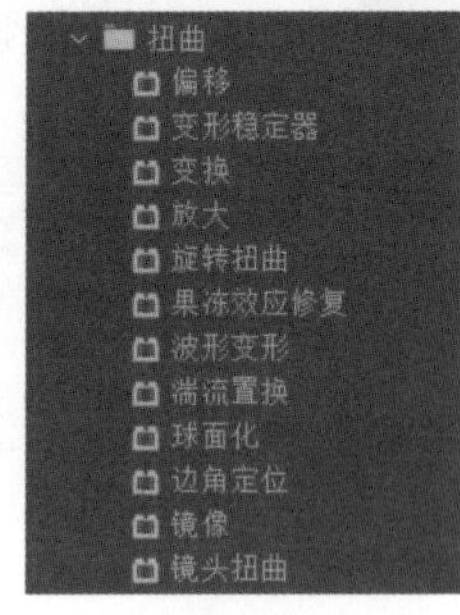

图 6-47

图 6-48

图 6-49

【变形稳定器】：可以用来消除拍摄视频时的抖动现象。添加效果后，将自动进行分析，分析结束后开始稳定化，如图 6-50 所示，步骤结束后可以看到视频稳定后的效果很明显。

图 6-50

【变换】：如果想要在渲染其他效果之前渲染剪辑，需要应用【变换】效果，与【运动】属性中的参数类似，但是拥有更多属性。

【放大】：类似于放大镜效果，可以将图像的区域放大，如图 6-51 所示。

【旋转扭曲】：围绕剪辑中心旋转扭曲图像，如图 6-52 所示。

图 6-51

图 6-52

【果冻效应修复】：去除拍摄视频时，由于时间延迟产生的扭曲现象。

【波形变形】：在图像中产生波纹扩散的波形扭曲效果，如图 6-53 所示，调整参数可以控制波纹的类型、大小、速度等参数，如图 6-54 所示。

图 6-53

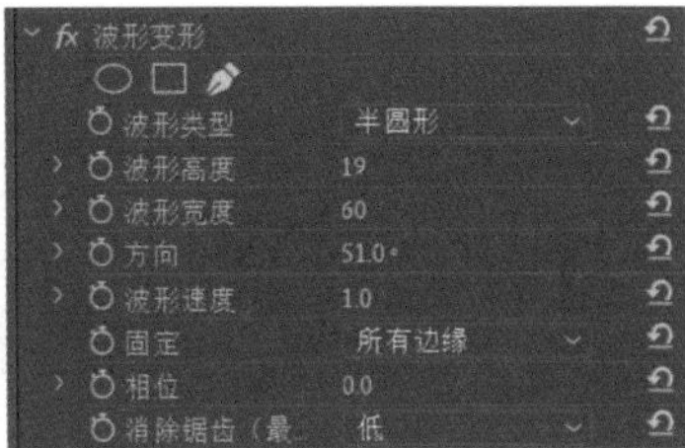

图 6-54

【湍流置换】：在图像上产生湍流扭曲效果，如图 6-55 所示。

【球面化】：使图产生像球面一样的扭曲效果。

【边角定位】：重新定义图像的边角位置，通过改变 4 个角的位置扭曲图像，如图 6-56 所示。

图 6-55

图 6-56

【镜像】：在图像中沿一条线在另一侧产生图像的镜像，如图 6-57 所示。

【镜头扭曲】：产生类似于透过镜头观察的扭曲效果，如图 6-58 所示。

图 6-57

图 6-58

5．时间

【时间】组包含的效果如图 6-59 所示，用于创建残影、改变视频帧速率，打开序列“时间”原始图像。

图 6-59

【残影】：将不同时间的帧进行合并，使运动的图像产生残影效果，此效果不能与其他效果同时使用，使用此效果前后的变化如图 6-60 所示。

图 6-60

【色调分离时间】：可以直接在效果中修改帧速率来控制视频的帧速率，同时保持剪辑的时长不变，可以制作抽帧的效果。

6．杂色与颗粒

【杂色与颗粒】组包含的效果如图 6-61 所示，打开序列“杂色与颗粒”的原始图像，如图 6-62 所示。

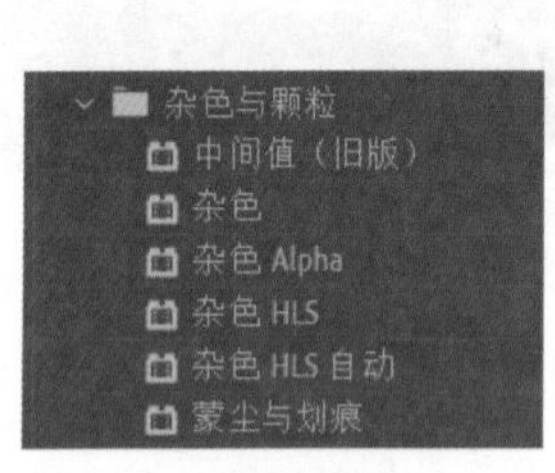

图 6-61

图 6-62

【中间值（旧版）】：通过将指定区域范围内像素的 RGB 中间值用来填充像素，可以实现模糊、去除杂色的目的，在人物周围绘制蒙版，并调整【半径】为 50，人物会在画面中消失且区域变得模糊，效果如图 6-63 所示。

【杂色】：随机改变图像中像素的颜色，产生杂色，如图 6-64 所示。

图 6-63

图 6-64

【杂色 Alpha】：随机将图像中的像素变为透明。

【杂色 HLS】：随机生成杂色，可以调整杂色的【色相】【亮度】【饱和度】等参数，如图 6-65 所示。

图 6-65

【杂色 HLS 自动】：产生杂色并自动生成杂色动画。

【蒙尘与划痕】：将指定半径内的像素进行统一，将不同像素替换成类似像素，达到减少杂色的目的。

7．模糊与锐化

【模糊与锐化】组包含的效果如图 6-66 所示，打开序列“模糊与锐化”，原始图像如图 6-67 所示。

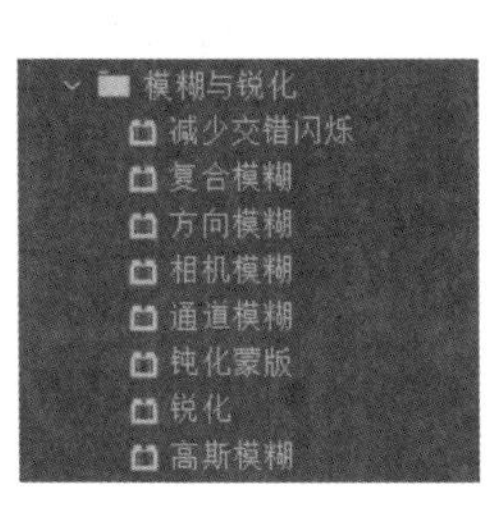

图 6-66

图 6-67

【减少交错闪烁】：减少交错素材因隔行扫描产生的闪烁现象。

【复合模糊】：改变像素的明亮度，将图像变得模糊。

【方向模糊】：在指定方向上进行模糊，如图 6-68 所示。

【相机模糊】：模拟相机焦点在图像之外产生的模糊效果，如图 6-69 所示。

图 6-68

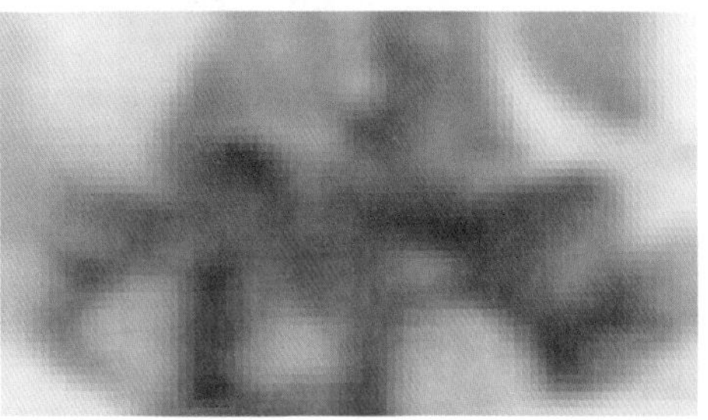

图 6-69

【通道模糊】：可分别控制图像的红色、绿色、蓝色通道及 Alpha 通道变模糊，参数如图 6-70 所示，效果如图 6-71 所示。

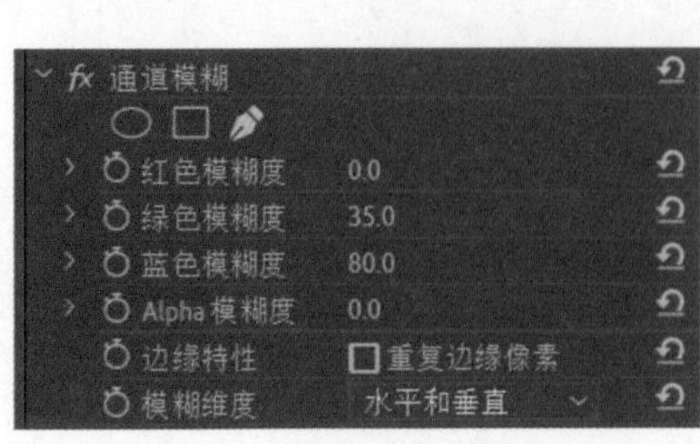

图 6-70

图 6-71

【钝化蒙版】：指定半径内增加颜色之间的对比度。

【锐化】：增加像素之间的对比度，提高画面清晰度，如图 6-72 所示。

【高斯模糊】：模糊并柔化相邻的像素，选中【重复边缘像素】复选框可以去掉黑色边缘，如图 6-73 所示。

图 6-72

图 6-73

8. 沉浸式视频

【沉浸式视频】组效果常用于处理单一视场视频和立体影像视频，包含效果如图 6-74 所示，原始图像如图 6-75 所示。

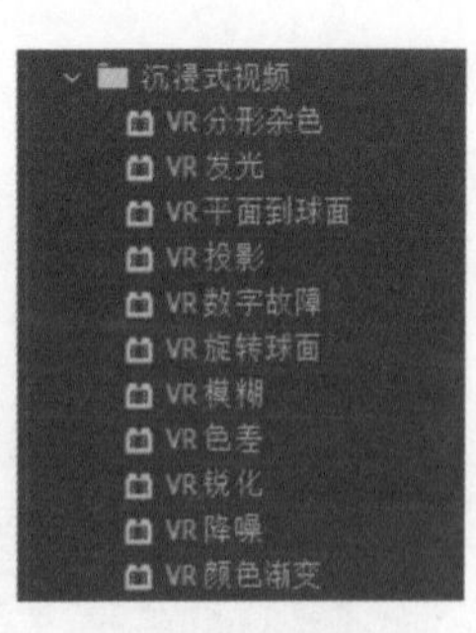

图 6-74

图 6-75

使用 VR 效果时需要对序列的 VR 属性进行设置，新建序列时打开【VR 视频】栏，将【投影】修改为【球面投影】，如图 6-76 所示，在这里可以根据 VR 图像的尺寸单独设置水平角度与垂直角度，这里先保持默认角度，单击【确定】按钮创建序列。

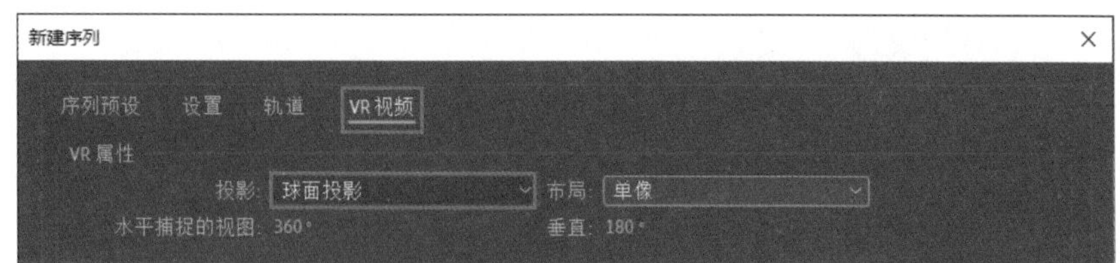

图 6-76

然后单击【节目监视器】右下角的【按钮编辑器】，将【切换 VR 显示】按钮移动到面板底部并激活，才可以正确显示 VR 图像，如图 6-77 所示。

在序列中导入图像，如图 6-78 所示，移动底部与右侧的滑块或者直接输入参数可以切换图像角度，观察 VR 图像。

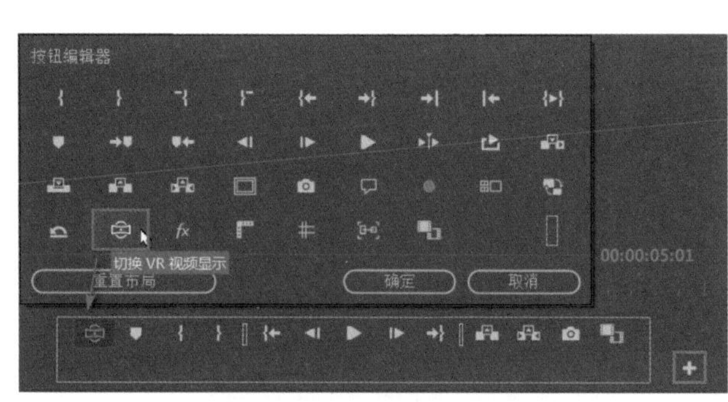

图 6-77

图 6-78

【VR 分形杂色】：在 VR 图像上创建分形杂色，可以设置【演化】动画与【混合模式】，效果如图 6-79 所示。

【VR 发光】：在图像上创建发光效果，效果如图 6-80 所示。

图 6-79

图 6-80

【VR 平面到球面】：将普通平面图像转换为球面全景图像效果。

【VR 投影】：当 VR 图像尺寸与序列 VR 设置不匹配时，在顶部区域或底部区域可能会出现空白的接缝，此效果可以将图像拉伸以去除接缝，效果如图 6-81 所示。

图 6-81

【VR 数字故障】：在图像中创建图像扭曲、杂色块，模拟数字故障，效果如图 6-82 所示。

【VR 旋转球面】：可以控制图像沿 X、Y、Z 轴旋转任意角度，效果参数如图 6-83 所示。

图 6-82

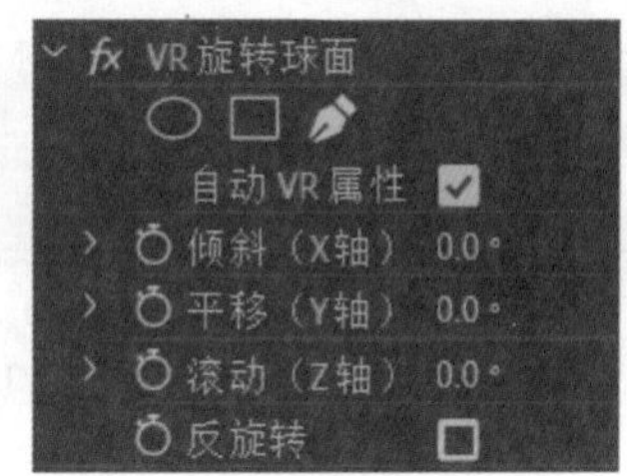

图 6-83

【VR 模糊】：将图像变得模糊。

【VR 色差】：分别控制图像色 RGB 通道偏移量，用来校正颜色，效果如图 6-84 所示。

【VR 锐化】：提高图像像素对比度，使画面变得清晰。

【VR 降噪】：为图像降噪。

【VR 颜色渐变】：在 VR 图像上创建颜色渐变，效果如图 6-85 所示。

图 6-84

图 6-85

9．生成

【生成】组包含的效果如图 6-86 所示，主要作用是生成一些图案或特殊效果，打开序列“生成”原始图像，如图 6-87 所示。

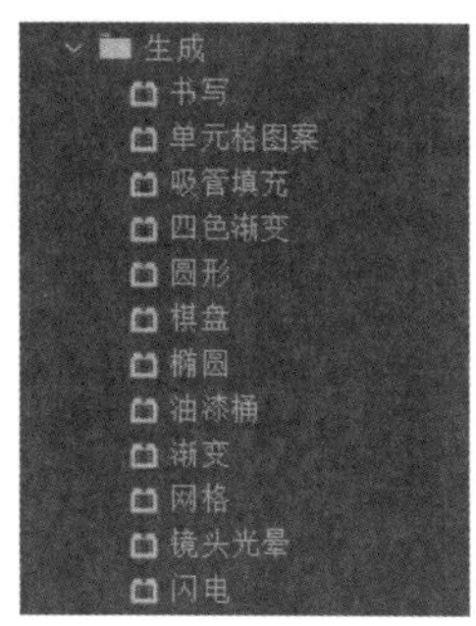

图 6-86

图 6-87

【书写】：可以生成书写效果，通过移动【画笔位置】并添加关键帧，在图像中绘制任意图形，如图 6-88 所示。

画笔的颜色、大小、硬度、间隔等参数都可以自由调整，如图 6-89 所示。

图 6-88

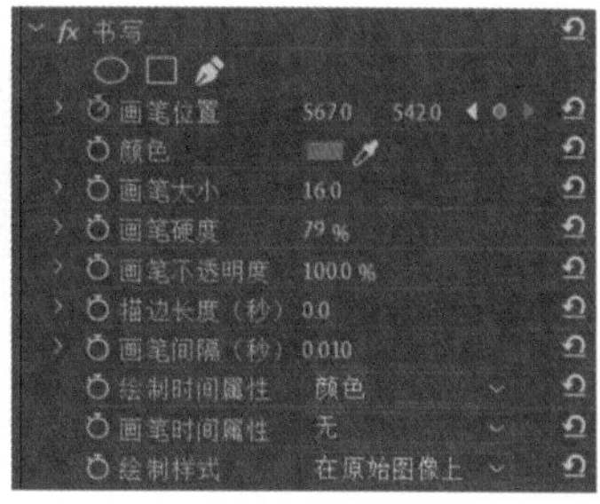

图 6-89

【单元格图案】：生成基于单元格的各种图案，一般用于创建背景或者纹理，如图 6-90 所示。创建好图案之后，制作演示动画就可以得到一些动态的背景、纹理，如图 6-91 所示。

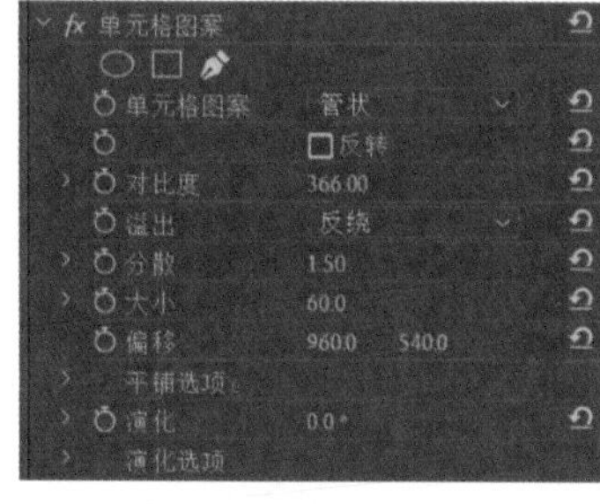

图 6-90

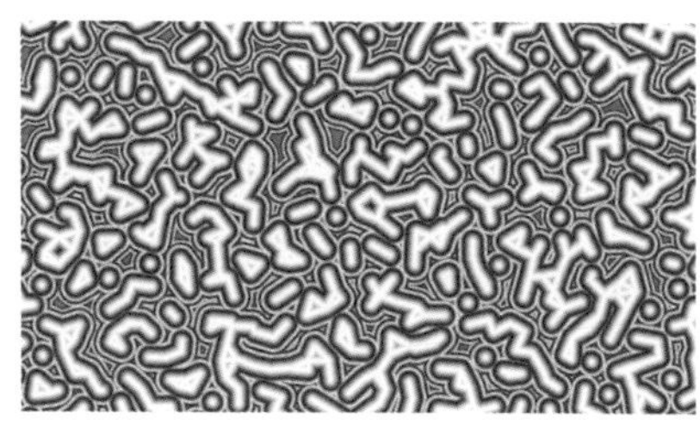

图 6-91

【吸管填充】：将采样点的颜色填充至整个画面，填充后可以调整与图像的混合度。

【四色渐变】：在图像上生成四色渐变，可以修改 4 种渐变的颜色和位置，还可以设置【混合模式】，效果如图 6-92 所示。

【圆形】：生成圆形或圆环，可以单独设置圆环内侧或外侧的羽化值，如图 6-93 所示。

图 6-92

图 6-93

【棋盘】：生成棋盘一样的矩形图案。

【椭圆】：生成椭圆形图案，可自定义设置内部颜色、外部颜色。

【油漆桶】：在图像中生成颜色填充或描边，可以选择【填充选择器】切换填充的类型，如图 6-94 所示。

【渐变】：在图像上生成线性渐变或径向渐变。

【网格】：生成网格图案。

【镜头光晕】：模拟阳光透过镜头产生的镜头光晕，如图 6-95 所示。

图 6-94

图 6-95

【闪电】：生成闪电效果，并且自动产生闪电动画，如图 6-96 所示。

图 6-96

10．视频

【视频】组包含的效果如图 6-97 所示，主要用于生成信息，方便团队之间相互沟通协作，打开序列“视频”原始图像，如图 6-98 所示。

图 6-97

图 6-98

【SDR 遵从情况】：用于将 HDR 媒体转换为 SDR 媒体，转换后对画面进行微调。

【剪辑名称】：在图像上生成剪辑的名称，如图 6-99 所示。

【时间码】：在图像上生成剪辑的时间码或标签，如图 6-100 所示。

图 6-99

图 6-100

【简单文本】：生成一个简单的文本，可以自定义编辑文字，用于团队项目之间的沟通合作。

11．调整

【调整】组包含的效果如图 6-101 所示，主要用于调整图像明亮度。打开序列“调整”原始图像，如图 6-102 所示。

图 6-101

图 6-102

【ProcAmp】：模仿标准电视设备上的处理放大器，可以调整图像的亮度、对比度、色相等。

【光照效果】：可以产生最多 5 种光照效果，如图 6-103 所示，调整光照的类型、颜色、光圈中心、环境多个参数制作一种照明氛围，如图 6-104 所示。

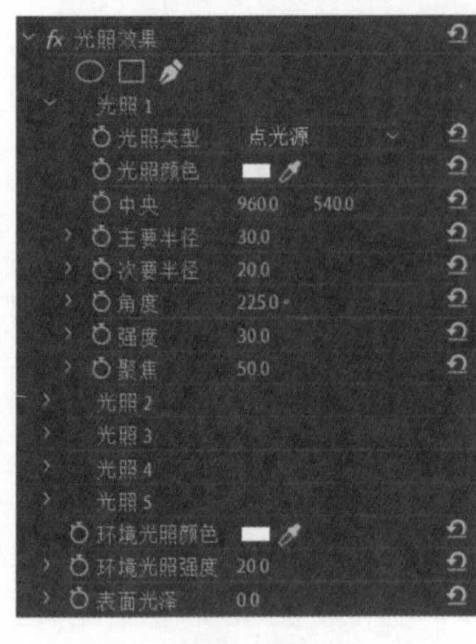

图 6-103

图 6-104

【卷积内核】：通过卷积运算方式更改像素的亮度值。

【提取】：将图像中的颜色移除，创建灰度图像，如图 6-105 所示。

【色阶】：控制图像的亮度与对比度，可以分别控制 RGB 通道的输入色阶、输出色阶、灰色系数等参数，类似于 Photoshop 中的色阶，可以单击效果后面的【设置 ...】按钮，打开【色阶设置】对话框，在这里调整参数，如图 6-106 所示。

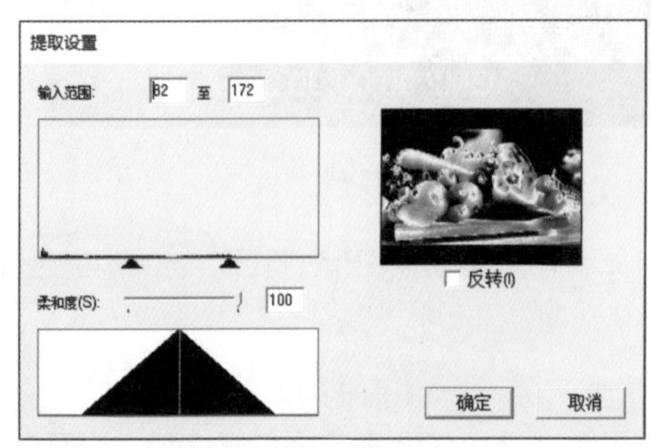

图 6-105

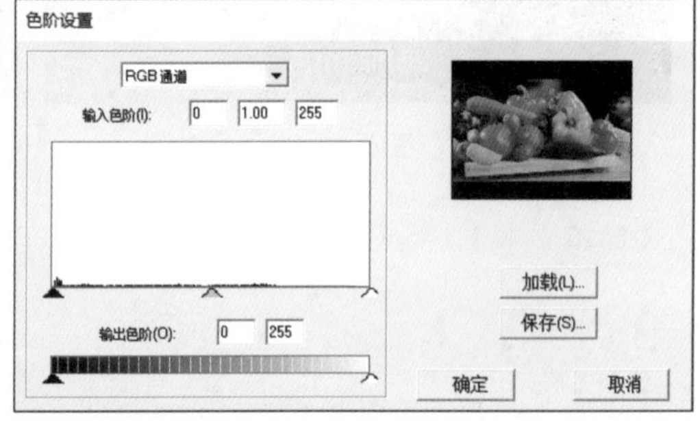

图 6-106

12．过时

【过时】组包含的效果如图 6-107 所示，存放的是一些旧版本效果，主要用于对图像颜色进行调整，这些效果将一些参数省略或已经更新到别的效果中。

【RGB 曲线】主要通过 R、G、B 通道曲线调整图像的亮度与对比度。

【RGB 颜色校正器】：分别对 R、G、B 通道颜色进行校正。

【三向颜色校正器】：通过色轮对图像中的阴影、中间调、高光部分颜色分别进行控制。

【亮度曲线】：通过曲线调整图像亮度值。

【亮度校正器】：对图像整体亮度进行校正。

【快速模糊】：将图像中的像素进行模糊，与【高斯模糊】类似。

【快速颜色校正器】：对图像色相、平衡、色阶等参数进行调整。

图 6-107

【自动对比度】：自动调整画面对比度。

【自动色阶】：自动调整画面色阶。

【自动颜色】：自动调整画面颜色。

【视频限幅器（旧版）】：限制视频的色度、亮度等。

【阴影 / 高光】：调整画面中阴影 / 高光的范围与数量。

13．过渡

【过渡】组包含的效果如图 6-108 所示，主要对剪辑自身进行过渡处理，打开序列“过渡”原始图像，如图 6-109 所示。

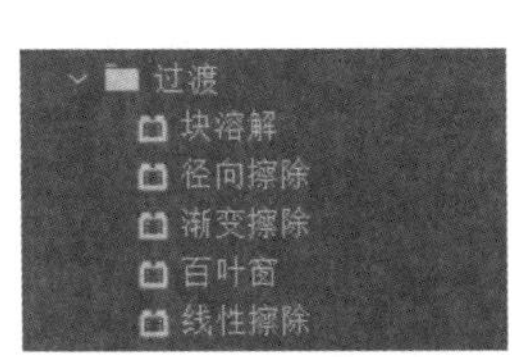

图 6-108

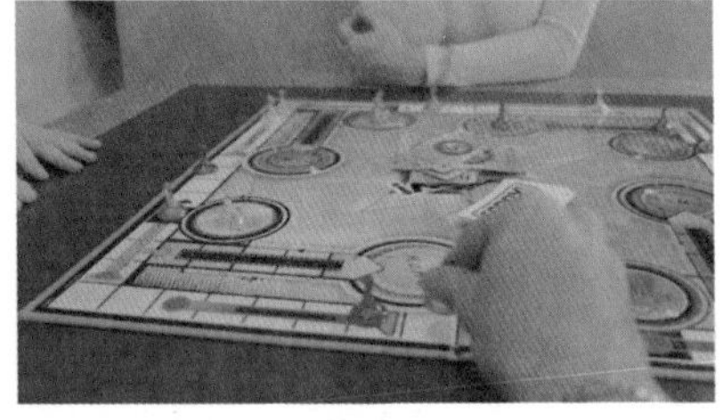

图 6-109

【块溶解】：使剪辑在随机产生的块中消失，可以对随机块的大小进行调整，并可以调整随机块边缘羽化，如图 6-110 所示。

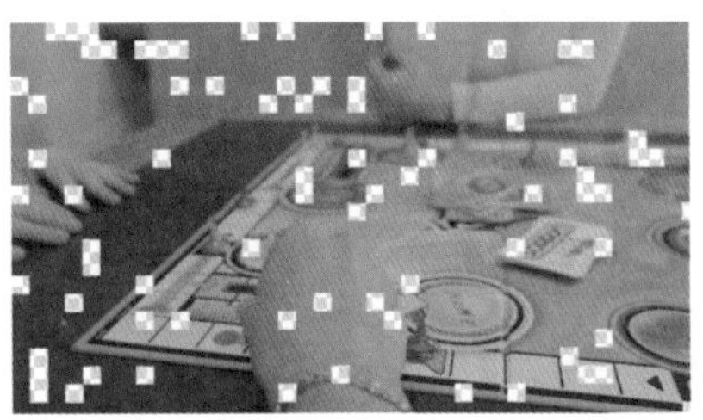

图 6-110

【径向擦除】：以径向方式将图像擦除，可以自定义擦除中心与角度，并设置边缘羽化，如图 6-111 所示。

【渐变擦除】：指定渐变图层后，将根据指定图层的颜色明亮度进行擦除，如图 6-112 所示。

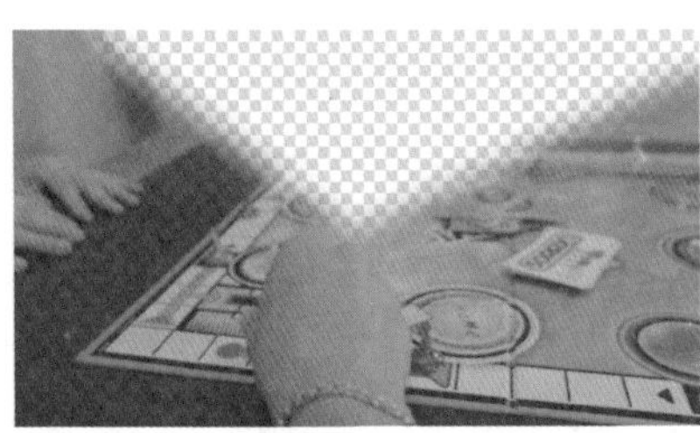

图 6-111

图 6-112

【百叶窗】：像百叶窗一样，将剪辑进行擦除，如图 6-113 所示。

【线性擦除】：沿直线方式将图像擦除，如图 6-114 所示。

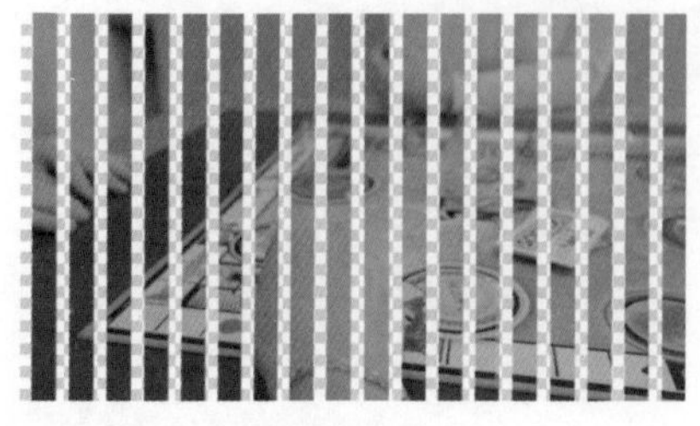

图 6-113

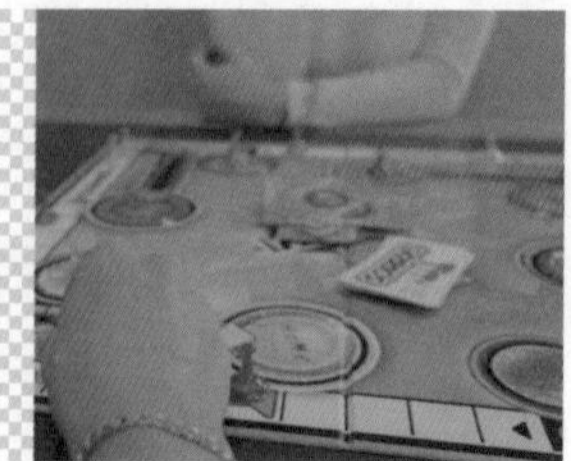

图 6-114

14．透视

【透视】组包含的效果如图 6-115 所示，打开序列“透视”原始图像，如图 6-116 所示。

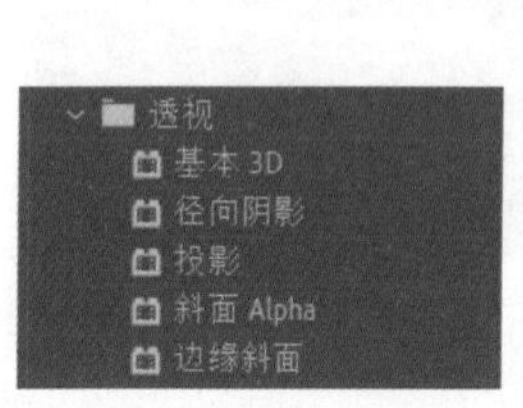

图 6-115

图 6-116

【基本 3D】：控制剪辑的旋转与倾斜角度，使剪辑图像产生空间感，如图 6-117 所示。

【径向阴影】：模拟光源照射图像产生的放射阴影，阴影的大小由【光源距离】决定，如图 6-118 所示。

图 6-117

图 6-118

【投影】：在剪辑后面产生阴影，阴影大小与图像的 Alpha 通道有关，如图 6-119 所示。

【斜面 Alpha】：在剪辑 Alpha 通道周围产生斜面效果，如图 6-120 所示。

图 6-119

图 6-120

【边缘斜面】：在图像边缘产生斜面。

15．通道

【通道】组包含的效果如图 6-121 所示，分别控制剪辑的各个通道，打开序列“通道”原始图像，如图 6-122 所示。

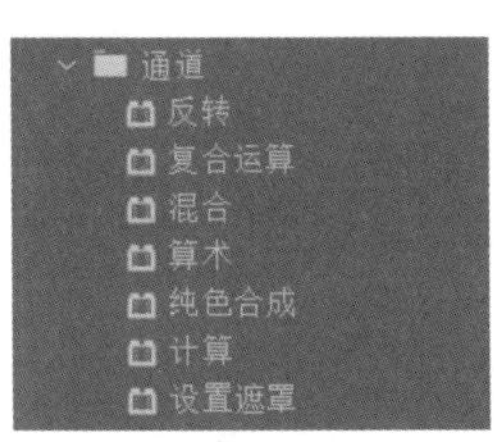

图 6-121

图 6-122

【反转】：反转图像 RGB 颜色通道，如图 6-123 所示。

【复合运算】：与另一个轨道上的剪辑进行混合运算，设置【运算符】与【溢出特性】，效果如图 6-124 所示。

图 6-123

图 6-124

【混合】：与其他轨道的剪辑进行通道混合，如图 6-125 所示。

【算术】：通过运算符改变自身的 RGB 通道，如图 6-126 所示。

图 6-125

图 6-126

【纯色合成】：与指定颜色进行混合，如图 6-127 所示。

【计算】：将剪辑与另一轨道上的剪辑混合，混合的通道可以是 RGBA 通道、灰色通道、Alpha 通道等，如图 6-128 所示。与另一轨道的任意通道进行混合，如图 6-129 所示。

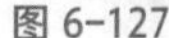

图 6-127

图 6-128

图 6-129

【设置遮罩】：将另一轨道上剪辑通道设置为遮罩作为自己的 Alpha 通道使用，获取的通道方式如图 6-130 所示，效果如图 6-131 所示。

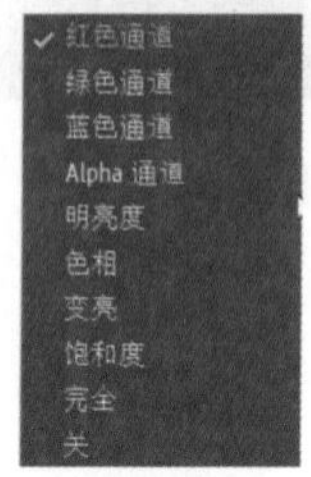

图 6-130

图 6-131

16．键控

【键控】组包含的效果如图 6-132 所示，主要用于图像的抠像处理，打开序列“键控”。

图 6-132

【Alpha 调整】：调整 Alpha 通道不透明度，类似于【不透明度】效果。

【亮度键】：根据图像上的像素亮度值对剪辑的 Alpha 通道进行调整，当主体对象与背景有明显差别时使用此效果，前后效果变化如图 6-133 所示。

图 6-133

【图像遮罩键】：根据静止图像的明亮度值将剪辑的区域抠除。

【差值遮罩】：将源剪辑与差值剪辑进行比较，将位置与颜色都相同的像素抠除。通常用于抠出移动的物体且背景静止的视频。

【移除遮罩】：用于移除剪辑中颜色的边缘。

【超级键】：可将指定颜色的像素变为透明，首先使用吸管指定主要颜色，然后对抠出的区域进行微调。被分为 4 组参数对抠出的区域进行微调，如图 6-134 所示。

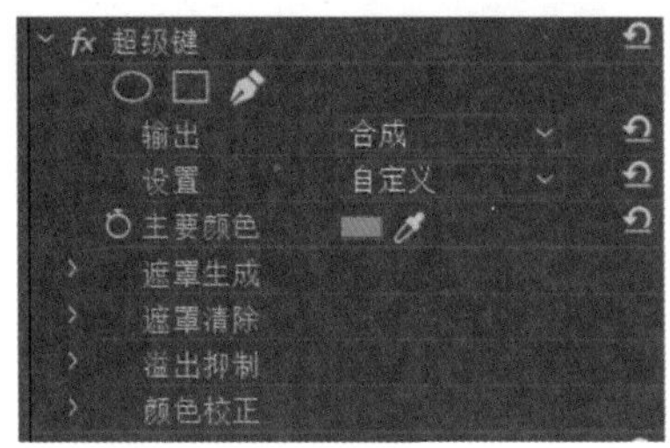

图 6-134

【遮罩生成】主要控制抠出的区域。

【遮罩清除】用来对抠出的边缘进行微调。

【溢出抑制】控制溢出范围的透明度。

【颜色校正】对图像进行颜色校正。

抠像前后效果如图 6-135 所示。

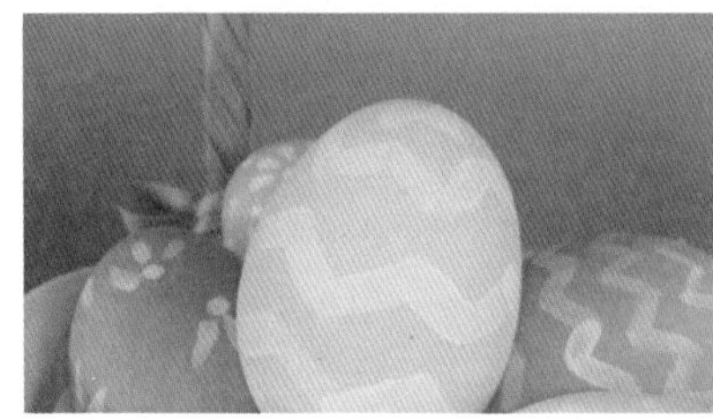
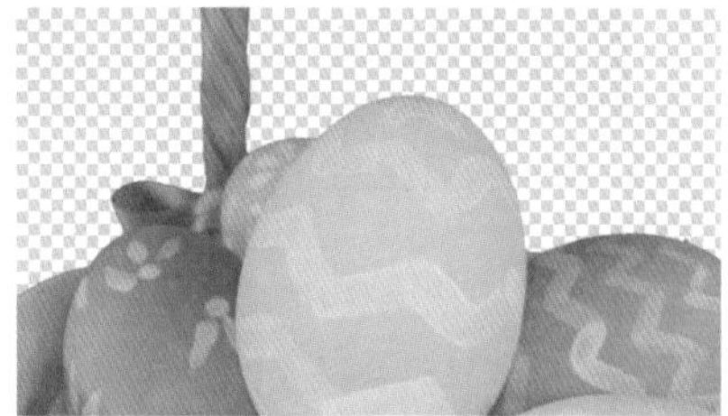

图 6-135

【轨道遮罩键】：将另一轨道上剪辑的 Alpha 通道或亮度通道作为遮罩，将遮罩叠加区域变为透明，如图 6-136 所示。

图 6-136

【非红色键】：用于抠除绿色或者蓝色背景，在【颜色键】中无法生成满意的效果时，使用【非红色键】来调整不透明对象的边缘。

【颜色键】：用于抠除指定颜色的像素，前后效果如图 6-137 所示。

图 6-137

17．颜色校正

【颜色校正】组包含的效果如图 6-138 所示，主要用来处理剪辑的颜色，打开序列“颜色校正”原始图像，如图 6-139 所示。

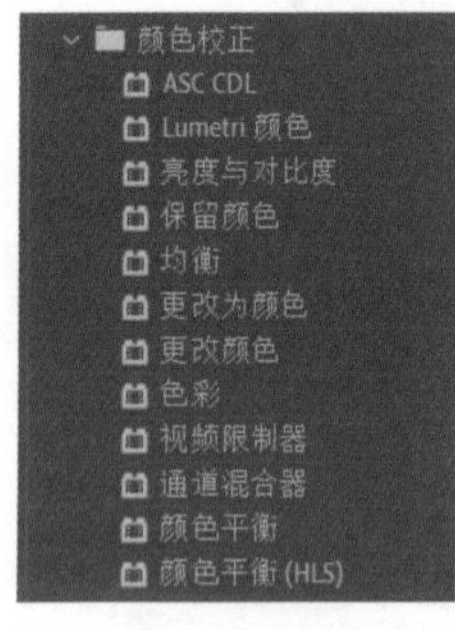

图 6-138

图 6-139

【ASC CDL】：美国电影摄影师协会创建的颜色规范表，其中 CDL 表示坡度、偏移、力度。

【Lumetri 颜色】：功能强大的调色控件，在后面调色中详细介绍。

【亮度与对比度】：调整剪辑的亮度与对比度，如图 6-140 所示。

【保留颜色】：只保留一种颜色，其他颜色将被移除，如图 6-141 所示。

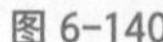

图 6-140

图 6-141

【均衡】：将图像所有像素的亮度值进行均衡，重新分配图像中的像素亮度值，通过控制【均衡量】控制整体图像像素值分布，如图 6-142 所示。

【更改为颜色】：将选择的颜色替换为另一种颜色，如图 6-143 所示将红色更改为黄色。

图 6-142

图 6-143

【更改颜色】：改变指定范围颜色的色相、亮度、饱和度，将图中的绿色变为蓝色，效果如图 6-144 所示。

【色彩】：将图像中的黑色映射为指定颜色，将图像中的白色指定为另一种颜色，介于白色与黑色之间的像素被映射为中间值，效果如图 6-145 所示。

图 6-144

图 6-145

【视频限制器】：可将 RGB 颜色转换为 HDTV 广播级颜色标准。

【通道混合器】：将当前图像的颜色通道组合变换为另一种颜色通道组合效果。

【颜色平衡】：更改图像中阴影部分、中间调部分、高光部分的颜色平衡，效果如图 6-146 所示。

【颜色平衡 (HLS)】：更改图像的色相、明亮度、饱和度，效果如图 6-147 所示。

图 6-146

图 6-147

18．风格化

【风格化】组包含的效果如图 6-148 所示，主要在剪辑上添加一些特殊效果，打开序列“风格化”。

【Alpha 发光】：在剪辑的 Alpha 边缘生成发光效果，如图 6-149 所示。

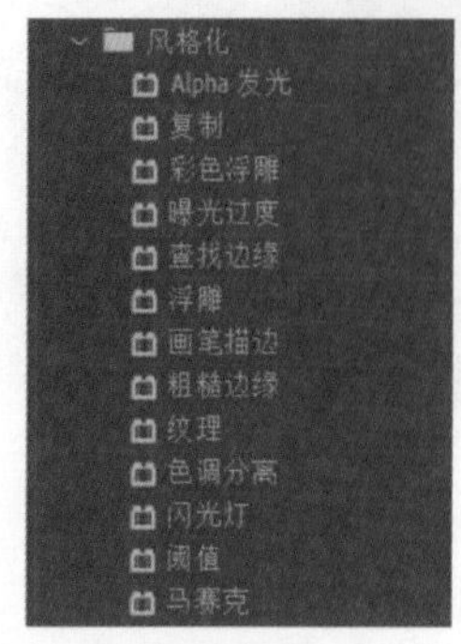

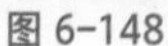
图 6-148

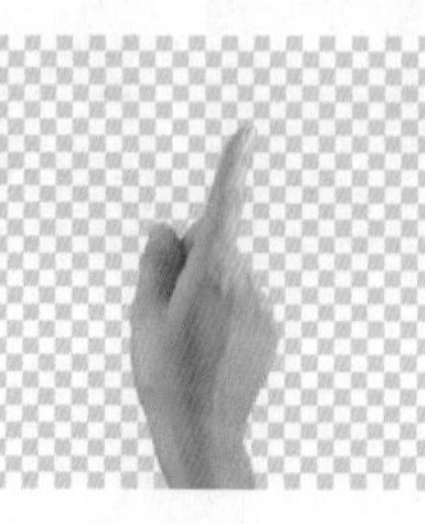

图 6-149

【复制】：将剪辑复制为多个图像并拼接在屏幕上，前后效果如图 6-150 所示。

图 6-150

【彩色浮雕】：使图像中对象的边缘产生高光，如图 6-151 所示。

【曝光过度】：调整图像中曝光过度区域的强弱，如图 6-152 所示。

图 6-151

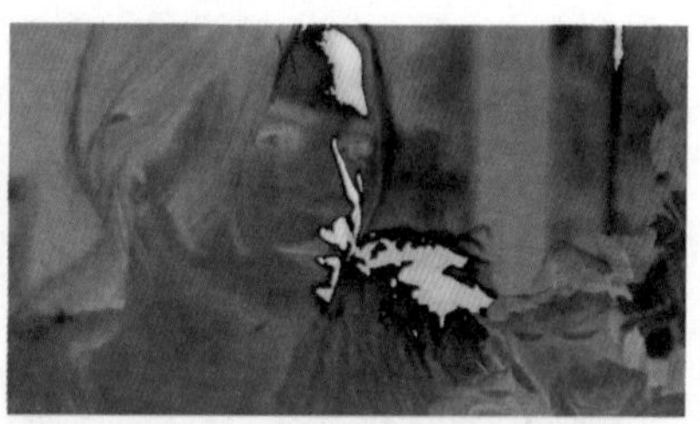
图 6-152

【查找边缘】：将图像中有明显边缘的地方突显出来，如图 6-153 所示。

【浮雕】：与【彩色浮雕】效果类似，但它会抑制图像的颜色，效果如图 6-154 所示。

图 6-153

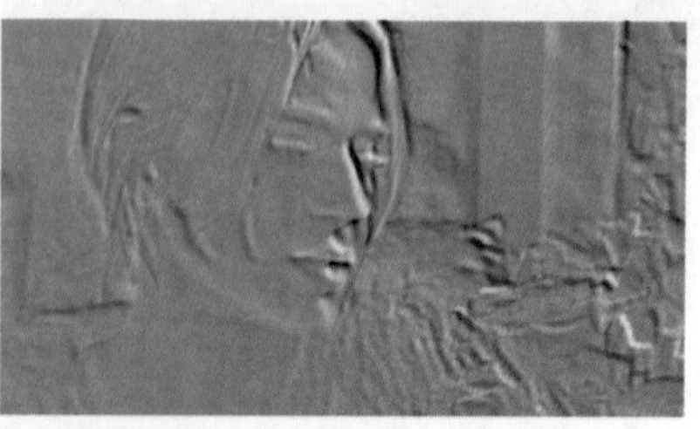
图 6-154

【画笔描边】：可以使图像产生粗糙的绘画效果，如图 6-155 所示。

【粗糙边缘】：在图像 Alpha 通道的边缘产生粗糙的效果，常用来模拟被腐蚀的金属，溶解的边缘，可以调整多种粗糙的边缘类型，如图 6-156 所示，并且可以为边缘设置动画，效果如图 6-157 所示。

图 6-155

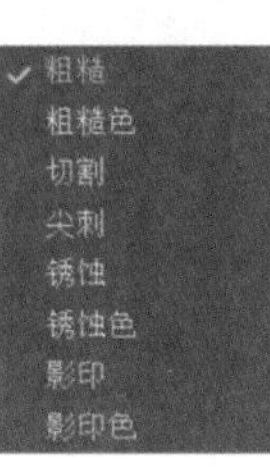

图 6-156

图 6-157

【纹理】：可以将其他轨道上剪辑的纹理映射到目标剪辑上，如布料纹理、大理石纹理、木制纹理等，效果如图 6-158 所示。

【色调分离】：调整图像的色调级别，将色调进行分离，效果如图 6-159 所示。

图 6-158

图 6-159

【闪光灯】：使剪辑在特定时间或者随机产生变化，变化方式分为【仅对颜色操作】和【使图层透明】两种，效果参数如图 6-160 所示，闪光色可以自定义颜色。

【阈值】：将图像颜色转换为黑色和白色，可以通过调整【阈值】控制黑色与白色的区域大小，效果如图 6-161 所示。

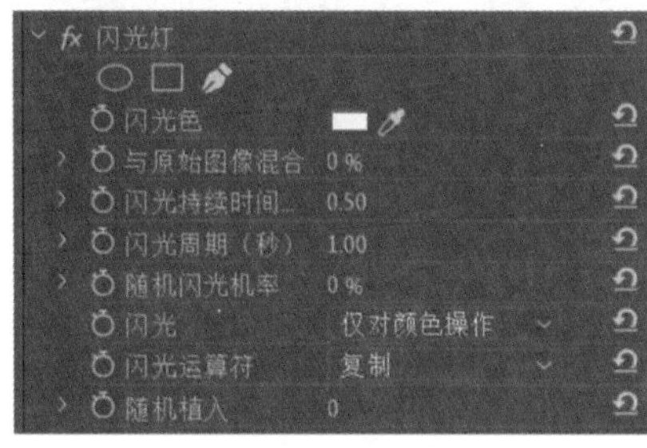

图 6-160

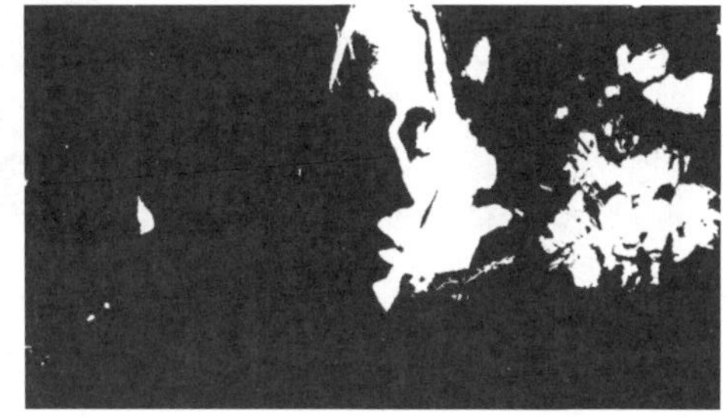

图 6-161

【马赛克】：在图像上生成大小可调节的马赛克，将原始图像像素化，常用于遮盖画面中的对象，效果如图 6-162 所示。

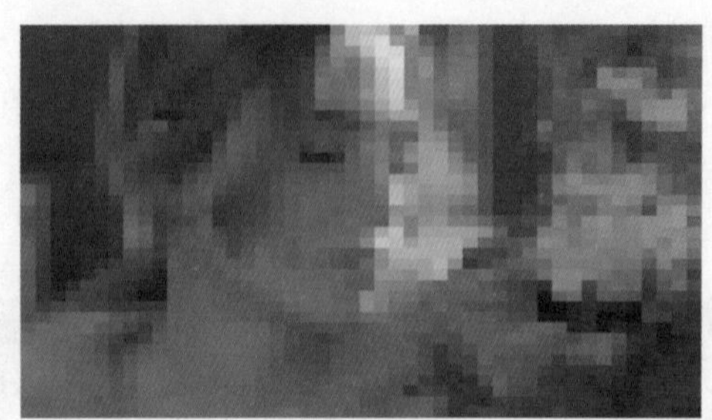

图 6-162

6.7　案例——炫酷描边效果

（1）新建项目，命名为“炫酷描边效果”，导入“跳舞”视频素材，以视频素材尺寸为序列尺寸，创建序列，将序列名称命名为“炫酷描边”，如图 6-163 所示。

（2）复制两次“跳舞”视频素材到 V2 和 V3 轨道，并将其重命名为“描边 1”和“描边 2”，将画面中人物不跳舞的部分进行裁剪，如图 6-164 所示。

图 6-163　　图 6-164

（3）在效果面板中找到【视频效果】-【风格化】-【查找边缘】效果，将该效果分别添加到“描边 1”和“描边 2”上，并在【效果控件】面板中选中【反转】复选框，如图 6-165 所示。

图 6-165

（4）在效果面板中找到【视频效果】-【颜色校正】-【色彩】效果，将该效果添加到“描边 1”和“描边 2”上，在【效果控件】面板中将【将白色映射到】选项更改颜色为 FFE600，“描边 2”更改为 FF00F8，如图 6-166 所示。

图 6-166

（5）将这两个素材的【混合模式】更改为【滤色】，如图 6-167 所示。

（6）使用移动工具将两个素材进行移动，如图 6-168 所示。

图 6-167

图 6-168

（7）新建调整图层，将调整图层放到 V4 轨道上，并进行裁剪，如图 6-169 所示。

（8）在【效果】面板中找到【视频效果】-【风格化】-【闪光灯】效果，添加到调整图层上，并调整参数，如图 6-170 所示。

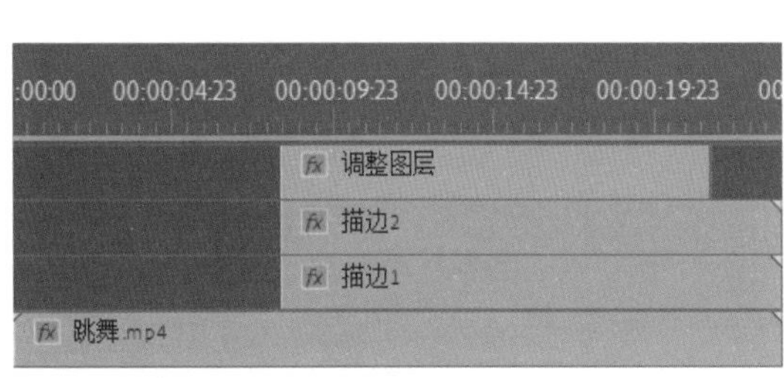

图 6-169

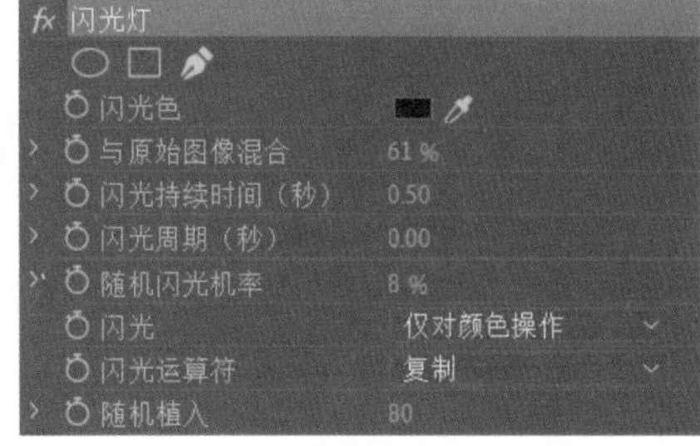

图 6-170

6.8 案例——人物动作延时效果

（1）新建项目“人物动作延时效果”，导入素材“跨栏”并移动到时间轴创建序列。

（2）播放视频发现人物跨栏后空余时间太短，将“跨栏”复制并重命名为“定格帧”，如图 6-171 所示。

（3）选择“定格帧”右击选择【帧定格选项】命令，在弹出的【帧定格选项】对话框中设置【定格位置】为【出点】，如图 6-172 所示。

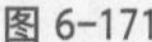
图 6-171

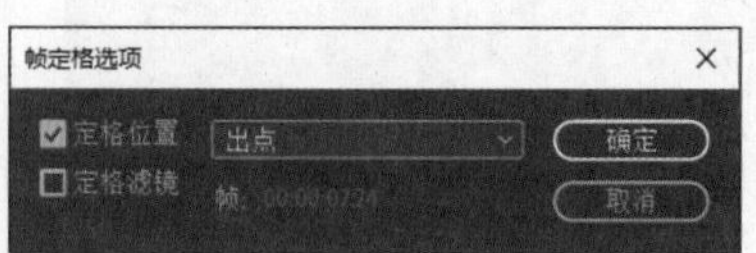

图 6-172

（4）选择“跨栏”右击选择【速度 / 持续时间】命令，弹出“剪辑速度 / 持续时间”对话框，设置【速度】为 120%，并选中【波纹编辑，移动尾部剪辑】复选框，设置【时间插值】为【光流法】，如图 6-173 所示。

（5）选择全部剪辑右击选择【嵌套】命令，命名为“人物动作延时”，然后添加效果【残影】，设置【残影时间（秒）】为 1.8，【残影数量】为 2，【残影运算符】为【最小值】，这时人物已经有了延时的动作，如图 6-174 所示。

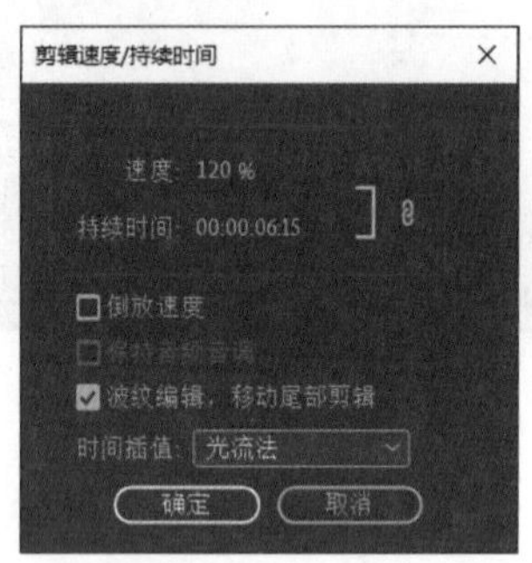

图 6-173

图 6-174

（6）选择【序列】-【渲染入点到出点】命令，渲染结束后播放序列，可以看到人物在跨栏的过程中不同时刻的动作被捕捉了下来。

视频效果的运用非常重要，熟知每个效果的功能才能熟练地综合运用多个效果，为了方便也可以为自己保存一些常用的效果预设，本章中讲到的只是 Premiere Pro 中内置的一些效果，以后的工作中一定还会接触到大量由外部制造商创建的增效工具，这些效果具有更加丰富的功能，可以配合使用，尽情发挥创意。

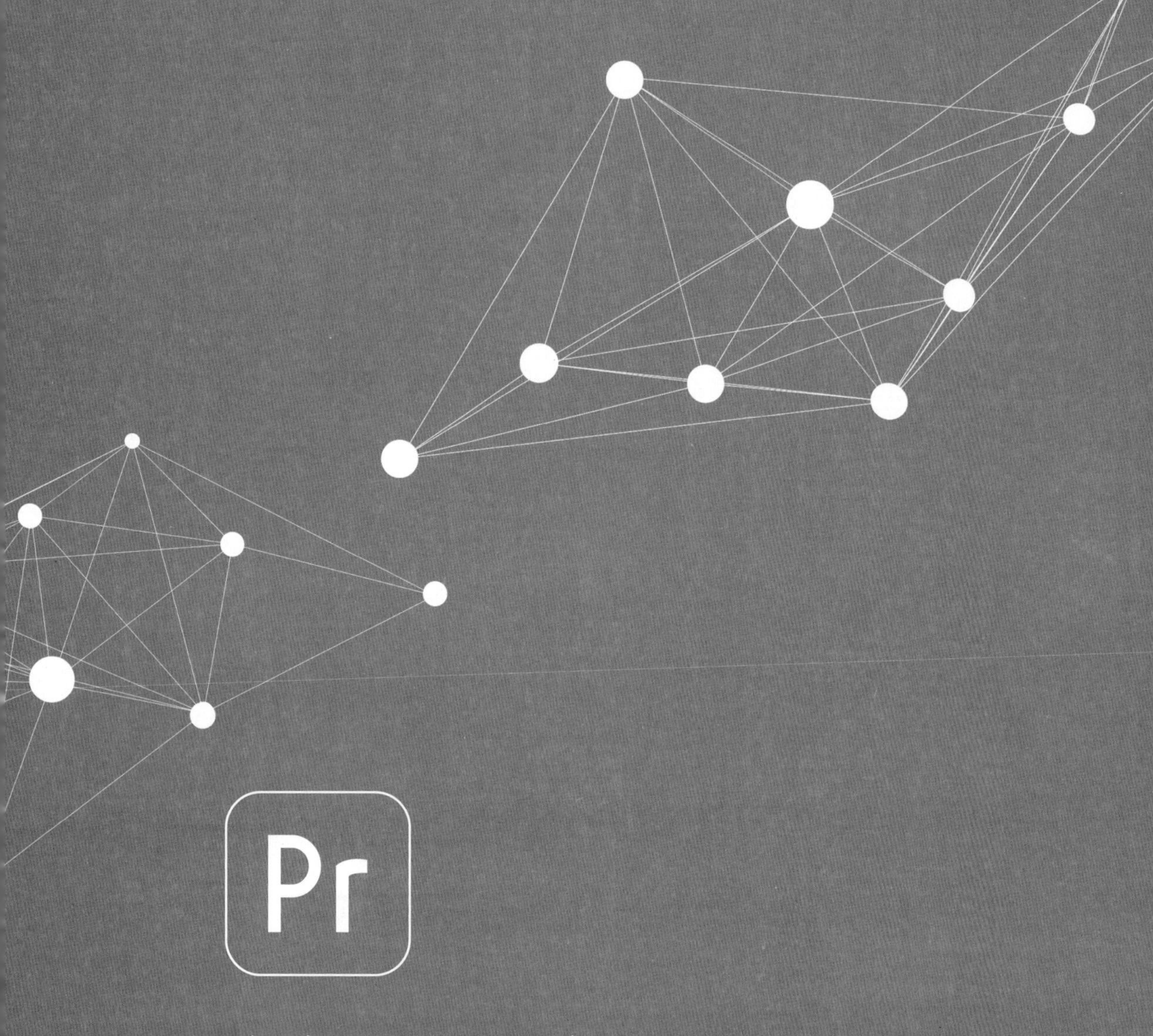

第 7 章 使用关键帧

在 Premiere Pro 中也可以制作关键帧动画，在【效果控件】面板中可以对关键帧进行编辑，关键帧动画可以使原本静态的剪辑动起来，增加一种趣味效果。

7.1 了解关键帧动画

关键帧就是画面中的一帧，在不同的时间，关键帧的属性不断变化，将这些关键帧连贯起来就形成了连贯的画面，这就是关键帧动画。

使用视频效果或音频效果并添加关键帧动画，可以实现丰富有趣的效果，学习关键帧使用是制作效果的基础。

7.2 关键帧的添加与删除

打开项目“第 7 章 使用关键帧”，在【效果控件】面板中，很多属性前面都有【切换动画】按钮，激活该按钮就可以创建关键帧了。

激活【切换动画】按钮后，在属性后面可以看到新出现的关键帧控件，指针所在位置出现了菱形的图形，如图 7-1 所示，添加关键帧后，属性旁边会出现小三角，单击小三角可以看到属性变化速率表。

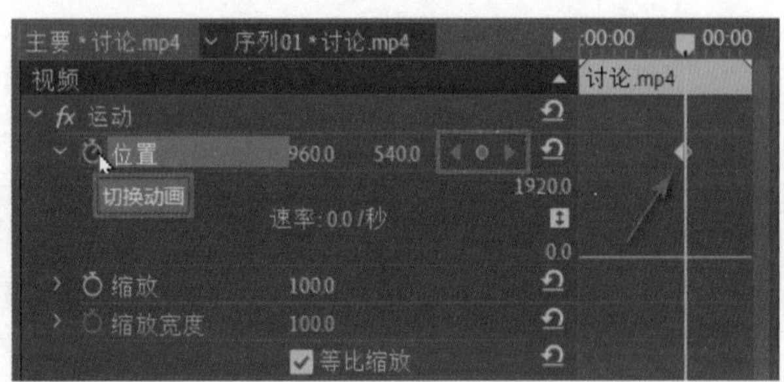

图 7-1

如果想要再次添加关键帧，移动指针到其他位置，然后单击属性参数后面的【添加 / 删除关键帧】按钮即可添加新的关键帧，或者直接修改属性参数，修改完后将自动生成关键帧。

如果当前指针处存在关键帧，单击按钮可以将现有关键帧删除，如图 7-2 所示。

图 7-2

单击【添加 / 删除关键帧】左右两侧的三角形按钮【转到上一关键帧】【转到下一关键帧】，可以在关键帧之间切换。

要想同时删除所有关键帧，在关键帧空白区域右击选择【清除所有关键帧】命令，关键帧清除后将还原当前属性的数值，如图 7-3 所示。

也可以直接单击属性前面的【切换动画】按钮，Premiere Pro 会弹出【警告】对话框，在对话框中单击【确定】按钮即可删除现有关键帧，如图 7-4 所示，删除关键帧后属性并不会还原，而是固定在当前指针所在位置的属性值。

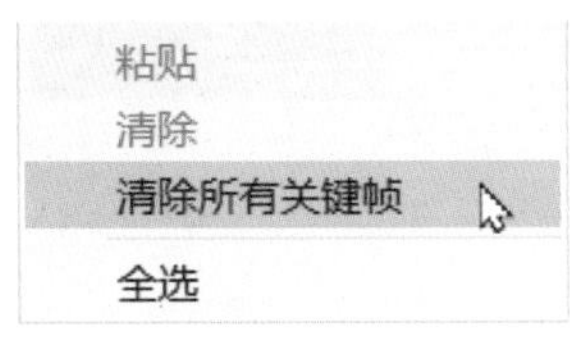

图 7-3

图 7-4

7.3 关键帧的选择与移动

选择关键帧的方法同选择剪辑类似。

单选：单击关键帧，关键帧变为高亮状态。

多选：鼠标框选多个关键帧，如图 7-5 所示，或者按住 Shift 键并单击多个关键帧。

全选：直接单击属性名称可以将该属性的所有关键帧全部选中，如图 7-6 所示，或者在关键帧空白区域右击选择【全选】命令。

图 7-5

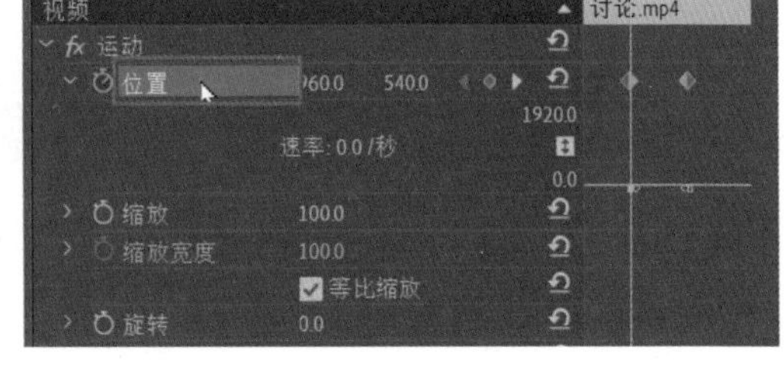

图 7-6

选择关键帧后鼠标直接拖曳，左右移动即可改变关键帧的位置。

7.4 关键帧的复制与粘贴

复制关键帧与复制剪辑一样，选择关键帧右击，在菜单中选择【复制】命令或按快捷键 Ctrl+C，如图 7-7 所示，移动指针到空白位置，右击选择【粘贴】命令，可以看到新出现的关键帧。

也可以直接按住 Alt 键，拖曳关键帧到其他位置，即可创建关键帧副本。

在复制关键帧时，也可以将关键帧复制到其他剪辑上，选择“讨论”的所有【位置】关键帧右击选择【复制】命令，然后选择“自拍”在【效果控件】面板中右击，选择【粘贴】命令即可将关键帧复制到另一个剪辑上，如图 7-8 所示。

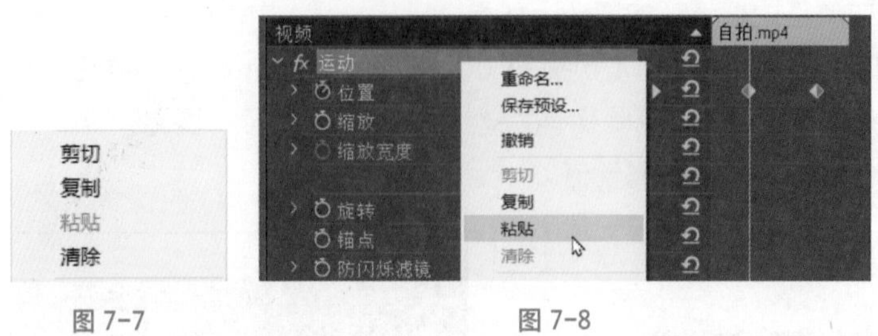

图 7-7　　图 7-8

7.5　在时间轴上编辑关键帧

除了在【效果控件】面板调整关键帧，还可以在【时间轴】面板中调整关键帧，为了方便时间轴上关键帧的展示，单击【时间轴】面板【时间轴显示设置】按钮，取消选中【显示视频缩览图】复选框，如图 7-9 所示。

在轨道按钮后面的空白处双击，将轨道放大，可以在剪辑视图上看到一条直线，默认显示的是剪辑的【不透明度】属性，如图 7-10 所示。

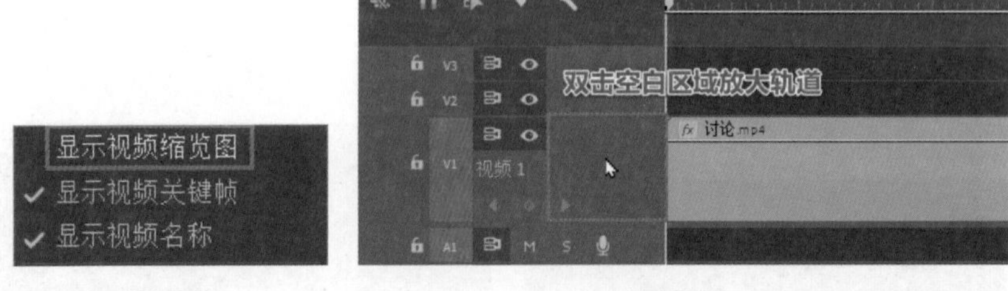

图 7-9　　图 7-10

在剪辑的【效果徽章】处右击可以看到剪辑上应用的全部效果，选择需要修改的属性，可以在剪辑视图上看到一条直线，按住 Alt 键光标会出现加号，这时通过单击可以在直线上添加关键帧，如图 7-11 所示，在这里也可以对关键帧进行复制、粘贴等操作。

右击关键帧可以进行改变关键帧插值、删除关键帧等操作，如图 7-12 所示。

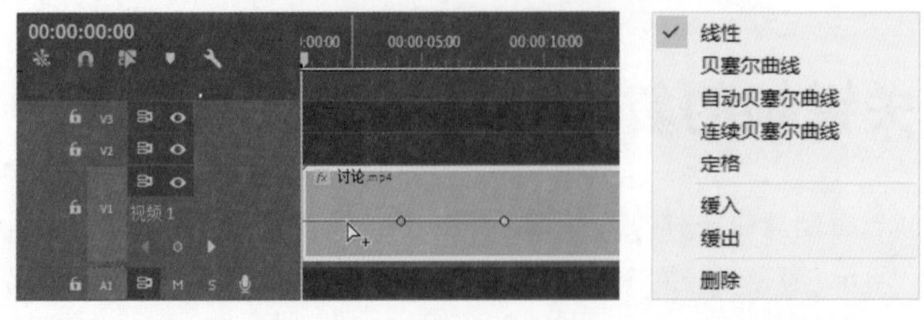

图 7-11　　图 7-12

上下移动直线或关键帧可以对当前属性值进行调整，按住 Alt 键移动可以进行精确调整。

7.6 关键帧插值

关键帧动画默认是匀速变化的，关键帧显示为普通的菱形关键帧，但是在现实生活中，很多运动并不是匀速变化的，而是加速、减速变化的，这就是关键帧插值的作用，它可以改变关键帧变化的速率。

1．临时插值与空间插值

有些关键帧同时包含时间属性与空间属性，如【位置】属性，有些关键帧只包含时间属性，如【旋转】【不透明度】属性，Premiere Pro 中将其分为了【临时插值】与【空间插值】。

选择【位置】关键帧右击，在下拉菜单中可以看到关键帧插值，如图 7-13 所示。

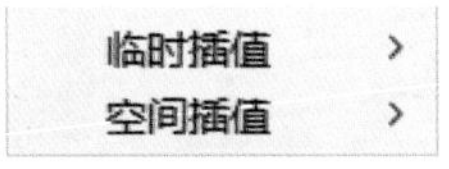

图 7-13

2．插值的类型

两种插值分别有不同的类型，【临时插值】包含的类型如图 7-14 所示。

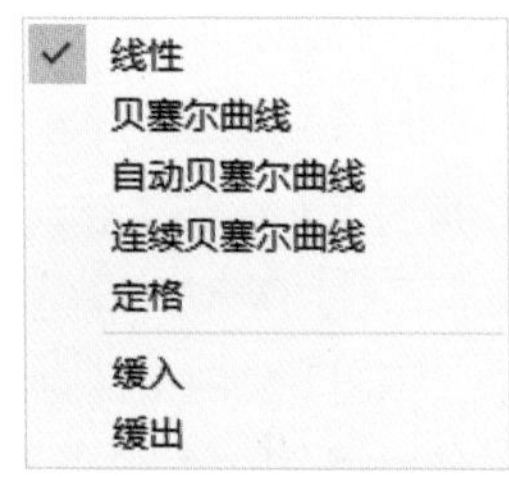

图 7-14

【线性】：默认生成的关键帧，关键帧之间数值变化是线性匀速的。

【贝塞尔曲线】：允许手动调整关键帧速率，关键帧变为漏斗形状。

【自动贝塞尔曲线】：使关键帧前后变化速率保持平滑，关键帧变为圆形。

【连续贝塞尔曲线】：使关键帧前后变化速率保持平滑，但手动调节速率时变为【自动贝塞尔曲线】关键帧。

【定格】：将关键帧之后速率变为固定值，不会被后面的关键帧影响，关键帧变为向左方向的图形。

【缓入】：将进入关键帧之前的速率变缓。

【缓出】：将离开关键帧之后的速率变缓。

7.7 案例——视频转场动画

（1）新建项目“视频切换动画”，导入素材“人物 1”至“人物 5”并创建序列。

（2）选择“人物 1”修剪持续时间为 5 秒，在 4 秒 20 帧处激活【位置】关键帧，移动指针到 5 秒处，修改位置为【2880，540】，制作图像向右出画的位移动画，如图 7-15 所示。

图 7-15

（3）在【效果控件】中调整关键帧曲线，如图 7-16 所示，让图像在运动过程中有一个速度的变化。

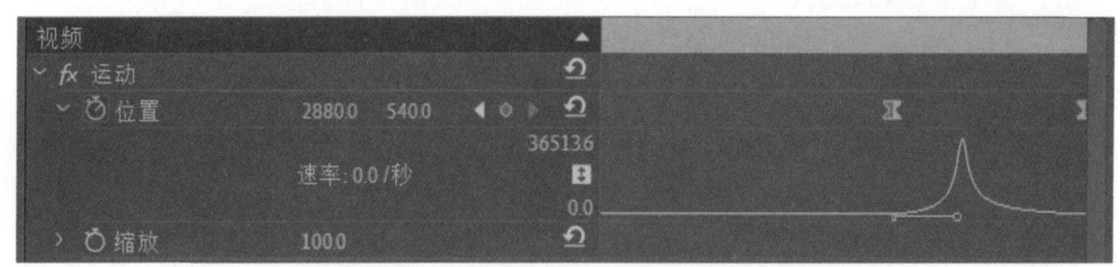

图 7-16

（4）将“人物 1”移动到 V3 轨道，选择“人物 2”添加到 V2 轨道 4 秒 20 帧处，用来衔接位移动画。

（5）选择“人物 2”添加【径向擦除】效果，在 9 秒处激活【过渡完成】关键帧，设置【起始角度】为 90°，移动指针到 10 秒处，修改【过渡完成】为 50%，让图像完成下半部分的转场，如图 7-17 所示。

（6）复制【径向擦除】效果并粘贴，设置【起始角度】为 -90°，完成图像上半部分的同时转场，如图 7-18 所示。

图 7-17

图 7-18

（7）添加“人物 3”到 V1 轨道 9 秒处用来承接“人物 2”的转场动画。

（8）在 V2 轨道 15 秒处添加“人物 4”，添加【线性擦除】效果，设置【过渡完成】为 50%，【擦除角度】为 180°，图像上半部分被擦除，如图 7-19 所示。

图 7-19

（9）在 15 秒处激活【位置】属性，并修改参数为【-960，540】，移动指针到 15 秒 13 帧处，还原【位置】属性并修改关键帧曲线，如图 7-20 所示，制作图像从左向右的入画。

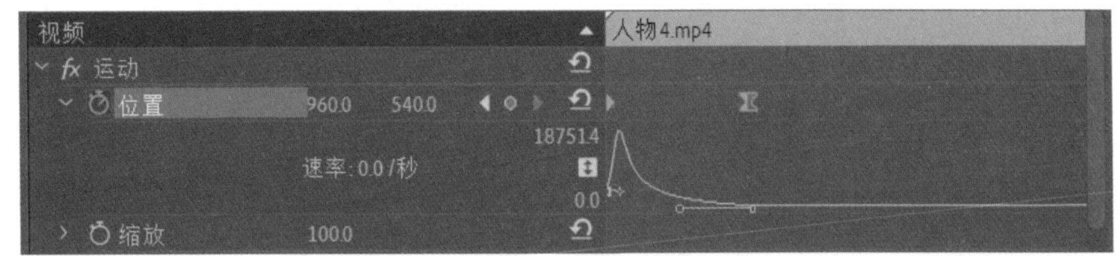

图 7-20

（10）选择“人物 4”按住 Alt 键向上移动，在 V3 轨道创建副本，重命名为“上半部分”，将【位置】关键帧向右移动 3 帧，修改【线性擦除】中的【擦除角度】为 0°，效果如图 7-21 所示。

图 7-21

（11）移动指针到 20 秒处，在 V4 轨道添加“人物 5”，激活【缩放】关键帧，修改属性为 300，移动指针到 20 秒 12 帧处，还原【缩放】属性，并调整关键帧曲线，如图 7-22 所示。

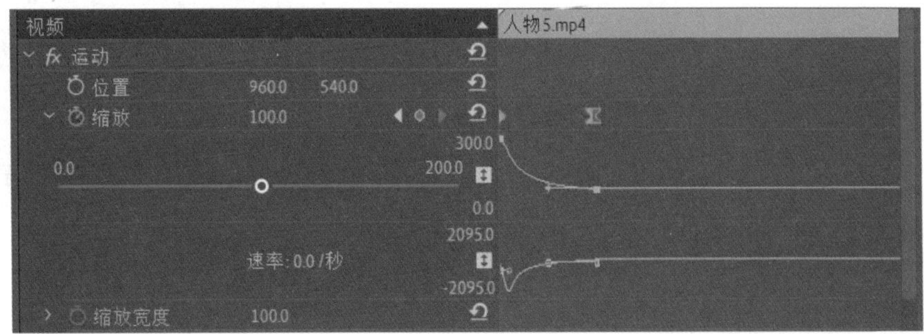

图 7-22

（12）为了增加动画效果，在“人物 5”上添加【相机模糊】，在 20 秒处激活【百分比模糊】关键帧，在 20 秒 12 帧处修改【百分比模糊】为 0，并修改关键帧曲线与【位置】关键帧曲线类似，播放序列查看效果，这样一个利用关键帧制作的视频转场动画就制作完成了。

7.8　案例——人物电子相册

（1）新建项目“人物电子相册”，导入全部视频素材，新建序列“AVCHD 1080p30”。

（2）使用【矩形工具】在【节目监视器】中绘制矩形，设置【描边】为 100，颜色为淡黄色，如图 7-23 所示，将矩形移动到 V6 轨道，作为相册的相框。

（3）选择“特殊妆容（1）”放到 V1 轨道，在 0 秒处添加蒙版并将蒙版移动到图像右侧，激活【蒙版路径】关键帧，移动指针到 2 秒处，将蒙版移动到全屏，设置【蒙版羽化】为 400，制作从右向左逐渐显现的动画，如图 7-24 所示。

图 7-23

图 7-24

（4）在 V2 轨道 2 秒处添加“特殊妆容（3）”，修改【位置】为【450，540】，激活【缩放】与【不透明度】关键帧，设置【缩放】为 50，【不透明度】为 0%，移动指针到 2 秒 8 帧处，修改【缩放】为 40，【不透明度】为 100%，效果如图 7-25 所示。

（5）选择“特殊妆容（2）”，双击在【源监视器】中打开，在 2 秒 26 帧处添加入点，9 秒 21 帧处添加出点，然后移放到 V3 轨道 3 秒 15 帧处，修改【位置】为【960，1216】，设置【缩放】为 178，如图 7-26 所示。

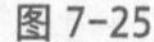

图 7-25

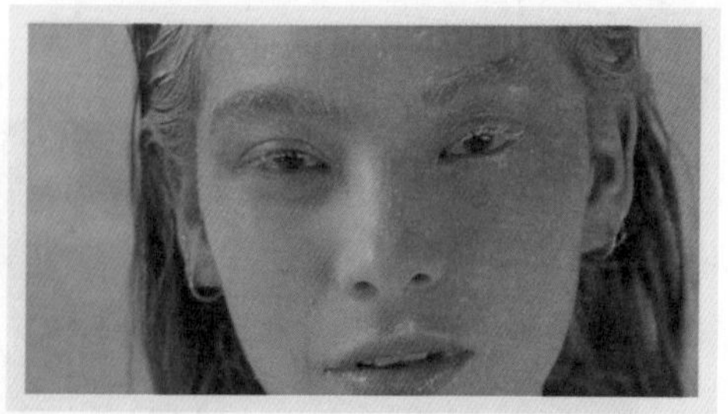

图 7-26

（6）选择“特殊妆容（2）”添加效果【裁剪】，在 3 秒 15 帧处激活【底部】关键帧并设置为 85%，然后移动指针到 4 秒 12 帧处，修改【底部】为 54%，制作入场动画，如图 7-27 所示。

（7）移动指针到 5 秒 4 帧处，分别添加“吉他女孩”“班卓琴男子”到 V4、V5 轨道，设置【缩放】为 56，并激活【位置】关键帧，在 5 秒 4 帧处设置“吉他女孩”的【位置】为【2213，540】，移动指针到 5 秒 14 帧处修改【位置】为【1567，540】，选择“班卓琴男子”设置【位置】为【-286，540】，移动指针到 5 秒 24 帧，修改【位置】为【350，540】，如图 7-28 所示。

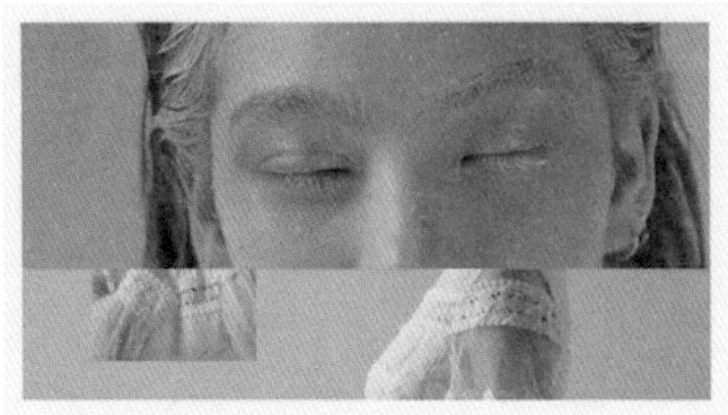

图 7-27

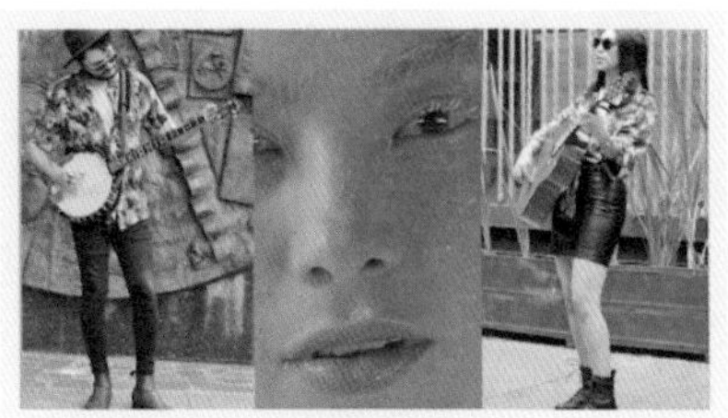

图 7-28

（8）选择“特殊妆容（2）”在 6 秒 11 帧处激活【顶部】关键帧并设置为 15%，移动指针到 7 秒 10 帧，修改【顶部】参数为 46%，然后在 8 秒 15 帧处添加“演奏音乐”到 V2 轨道。设置【缩放】为 57，如图 7-29 所示。

（9）在 8 秒 15 帧处激活“演奏音乐”的【缩放】【位置】关键帧，移动指针到 9 秒 25 帧处，修改【位置】为【960，1185】，【缩放】为 175，同时制作“吉他女孩”“班卓琴男子”的【位置】出场动画，效果如图 7-30 所示。

图 7-29

图 7-30

（10）选择“演奏音乐”，在 10 秒处添加【位置】关键帧不修改参数，移动到 11 秒处，修改【位置】为【960，2710】，制作出场动画。

（11）在 10 秒处添加“蓝色衬衫”到 V1 轨道，设置【缩放】为 170，【位置】为【960，1500】，如图 7-31 所示。

（12）在 13 秒处添加“牛仔帽”到 V3 轨道，激活【位置】关键帧并设置为【2880，540】，移动指针到 13 秒 12 帧，将【位置】属性还原，制作入场动画，如图 7-32 所示。

图 7-31

图 7-32

（13）在“牛仔帽”上添加效果【线性擦除】，修改【擦除角度】为 -60°，在 15 秒处激活【过渡完成】关键帧，移动指针到 15 秒 17 帧，修改【过渡完成】为 50%，同时设置【羽化】为 300，如图 7-33 所示。

（14）在 15 秒处添加“红色衬衫”到 V2 轨道，如图 7-34 所示。

图 7-33

图 7-34

（15）在 18 秒处添加“戴眼镜模特”到 V4 轨道，激活【缩放】关键帧设置为 250，【不透明度】为 0%，移动指针到 18 秒 10 帧处，还原【缩放】与【不透明度】属性值，效果如图 7-35 所示。

图 7-35

（16）移动指针到 22 秒处使用快捷键 Ctrl+Shift+K，将所有剪辑切开，清除 22 秒之后片段，添加背景音乐到轨道中，这样一个关于人物的电子相册就制作完成了。

7.9 案例——画面分屏效果

（1）新建项目“画面分屏效果”，导入素材“吉他手（1）”至“吉他手（5）”并移动到时间轴创建序列。

（2）将“吉他手（1）”放到 V1 轨道，移动指针到 1 秒处，将其他剪辑分别放入空余视频轨道，并修剪片段，在 5 秒处结束，如图 7-36 所示。

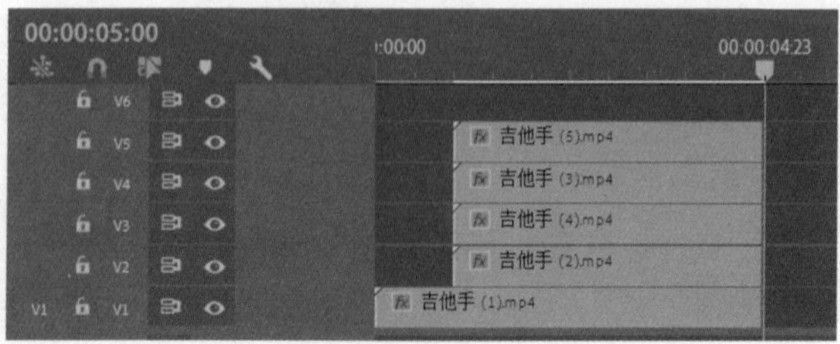

图 7-36

（3）因为“吉他手（5）”在图层最上方，我们先制作它的入场动画。设置【缩放】为 66，【旋转】为 -13°，在 1 秒处激活【位置】关键帧，修改【位置】为【-720，525】，移动指针到 1 秒 7 帧，修改【位置】为【443，268】，将其他轨道图层隐藏，效果如图 7-37 所示。

（4）选择“吉他手（3）”制作入场动画，设置【缩放】为 45，【旋转】为 -103°，在 1 秒 7 帧处激活【位置】关键帧，设置【位置】为【2315，-53】，指针向右移动 7 帧，修改【位置】为【1505，140】，如图 7-38 所示。

图 7-37

图 7-38

（5）选择“吉他手（4）”制作入场动画，设置【缩放】为 73，【旋转】为 -103°，在 1 秒 4 帧处激活【位置】关键帧，设置【位置】为【2697，507】，指针向右移动 7 帧，修改【位置】为【1520，788】，如图 7-39 所示。

（6）选择“吉他手（4）”添加效果【线性擦除】，设置【过渡完成】为 28%，【擦除角度】为 158°，将画面多余部分裁掉，如图 7-40 所示。

图 7-39

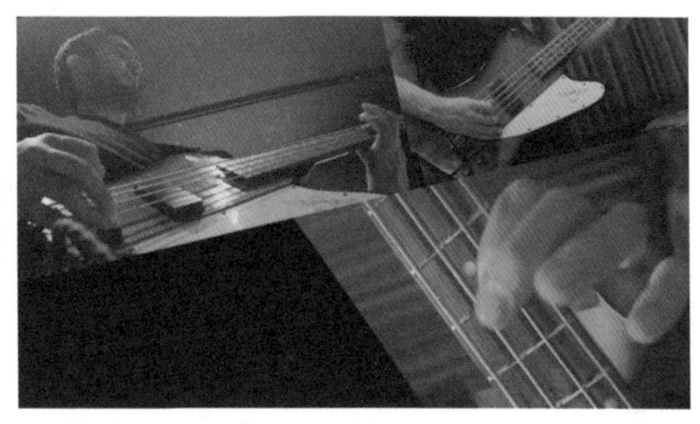
图 7-40

（7）选择“吉他手（2）”制作入场动画，设置【缩放】为 73，【旋转】为 -7°，在 1 秒 11 帧处激活【位置】关键帧，设置【位置】为【-590，1044】，指针向右移动 7 帧，修改【位置】为【524，888】，如图 7-41 所示。

（8）在“吉他手（2）”上添加【线性擦除】效果，设置【过渡完成】为 20%，【擦除角度】为 118°，将画面多余部分裁掉。

（9）为了使入场动画边缘清晰，选择“吉他手（5）”添加【投影】效果，调整【阴影颜色】为白色，【不透明度】为 100%，【方向】为 130°，【距离】为 20，如图 7-42 所示。

图 7-41

图 7-42

（10）复制【投影】效果到“吉他手（3）”上，修改【方向】为 313°，选择“吉他手（4）”粘贴【投影】效果，修改【方向】为 40°，效果如图 7-43 所示。

（11）复制【投影】效果到“吉他手（2）”上，修改【擦除角度】为 40°，效果如图 7-44 所示。这样一个画面分屏效果就制作完成了。

图 7-43

图 7-44

7.10 案例——璀璨星空

（1）新建项目“璀璨星空”，导入素材“夜间汽车”“极光”，并移动到时间轴创建序列。

（2）选择“夜间汽车”右击选择【速度 / 持续时间】命令，在弹出的【剪辑速度 / 持续时间】对话框中设置【速度】为 200%，【时间插值】为【光流法】，如图 7-45 所示。

（3）在剪辑上添加效果【残影】，设置【残影数量】为 40，【衰减】为 0.9，【残影运算符】为【最大值】，效果如图 7-46 所示。

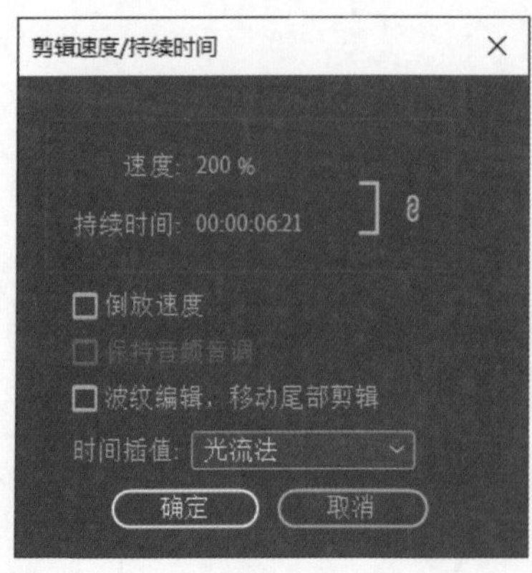

图 7-45

图 7-46

（4）下面开始制作残影渐渐出现的效果，移动指针到 2 秒处，激活【残影时间】属性关键帧并修改数值为 0，移动指针到 5 秒处，修改【残影时间】为 -0.2，效果如图 7-47 所示。

（5）这样残影动画就有了，然后将“极光”移动到 V2 轨道“夜间汽车”上方，修改【混合模式】为【变亮】，效果如图 7-48 所示。

图 7-47

图 7-48

（6）修改“极光”的【位置】为【892，312】，【缩放】为 145，【旋转】为 180°，并绘制遮罩将汽车部分抠出来，如图 7-49 所示。

（7）选择【序列】-【渲染入点到出点】命令，等待渲染结束，查看效果如图 7-50 所示。

图 7-49

图 7-50

7.11 案例——拉丝转场

（1）新建项目“拉丝转场”，导入 4 段视频素材并创建序列，将 4 段视频剪辑的持续时间修剪为 2 秒，如图 7-51 所示。

（2）下面开始在每个剪辑之间制作拉丝转场，单击【项目】面板中的【新建项】按钮，选择【调整图层】命令，双击【调整图层】在【源监视器】中打开，在 17 帧处单击【标记出点】，将调整图层放在 V2 轨道“棒棒糖”与“破洞裤”之间，如图 7-52 所示。

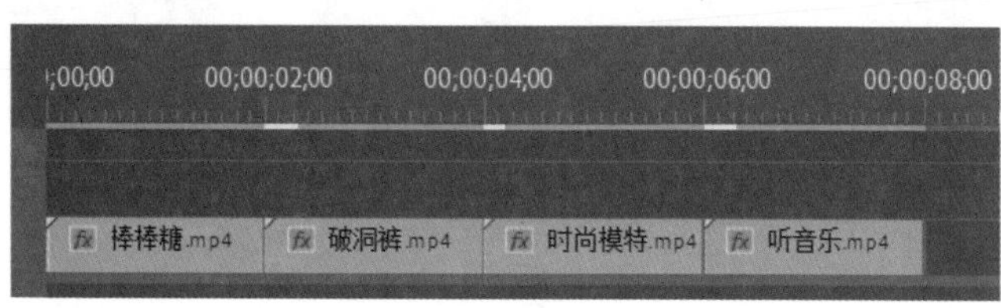

图 7-51

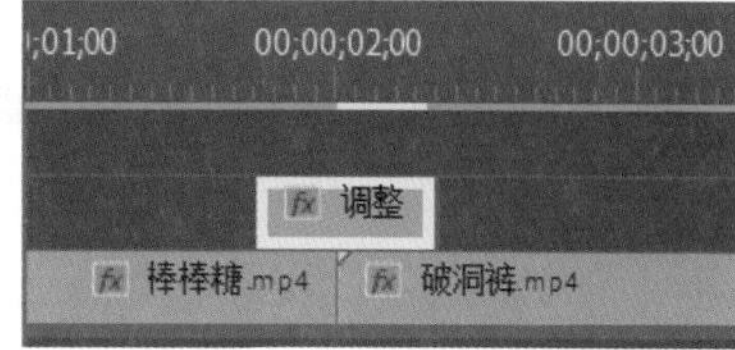

图 7-52

（3）在调整图层上添加效果【复制】，设置【计数】为 3，如图 7-53 所示。

（4）再次添加【调整图层】到 V3 轨道重命名为“转场 1”，添加效果【变换】，然后设置【缩放】为 300，【快门速度】为 60，将画面大小调整回来，如图 7-54 所示。

图 7-53

图 7-54

（5）指针移动到“转场 1”入点处，激活【变换】效果中的【位置】关键帧并修改为【2880，540】，然后移动指针到出点处，修改【位置】为【-950，540】，修改关键帧曲线如图 7-55 所示。

（6）播放序列可以看到在转场的同时具有动态模糊的效果，这样就完成了第一个拉丝转场，效果如图 7-56 所示。

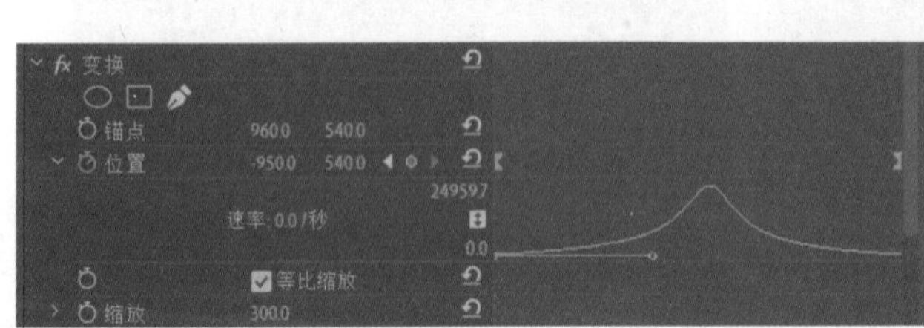

图 7-55

图 7-56

（7）选择 V2、V3 轨道的调整图层，按住 Alt 键向右移动创建副本放到“破洞裤”“时尚模特”处，将“转场 1”重命名为“转场 2”，将【变换】效果中的【位置】属性关键帧全部删除，然后激活【旋转】关键帧并制作旋转动画，调整关键帧曲线，如图 7-57 所示。

（8）播放序列可以看到剪辑在旋转过程中完成了转场，并且具有动态模糊效果，如图 7-58 所示。

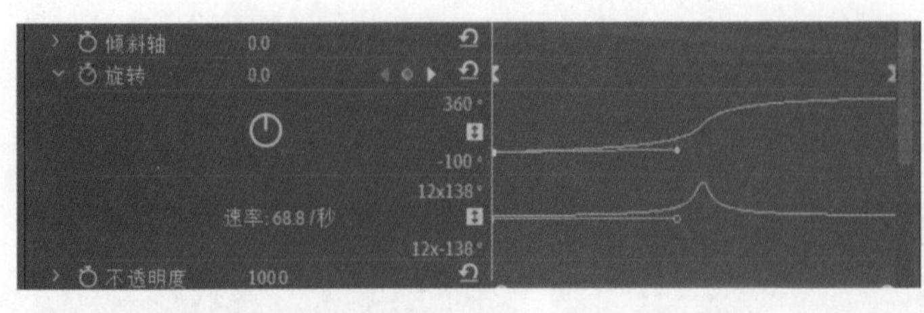

图 7-57

图 7-58

（9）然后复制“转场 2”与“调整图层”放到“时尚模特”“听音乐”处并重命名为“转场 3”，如图 7-59 所示。

（10）将“转场 3”的【旋转】关键帧全部删除，激活【缩放】关键帧，将入点处设置为 300，出点处修改为 100，调整【缩放】关键帧曲线，如图 7-60 所示。

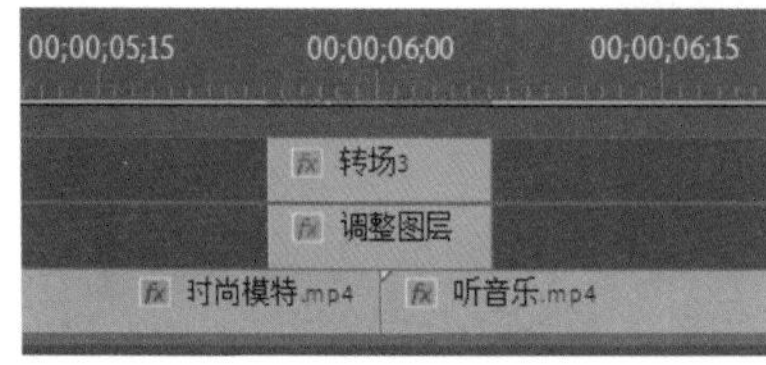

图 7-59

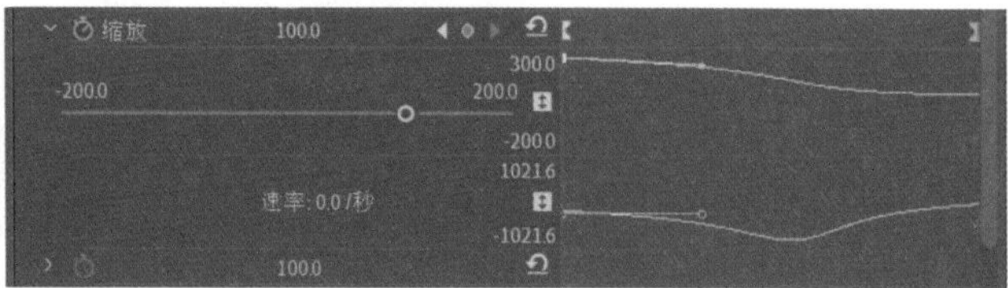

图 7-60

（11）播放序列发现转场过程并不完整，选择调整图层修剪出点与“听音乐”的入点对齐，如图 7-61 所示，这样转场就比较顺畅了。

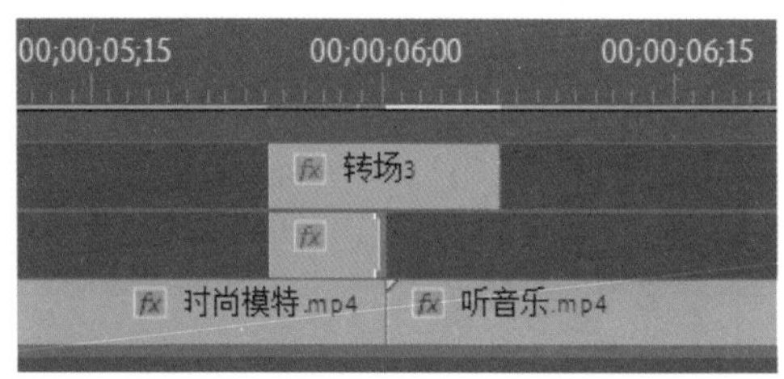

图 7-61

（12）选择【序列】-【渲染入点到出点】命令，渲染结束后，播放序列查看效果，这样一个拉丝转场的案例就制作完成了。

7.12 案例——晃动冲击效果

（1）新建项目“晃动冲击效果”，导入素材“DJ”并移动到时间轴创建序列。

（2）导入音频“Inside Out”，双击音频在【节目监视器】中打开，试听音乐在 30 秒 5 帧处添加入点，将音频放到 A1 轨道，修剪音频与“DJ”持续时间相同，如图 7-62 所示。

（3）选择“DJ”按住 Alt 键向上移动，在 V2 轨道创建副本并重命名为“描边”，选择“描边”，添加【查找边缘】效果，选中【反转】复选框，效果如图 7-63 所示。

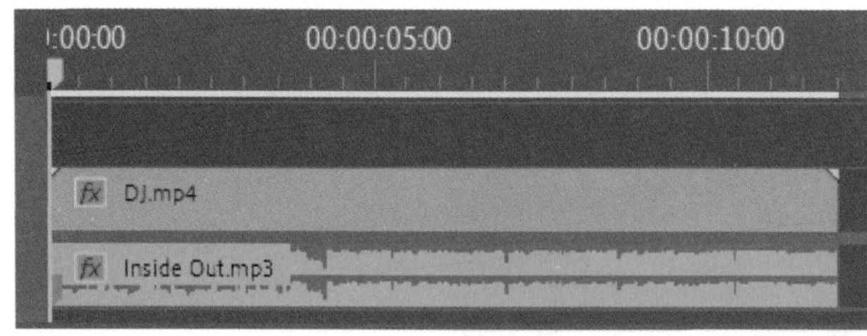

图 7-62

图 7-63

（4）调整“描边”的【混合模式】为【线性减淡（添加）】，效果如图 7-64 所示。

图 7-64

（5）选择“DJ”移动指针到 2 秒 15 帧，激活【位置】与【缩放】的关键帧，向右移动 2 帧微调【位置】与【缩放】属性，然后再次向右移动 2 帧微调【位置】属性，根据音频的节奏点制作关键帧动画直到剪辑的末尾，如图 7-65 所示。

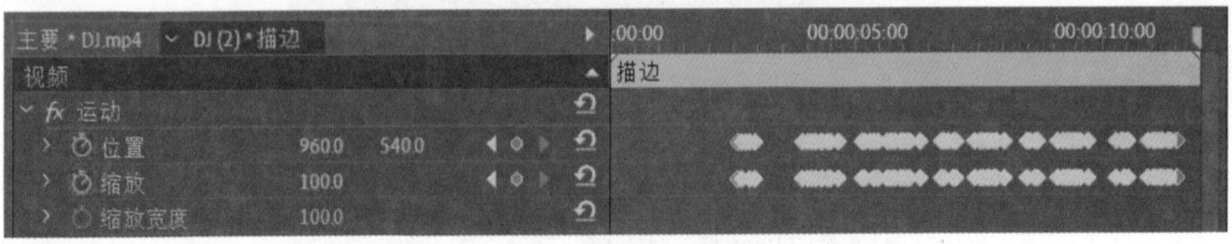

主要 * DJ.mp4　DJ (2) * 描边　:00:00　00:00:05:00　00:00:10:00
视频　描边
fx 运动
位置　960.0　540.0
缩放　100.0
缩放宽度　100.0

图 7-65

（6）选择全部关键帧，右击选择【临时插值】-【定格】命令，将关键帧都变为【定格】关键帧，用来制作线条晃动的动画，效果如图 7-66 所示。

（7）复制“描边”到 V3 轨道并重命名为“晕影”，修改【混合模式】为【变亮】，如图 7-67 所示。

图 7-66

图 7-67

（8）为了让“晕影”与“描边”有一个错位的效果，在“晕影”上添加【变换】效果，调整【位置】为【946，432】，【缩放】为 130，效果如图 7-68 所示。

图 7-68

（9）这样“晕影”会一直存在于画面中，我们需要让它根据音乐节奏出现，激活【不透明度】关键帧，然后制作关键帧动画，最后选择全部关键帧右击选择【关键帧插值】-【定格】命令，如图 7-69 所示。

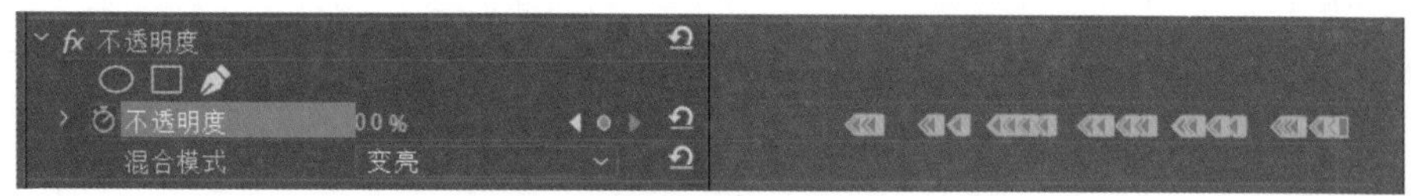

图 7-69

（10）在【项目】面板上右击选择【新建项目】-【调整图层】命令，将【调整图层】放到 V4 轨道，在【调整图层】上添加效果【残影】，设置【残影运算符】为【最大值】，效果如图 7-70 所示。

图 7-70

（11）选择【序列】-【渲染入点到出点】命令对序列渲染，播放序列查看效果，这样一个晃动冲击效果就制作完成了。

7.13 案例——瞳孔转场效果

（1）新建项目“瞳孔转场效果”，导入素材“模特”“跑步”并移动到时间轴创建序列。

（2）选择“模特”将图层的锚点移动到人物的右眼区域，如图 7-71 所示。在 2 秒处激活【位置】【缩放】关键帧。

（3）指针向右移动 20 帧，修改【位置】为【932，557】，【缩放】为 3000，保证画面中人物的眼睛是放大的且处于画面的中心位置，如图 7-72 所示。

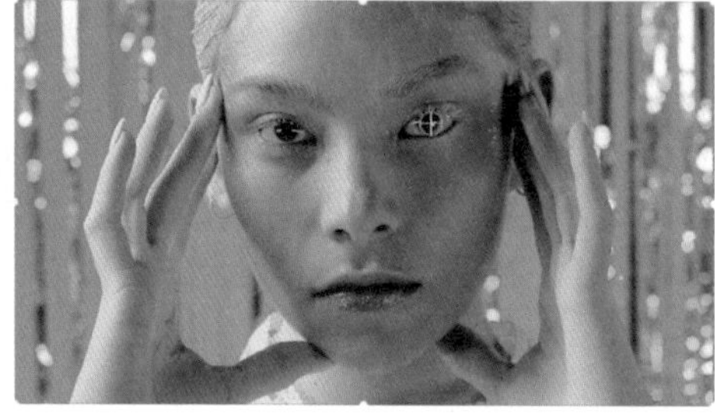

图 7-71

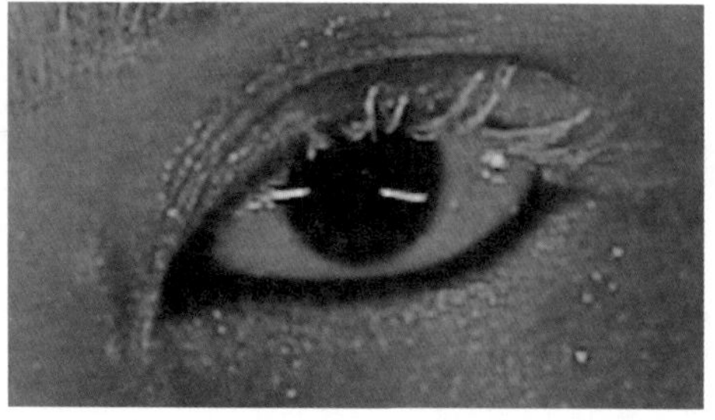

图 7-72

（4）调整【缩放】的关键帧曲线如图 7-73 所示，使【缩放】动画更加流畅。

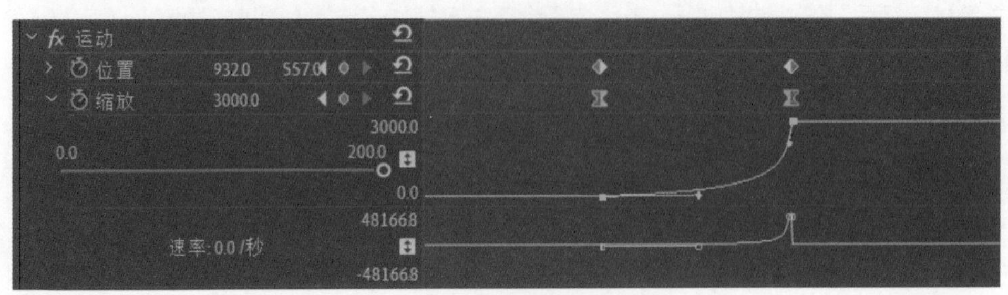

图 7-73

（5）单击【创建椭圆形蒙版】按钮，将蒙版放在画面中人物的右眼区域，选中【已反转】复选框，如图 7-74 所示。

（6）在 2 秒 15 帧处激活【蒙版扩展】关键帧，设置数值为 -40，指针向右移动 5 帧，当眼睛缩放到最大时，修改【蒙版扩展】为 5，此时“模特”在画面中完全消失。

（7）将“模特”移动到 V3 轨道，在 2 秒 15 帧蒙版动画开始时添加“跑步”到 V1 轨道，在“模特”放大的同时可以看到“跑步”，如图 7-75 所示。

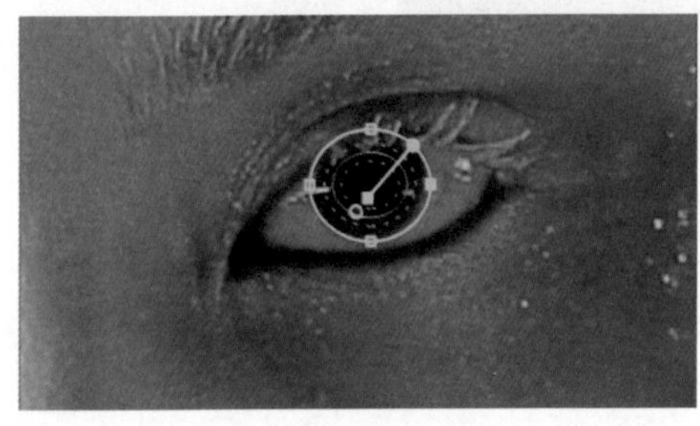

图 7-74

图 7-75

（8）为了丰富画面效果，选择“跑步”添加效果【复制】，设置【计数】为 3，新建【调整图层】放在 V2 轨道，如图 7-76 所示。

（9）在【调整图层】上添加效果【变换】，设置【快门角度】为 360，在 2 秒 15 帧处激活【缩放】关键帧，在 2 秒 23 帧处修改【缩放】为 300，如图 7-77 所示。

图 7-76

图 7-77

（10）修剪“跑步”的出点与【调整图层】出点对齐，播放序列查看效果，这样一个瞳孔转场就制作完成了。

7.14 案例——镜像空间

（1）新建项目“镜像空间”，导入素材“下龙湾”并移动剪辑到【项目】面板的【新建项】上创建匹配源素材的序列。

（2）移动指针到 5 秒 13 帧，激活【位置】关键帧，然后将指针移动到剪辑出点修改【位置】为【1920，1985】，制作画面缓缓向下移动的动画，如图 7-78 所示。

（3）这时画面中出现黑色空白区域，用来制作镜像空间，选择“下龙湾”按住 Alt 键向上移动在 V2 轨道创建副本，重命名为“镜像”，然后修改【旋转】为 180°，使用【创建 4 点多边形蒙版】绘制蒙版，设置【蒙版羽化】为 100，如图 7-79 所示。

图 7-78

图 7-79

（4）将指针移动到 4 秒 15 帧，然后将“镜像”的第一个【位置】关键帧移动到指针处并修改【位置】为【1920，-1050】，移动指针到出点处，修改【位置】为【1920，190】，播放序列如图 7-80 所示，可以看到镜像空间的效果。

图 7-80

（5）但是中间有出现黑色空白区域，移动指针到 5 秒 18 帧处，修改【位置】为【1920，-838】，补充一个关键帧，再次播放序列，这样一个镜像空间的效果就制作完成了。

第 8 章 添加过渡

过渡常用于在两段视频或两段音频之间，形成巧妙自然的切换，过渡可以在空间上代表一个场景结束，另一个场景的开始；或者是时间上，从很久以前跳转到现在。在 Premiere Pro 中保存了大量的过渡，可以使用其中的视频过渡或者手动制作更加复杂的过渡转场，具有创意的过渡可以增强视频的表现力。

8.1　认识过渡效果

使用过渡可以让视频不会突然结束或者开始，但是也不是每个剪辑之间都需要使用过渡，频繁地使用过渡反而会影响故事的叙述，让人感觉多余，无法把注意力集中到故事本身，所以过渡的使用不能太频繁，使用多了会产生相反的效果。

8.2　添加过渡

1. 添加过渡的方法

添加过渡的方法很简单，打开项目“第 8 章 添加过渡”，在【效果】面板中打开【视频过渡】文件夹可以看到很多过渡，【音频过渡】只有 3 种，如图 8-1 所示。

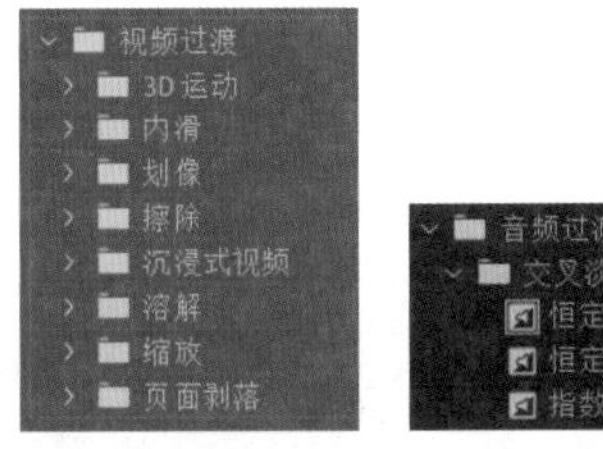

图 8-1

添加过渡的方法有以下几种。

- 打开【3D 运动】文件夹，选择【立方体旋转】拖曳到序列上的“风景 01”与“风景 02”之间，出现“中心切入”图标时放下，如图 8-2 所示，播放序列可以看到两个剪辑之间的过渡效果，添加音频过渡的方式与添加视频过渡相同，在音频剪辑之间添加音频过渡即可。

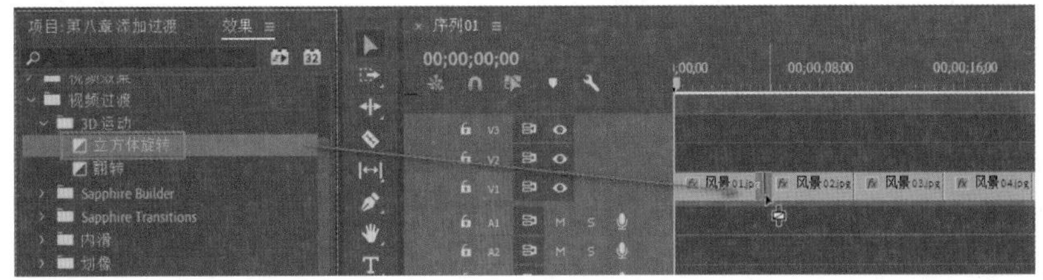

图 8-2

- 另一种方式可以在时间轴上快速添加过渡，选择【时间轴】上的两个剪辑，选择【序列】-【应用视频过渡】命令，或按快捷键 Ctrl+D，可以添加默认视频过渡，选择两个音频，按快捷键 Ctrl+Shift+D 可以添加默认的音频过渡，如图 8-3 所示。

图 8-3

- 单击剪辑的入点或出点，右击选择【应用默认过渡】命令，也可以添加默认的视频过渡或音频过渡，当剪辑同时包含视频与音频时将同时添加视频过渡与音频过渡。

2．过渡的对齐方式

当添加过渡时，鼠标移动到编辑点两侧也会出现不同的图标，分别是“起点切入”图标或“终点切入”图标，如图 8-4 所示。

图 8-4

拖曳【时间轴】底部滑块放大时间轴视图，当添加过渡后，再次移动过渡可以自定义起点过渡的位置，如图 8-5 所示。

在时间轴上前后移动过渡的位置，然后回到【效果控件】面板中可以看到，过渡的【对齐】属性显示为【自定义起点】，如图 8-6 所示。

图 8-5

图 8-6

3．修改默认过渡

Premiere Pro 中默认的视频过渡是【交叉溶解】，默认的过渡时间是 25 帧，如果想要修改默认的视频过渡，可以在【视频过渡】文件夹中找到其他任意视频过渡，然后右击选择【将所选过渡设置为默认过渡】命令，如图 8-7 所示，可以看到过渡前面的图标出现蓝色描边，表示已设置为默认的视频过渡，用同样的方法也可以修改默认的音频过渡。

想要修改默认过渡的持续时间，可以选择【编辑】-【首选项】-【时间轴】命令，在视频过渡默认持续时间或音频过渡默认持续时间后输入时间即可，如图 8-8 所示。

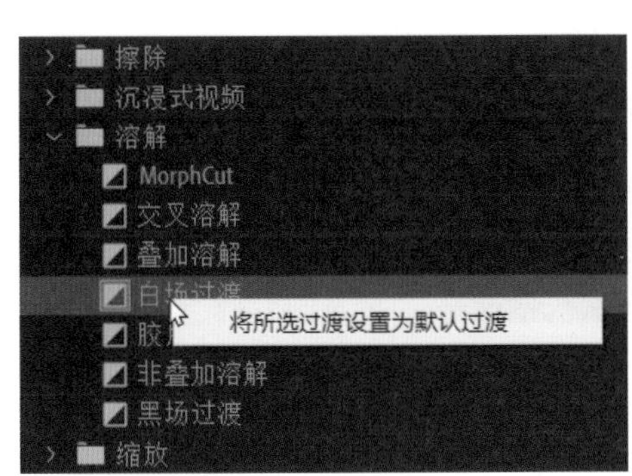

图 8-7

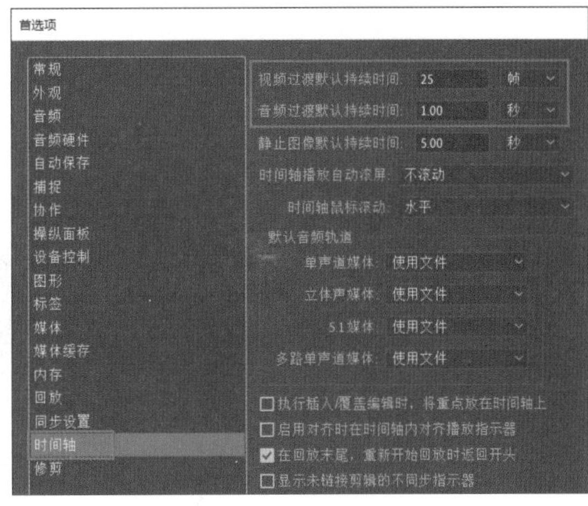

图 8-8

4．替换过渡

如果觉得现有的视频过渡不合适，想要替换为其他的视频过渡，方法很简单，只需要在【项目】面板中找到新的视频过渡，直接拖曳到现有的视频过渡上就可以将过渡直接覆盖，然后在【效果控件】面板中调整过渡持续时间、对齐方式等设置。

8.3 编辑过渡

1．过渡属性设置

选择【3D 运动】-【立方体旋转】命令，点击“图像 02”与“图像 03”之间的【立方体旋转】，在【效果控件】面板上可以看到过渡的一些属性，如图 8-9 所示。

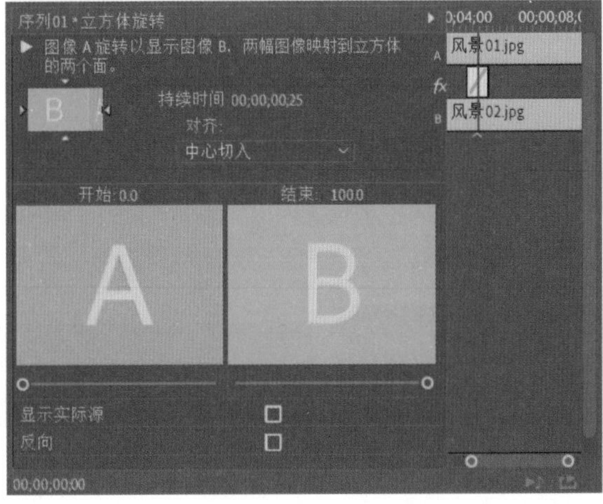

图 8-9

【播放过渡】▶：单击按钮可以在下面的缩览图中预览过渡效果。

【边缘选择器】：在缩览图边上有一些小三角，如图 8-10 所示，【自北向南】【自东向西】等可以控制过渡的方向。

【持续时间】：单击时间可以设置过渡的持续时间。

【对齐】：单击在下拉菜单中可以选择过渡的对齐方式，如图 8-11 所示。

图 8-10

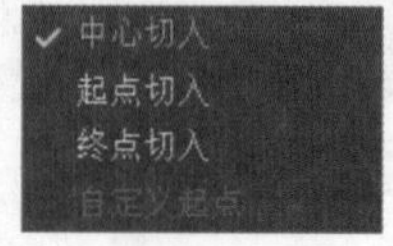

图 8-11

【开始】【结束】：单击后输入数字或者移动底部滑块，可以设置过渡开始与结束的百分比，如图 8-12 所示，当过渡进行到设置的百分比时过渡就会消失。

【显示实际源】：选中选项后，图像 A 与图像 B 将显示源图像，如图 8-13 所示。

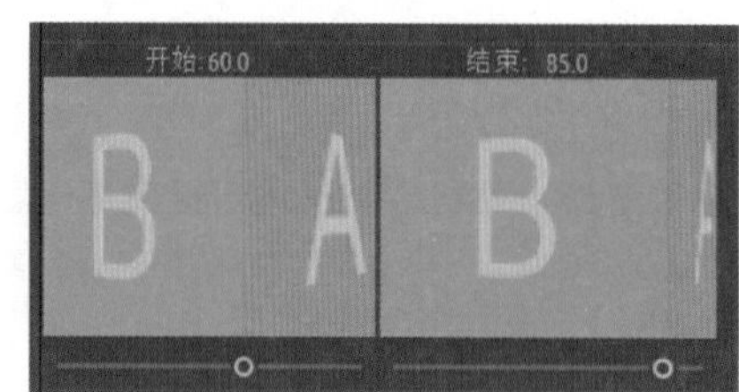

图 8-12

图 8-13

【反向】：选中后过渡效果变为反向。

在一些过渡效果中还会出现更多的属性，如【自定义】【边框宽度】等选项，用于对过渡进行更加细致的调整。

2．处理过渡手柄

当过渡添加在视频上时会遇到手柄的控制问题，选择【立方体旋转】添加到视频“清雪车”“下雪的街头”之间，如果两段剪辑没有经过修剪，在添加过渡时会出现【媒体不足。此过渡将包含重复的帧】的【过渡】对话框提示，如图 8-14 所示。

单击【确定】按钮后，发现时间轴上的过渡会出现很多斑马线，这是因为用于过渡所包含的帧不足，Premiere Pro 将自动在过渡时创建剪辑的静帧来填充视频过渡所需要的帧，如图 8-15 所示。

图 8-14

图 8-15

播放序列可以发现，过渡时画面会出现静帧，过渡前半部分显示的是图像 B 第一帧的静帧，如图 8-16 所示，过渡的后半部分显示的是图像 A 的最后一帧的静帧，如图 8-17 所示。

图 8-16

图 8-17

在【效果控件】面板右侧视图中可以使用鼠标拖曳视频过渡的两侧，编辑过渡的持续时间，如图 8-18 所示。

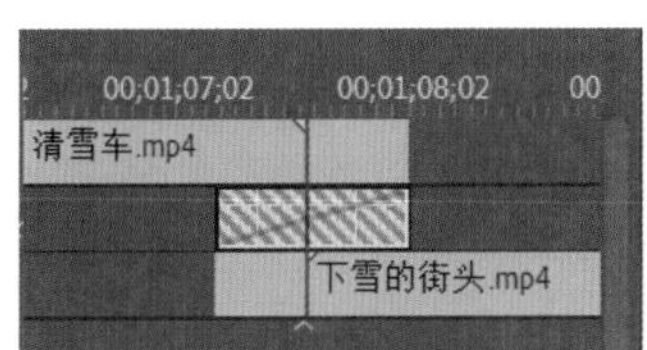

图 8-18

3．在时间轴上编辑过渡

除了在【效果控件】面板中可以对过渡效果调整，还可以在时间轴上直接编辑过渡。

鼠标选择视频过渡，右击选择【设置过渡的持续时间】命令，在弹出的对话框中输入过渡的持续时间，如图 8-19 所示。

或者鼠标移动到过渡两侧，当鼠标变为视频过渡的修剪工具时，单击并移动过渡的编辑点可以修改过渡的持续时间，如图 8-20 所示。

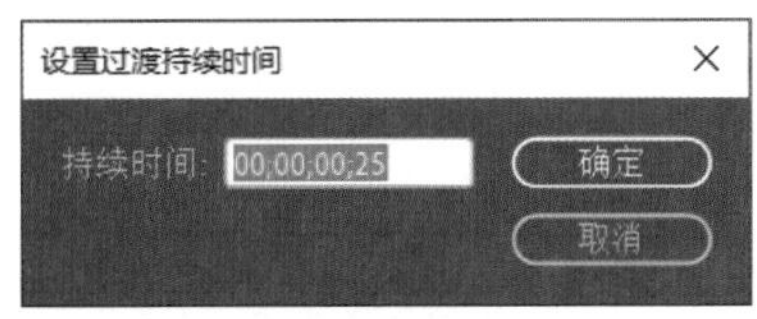

图 8-19

图 8-20

4．删除过渡

删除过渡的方法很简单，直接单击时间轴上的视频过渡，右击选择【清除】命令或者直接按 Delete 键即可删除视频过渡，如图 8-21 所示。

图 8-21

8.4 视频过渡的类型

下面分别介绍视频过渡的种类，以及展示过渡的效果。这些过渡大致分为两种，一种是软过渡，一种是硬过渡，软过渡的过渡过程比较柔和，如【交叉溶解】【白场过渡】等；硬过渡会产生清晰的边缘，如【圆划像】【带状擦除】等。

1．3D 运动

【3D 运动】包含【立方体旋转】【翻转】，模拟 3D 运动的方式完成两个剪辑的过渡。

【立方体旋转】：将图像映射在立方体的两个面上进行过渡，如图 8-22 所示。

【翻转】：将图像映射到一个平面的正反面，沿 Y 轴进行翻转，如图 8-23 所示。

图 8-22

图 8-23

2．内滑

包含过渡【中心拆分】【内滑】【带状内滑】等，将整个图像移出画面或者拆分图像并移出画面完成过渡。

【中心拆分】：将图像从中心拆分成 4 块完成过渡，如图 8-24 所示。

【内滑】：将图像滑动覆盖另一图像完成过渡，如图 8-25 所示。

图 8-24

图 8-25

【带状内滑】：将图像拆分成带状覆盖另一图像完成过渡，如图 8-26 所示。

【拆分】：将图像从中心拆分为两块，如图 8-27 所示。

图 8-26

图 8-27

【推】：将图像推出画面，完成过渡，如图 8-28 所示。

图 8-28

3．划像

包含过渡【交叉划像】【圆划像】等，将图像以各种形状擦除进行过渡。

【交叉划像】：在图像中心将图像分为 4 部分擦除完成过渡，如图 8-29 所示。

【圆划像】：在图像中心以圆形擦除完成过渡，如图 8-30 所示。

图 8-29

图 8-30

【盒形划像】：在图像中心以矩形擦除图像完成过渡，如图 8-31 所示。

【菱形划像】：在图像中心以菱形擦除图像完成过渡，如图 8-32 所示。

图 8-31

图 8-32

4．擦除

将图像以各种形状进行擦除。

【划出】：将图像沿直线进行擦除，如图 8-33 所示。

【双侧平推门】：将图像拆分为两部分完成过渡，如图 8-34 所示。

图 8-33

图 8-34

【带状擦除】：将图像拆分成带状并擦除完成过渡，如图 8-35 所示。

【径向擦除】：以图像一角为中心径向擦除图像完成过渡，如图 8-36 所示。

图 8-35

图 8-36

【插入】：在图像一角慢慢延伸覆盖另一个图像，如图 8-37 所示。

【时钟式擦除】：像时钟指针一样在图像中心径向擦除完成过渡，如图 8-38 所示。

图 8-37

图 8-38

【棋盘】：像棋盘的方块一样逐渐显示图像完成过渡，如图 8-39 所示。

【棋盘擦除】：像棋盘的方块一样擦除图像完成过渡，如图 8-40 所示。

图 8-39

图 8-40

【楔形擦除】：在图像中心以扇形逐渐将图像擦除完成过渡，如图 8-41 所示。

【水波块】：以水波的形式一层一层逐渐将图像擦除，如图 8-42 所示。

图 8-41

图 8-42

【油漆飞溅】：模拟以油漆飞溅的形状逐渐显示另一个图像，如图 8-43 所示。

【渐变擦除】：将图像渐变擦除显示另一个图像，添加过渡时会出现对话框，擦除的方式可以自定义为其他图像，如图 8-44 所示。

图 8-43

图 8-44

【百叶窗】：生成像百叶窗一样的条纹擦除图像，如图 8-45 所示。

【螺旋框】：以方块形状由四周向中心螺旋顺序，逐渐变为另一个图像，如图 8-46 所示。

图 8-45

图 8-46

【随机块】：以随机出现方块的形式将图像逐渐变为另一个图像，如图 8-47 所示。

【随机擦除】：随机产生方块以一定的方向进行擦除，如图 8-48 所示。

图 8-47

图 8-48

【风车】：模拟风车旋转的样子将图像擦除，如图 8-49 所示。

图 8-49

5．沉浸式视频

沉浸式视频多用于 VR 图像之间的过渡，打开“序列 02”并激活【节目监视器】的【切换 VR 视频显示】按钮。

【VR 光圈擦除】：模拟相机光圈，以圆形方式擦除图像完成过渡，如图 8-50 所示。

【VR 光线】：通过放射的光线将图像变为另一个图像，如图 8-51 所示。

【VR 渐变擦除】：在画面中以渐变方式将图像擦除，如图 8-52 所示。

图 8-50

图 8-51

图 8-52

【VR 漏光】：模拟以漏光的形式创建过渡，如图 8-53 所示。

【VR 球形模糊】：模拟球状的模糊效果，图像中心清晰，边缘模糊，旋转图像的过程过渡为另一个图像，如图 8-54 所示。

【VR 色度泄漏】：改变画面中的颜色逐渐变为另一个图像，如图 8-55 所示。

图 8-53

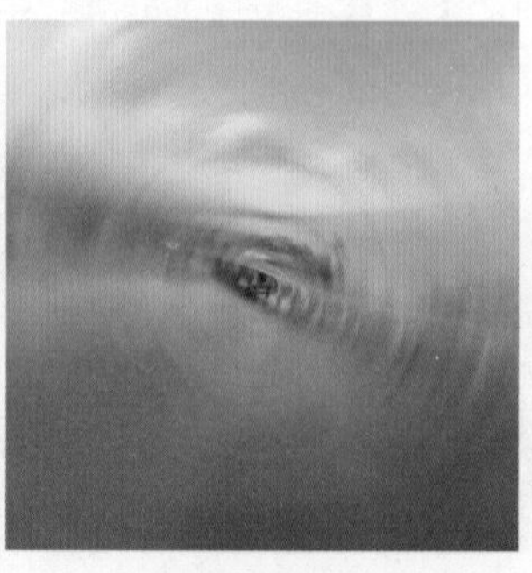

图 8-54

图 8-55

【VR 随机块】：产生随机块变为另一个图像，如图 8-56 所示。

【VR 默比乌斯缩放】：产生圆形的渐变擦除效果并缩放图像，如图 8-57 所示。

图 8-56

图 8-57

6．溶解

在两段剪辑之间通过各种叠加方式完成过渡。

【MorphCut】：在处理视频节目时，经常需要将人物说话的语气词剪掉，如“嗯”“额”等，添加 MorphCut 后，Premiere Pro 将在后台进行分析，可以在剪掉语气词后自动修复视频之间的跳帧现象，获得无缝、流畅的视频，参数如图 8-58 所示。

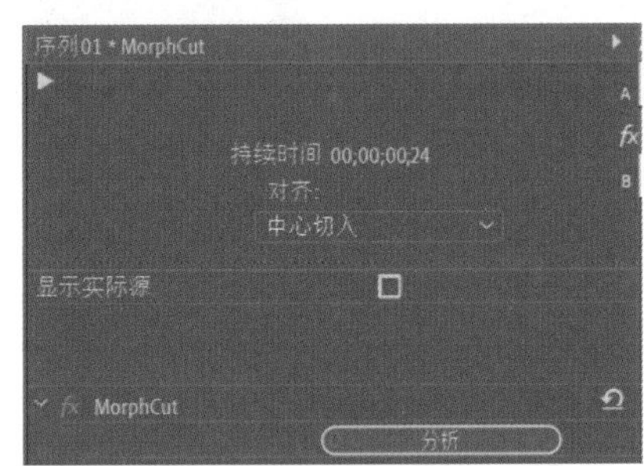

图 8-58

如果对分析结果不满意，可以修改过渡的持续时间与对齐方式，修改后 Premiere Pro 将自动进行重新分析。

【交叉溶解】：Premiere Pro 中默认的视频过渡，使图像透明度变化逐渐变为另一个图像，如图 8-59 所示。

【叠加溶解】：将图像叠加，由一个图像变为另一个图像，如图 8-60 所示。

图 8-59

图 8-60

【白场过渡】：将图像逐渐变为白场，再由白场逐渐变为另一个图像，如图 8-61 所示。

【胶片溶解】：将图像叠加，逐渐变为另一个图像，如图 8-62 所示。

图 8-61

图 8-62

【非叠加溶解】：过渡过程中将图像较暗部分叠加，如图 8-63 所示。

【黑场过渡】：将图像逐渐变为黑场，再由黑场逐渐变为另一个图像，如图 8-64 所示。

图 8-63

图 8-64

7. 缩放

【交叉缩放】：将图像缩放，缩放后变为另一个图像，如图 8-65 所示。

图 8-65

8. 页面剥落

【翻页】：模拟书翻页一样的过渡效果，如图 8-66 所示。

【页面剥落】：模拟书翻页一样的过渡效果，过渡时背面为白色，如图 8-67 所示。

图 8-66

图 8-67

8.5 音频过渡

音频过渡与视频过渡的使用方法相同，放在剪辑的开始或者结束，或者放在两段剪辑的中间，同样可以调整过渡的持续时间与对齐方式。

【恒定功率】：创建平滑渐变的过渡，过渡时首先缓慢降低第一个音频的音量，然后快速地接近过渡的末端，对于第二个剪辑，此交叉淡化首先快速增加音频音量，然后更缓慢地接近过渡的末端，如图 8-68 所示。

【恒定增益】：在过渡时以恒定的速率改变音频的音量完成过渡，听起来过渡比较生硬，如图 8-69 所示。

图 8-68

图 8-69

【指数淡化】：使用对数曲线的变化方式完成音频的过渡，过渡时淡出第一个剪辑，同时淡入第二个剪辑，如图 8-70 所示，【指数淡化】类似于【恒定功率】，但是过渡过程更加缓和。

图 8-70

8.6 案例——儿童电子相册

（1）新建项目“儿童电子相册”，创建序列选择预设“AVCHD 1080p30”，导入所有图片素材并放到序列中，如图 8–71 所示。

（2）这些图片的尺寸都比较大，选择“图片（1）”，调整【缩放】为 38，图片大小正合适，选择“图片（1）”右击选择【复制】命令，然后选择其余全部素材，右击选择【粘贴属性】命令，在【粘贴属性】对话框中选中【运动】属性，单击【确定】按钮，将属性粘贴给后面的全部图片。

（3）这时图片的持续时间都为 5 秒，选择全部图片，右击选择【速度 / 持续时间】命令，在弹出的【剪辑速度 / 持续时间】对话框中修改【持续时间】为 3 秒，如图 8–72 所示。

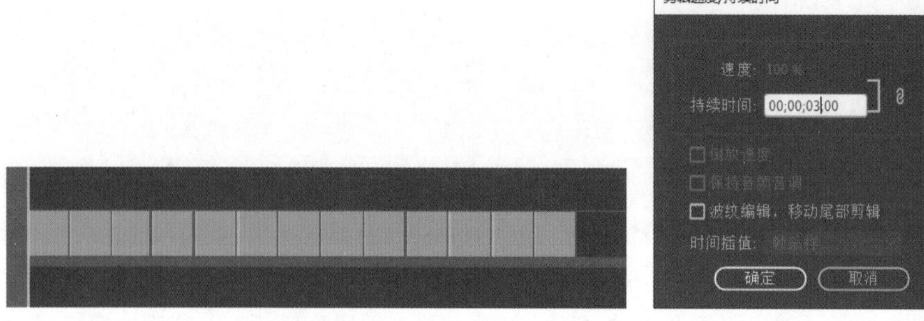

图 8–71　　图 8–72

（4）修改完时间后图片都变为 3 秒，在序列上出现了 2 秒的间隙，选择【序列】–【封闭间隙】命令，可以将序列上的间隙全部删除，前后效果如图 8–73 所示。

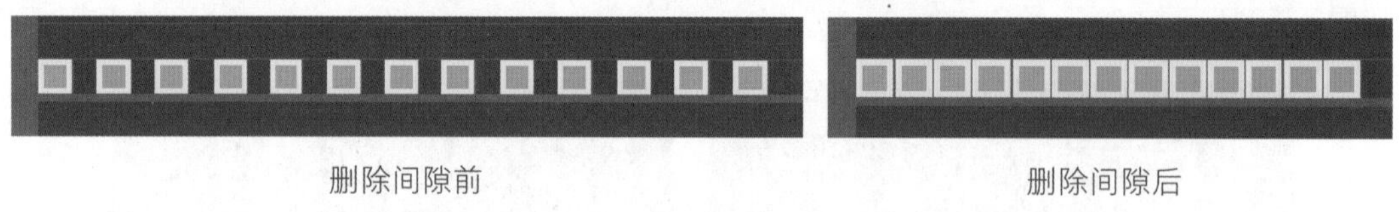

删除间隙前　　删除间隙后

图 8–73

（5）在图片之间依次添加视频过渡：【内滑】【圆划像】【交叉划像】【菱形划像】【时钟式擦除】【棋盘擦除】【油漆飞溅】【随机块】【交叉溶解】【白场过渡】【交叉缩放】【翻页】，添加视频过渡后效果如图 8–74 所示。

图 8–74

（6）分别单击序列上的视频过渡，在【效果控件】面板中修改参数，依次单击【内滑】【圆划像】【交叉划像】【菱形划像】【时钟式擦除】，修改过渡的【边框宽度】为 20，【边框颜色】为白色，效果如图 8-75 所示。

图 8-75

（7）选择【棋盘擦除】命令，在【效果控件】面板中选中【自定义】选项，在弹出的【棋盘擦除设置】对话框中修改【水平切片】为 6，【垂直切片】为 4，如图 8-76 所示。

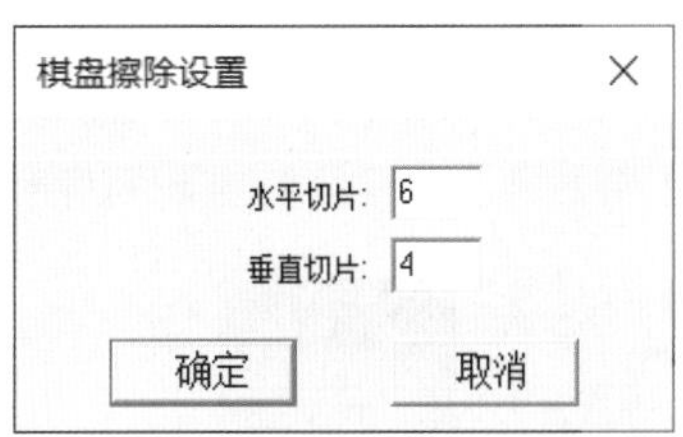

图 8-76

（8）选择“图片（1）”制作【缩放】的关键帧动画，选择“图片（2）”，制作【位置】的关键帧动画，选择“图片（3）”制作【缩放】的关键帧动画，然后使用【粘贴属性】分别将动画粘贴给后面的图片，为所有的图片添加动态效果。

（9）导入音频“Palm Trees ”并添加到 A1 轨道，然后根据音频的节奏修剪一下图片的持续时间，修剪音频在 41 秒处结束并应用默认过渡，如图 8-77 所示，播放序列查看效果，这样一个儿童电子相册就制作完成了。

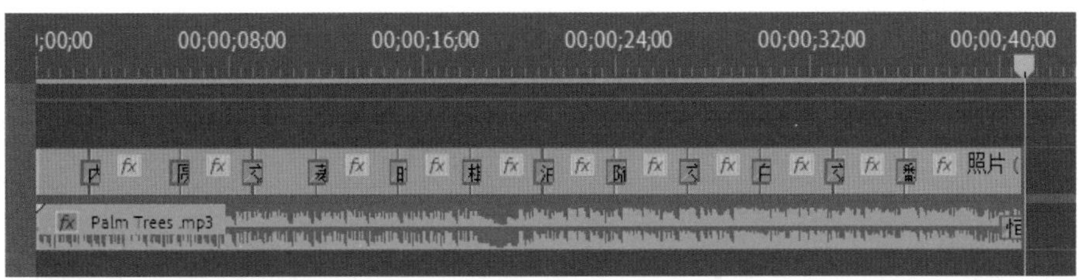

图 8-77

8.7 案例——舞蹈合辑

（1）新建项目“舞蹈合辑”，导入素材“舞蹈（1）”至“舞蹈（4）”，并移动到时间轴创建序列，选择“舞蹈 1”右击选择【速度 / 持续时间】命令，修改【速度】为 150%，将 4 个视频进行修剪，取中间 5 秒的片段，如图 8-78 所示。

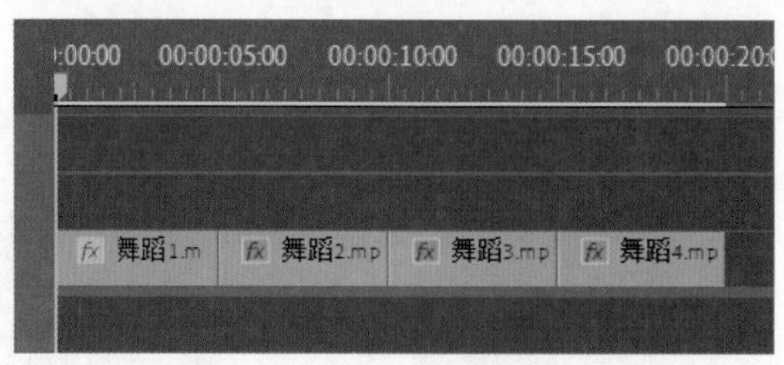

图 8-78

（2）导入音频“Beau Walker – Waves”双击在【源监视器】打开，根据音频节奏，移动指针到 1 分 16 秒 23 帧处添加入点，放到 A1 轨道。

（3）在“舞蹈 1”与“舞蹈 2”之间添加视频过渡【双侧平推门】，单击视频过渡在【效果控件】面板中选择【反向】命令，效果如图 8-79 所示。

（4）然后在“舞蹈 2”与“舞蹈 3”之间添加视频过渡【带状内滑】，在【效果控件】面板中选择【自定义】选项，修改【带数量】为 2，如图 8-80 所示。

图 8-79

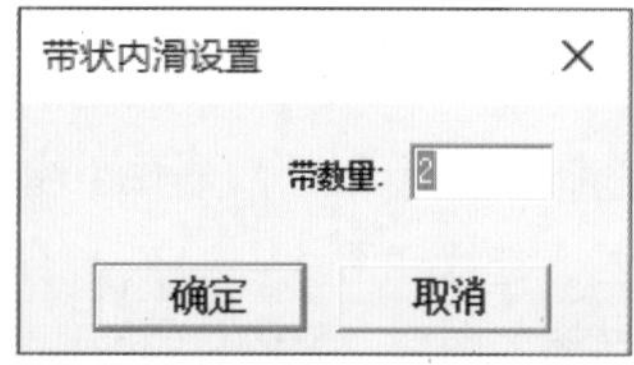

图 8-80

（5）在“舞蹈 3”与“舞蹈 4”之间添加视频过渡【划出】。播放序列可以看到视频之间有了视频过渡效果，但是过渡过程过于单调，下面对视频过渡进行优化。

（6）在【项目】面板右击选择【新建项目】-【调整图层】命令，将调整图层放在 V2 轨道，并使用【剃刀工具】在 3 次视频过渡的地方将调整图层切开，如图 8-81 所示。

图 8-81

（7）在调整图层的编辑点处依次添加视频过渡【推】【中心拆分】【拆分】，如图 8-82 所示。

图 8-82

（8）这样在播放序列中可以看到，在原来的视频过渡基础上出现了叠加的过渡效果，这种复合过渡的视觉效果更加具有创意，如图 8-83 所示。

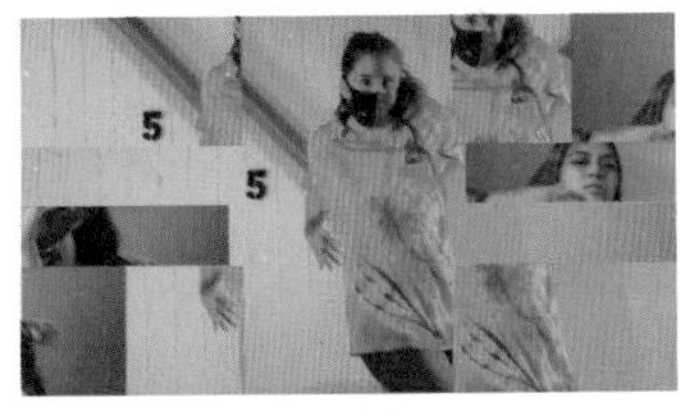

图 8-83

一般不会过多地使用默认的过渡，过渡只是起衔接作用，使用多了会使人分散注意力。可以尝试自己手动制作一些丰富的转场并另存为预设，能够起到更好的作用。

第 9 章

执行高级修剪

前面的章节中我们学会了常规的修剪方法，还有波纹修剪、滚动修剪。当遇到复杂的工程时，序列上存在很多剪辑，普通的修剪方法就显得力不从心了，本章我们就来尝试一下，使用新的工具来修剪剪辑。

9.1　其他剪辑工具的使用

在【工具】面板中还有两个工具可以用于修剪，【外滑工具】与【内滑工具】，当序列非常庞大，需要对之前的内容进行修改时，这种工具方便我们修改序列中的局部，基本不会影响序列整体内容。

打开项目“第 9 章 执行高级修剪”，如图 9-1 所示。

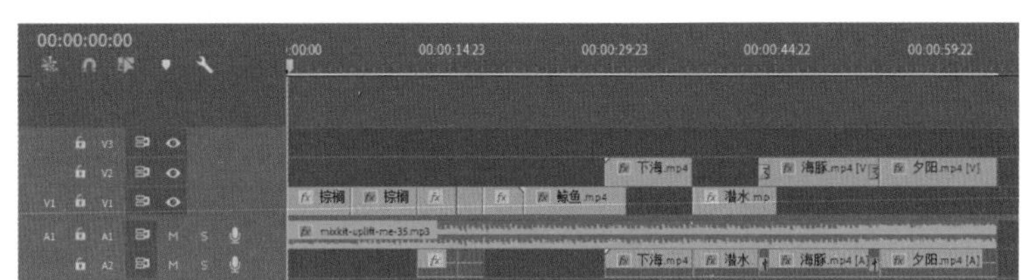

图 9-1

1．外滑工具

【外滑工具】可以在不改变所选剪辑持续时间的情况下，对所选剪辑进行修剪，而且不会影响到序列两侧的剪辑。

选择【工具】面板中的【外滑工具】，单击序列上的“棕榈树”并向左移动，会发现剪辑四周出现黑色边框，似乎并没有其他变化，如图 9-2 所示。

在移动的过程中【节目监视器】会显示出剪辑入点、出点与相邻剪辑的位置，如图 9-3 所示。

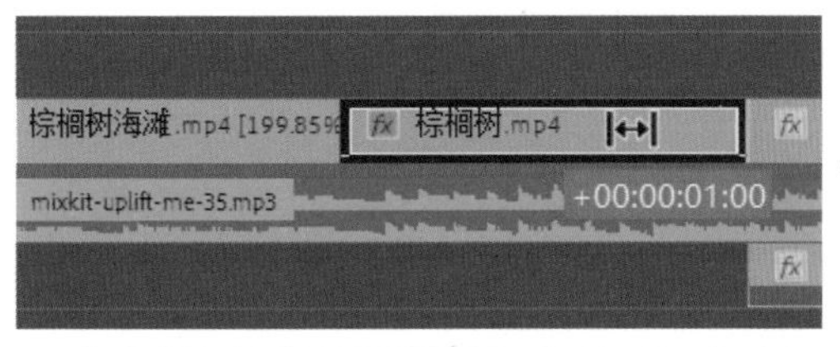

图 9-2

图 9-3

移动之后可以看到剪辑在序列中的位置没有发生变化，但是剪辑的画面有了改变。

2．内滑工具

【内滑工具】在不改变所选剪辑持续时间的情况下，同时修剪前后两段剪辑的入点或出点。

将鼠标切换为【内滑工具】，当鼠标放到剪辑上时会看到“内滑”图标，单击“棕榈树”并向右移动，这时“棕榈树”相邻的剪辑都出现了黑色边框，如图 9-4 所示。

在移动的过程中【节目监视器】会显示出相邻剪辑的入点与出点的位置，如图 9-5 所示。

图 9-4

图 9-5

9.2 在【节目监视器】中修剪

选择【序列】-【修剪剪辑】命令，或按快捷键 Shift+T，或在序列中双击剪辑的编辑点。这时【节目监视器】会进入修剪模式，如图 9-6 所示，修剪模式适合对剪辑进行微调，对剪辑进行精确编辑。

图 9-6

在视图下方可以看到关于修剪用到的一些按钮。

【出点变换】/【入点变换】：表示编辑入点或编辑出点修剪的帧数。

【向前大幅修剪】/【向后大幅修剪】：向前修剪 5 帧或向后修剪 5 帧，光标放在图标上会显示快捷键，按住 Ctrl+Shift+ 左 / 右方向键可以一次修剪 5 帧。

【向前修剪】/【向后修剪】：向前修剪 1 帧或向后修剪 1 帧，同样也有快捷键，按住 Ctrl+ 左 / 右方向键可以一次修剪 1 帧。

【应用默认过渡到选择项】：在编辑点处应用默认过渡。

除了使用按钮进行修剪，也可以在视图窗口上使用鼠标修剪，当鼠标移动到两侧视图上时，光标变为“修剪入点”/“修剪出点”图标，如图 9-7 所示，单击并左右移动可以执行修剪。

按住 Ctrl 键会变成“波纹入点”/“波纹出点”图标，如图 9-8 所示，单击并左右移动可以执行波纹修剪。

图 9-7

图 9-8

当光标移动到视图中间区域时，变为“滚动编辑”图标，如图 9-9 所示，单击并左右移动可以执行滚动修剪。

图 9-9

修剪完成后单击序列上的任意位置即可退出修剪模式。

9.3 使用嵌套序列与子序列

序列中的剪辑可以使用嵌套序列进行整理，就像文件夹一样，序列也可以包含序列，将一个总序列分成若干个不同的分序列，嵌套序列如同剪辑一样，具有【运动】【不透明度】【时间重映射】属性，而且可以添加效果、视频过渡。除了嵌套序列，还可以为剪辑制作子序列，子序列可以将剪辑单独显示出来，在新的序列中进行编辑。

1. 嵌套序列

选择“序列 01”中的“海滩”“浪花”，在剪辑上右击选择【嵌套 ...】命令，在弹出的【嵌套序列名称】对话框中对嵌套序列命名，如图 9-10 所示。

单击【确定】按钮后可以看到原先的两个剪辑变成了一个新的剪辑，如图 9-11 所示，在【项目】中会出现新生成的剪辑“嵌套序列 01”。

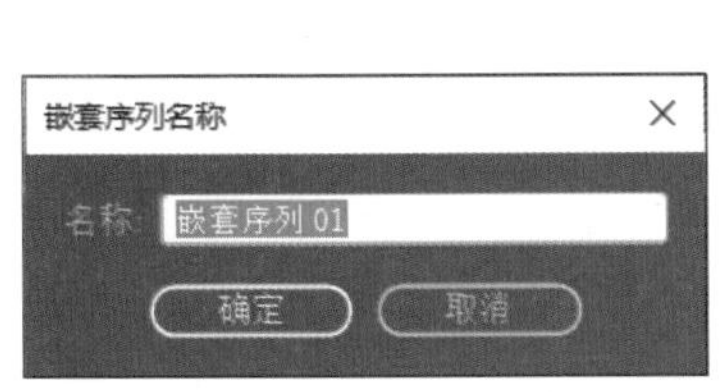

图 9-10

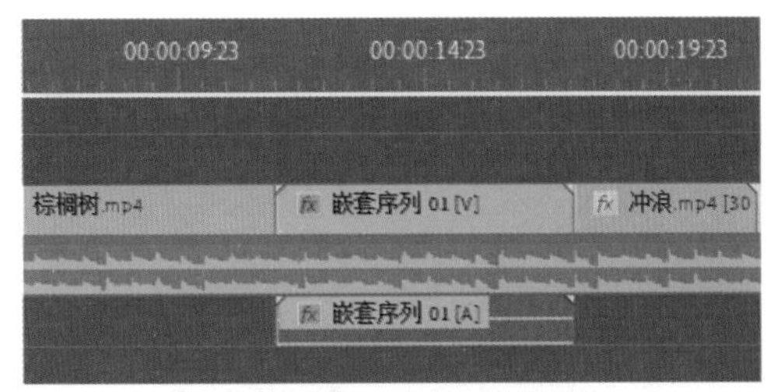

图 9-11

双击“嵌套序列 01”可以打开序列，在【时间轴】中会生成新的选项卡，序列中只包含之前选中的剪辑，如图 9-12 所示。

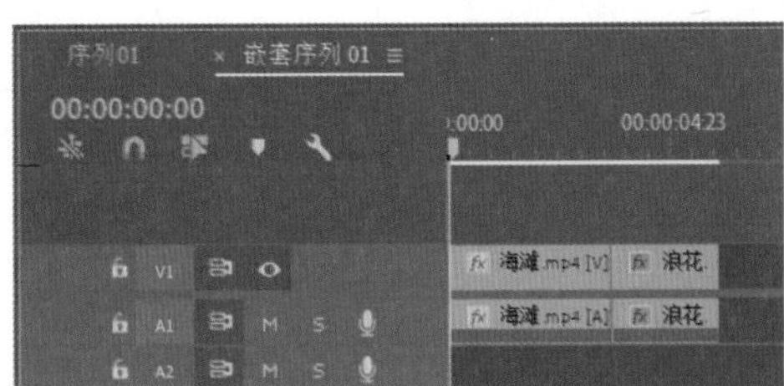

图 9-12

回到“序列 01”在“嵌套序列 01”上添加效果【镜头光晕】，播放序列可以看到效果如图 9-13 所示。

复制“嵌套序列 01”到 V2 轨道并重命名为“副本”，如图 9-14 所示。

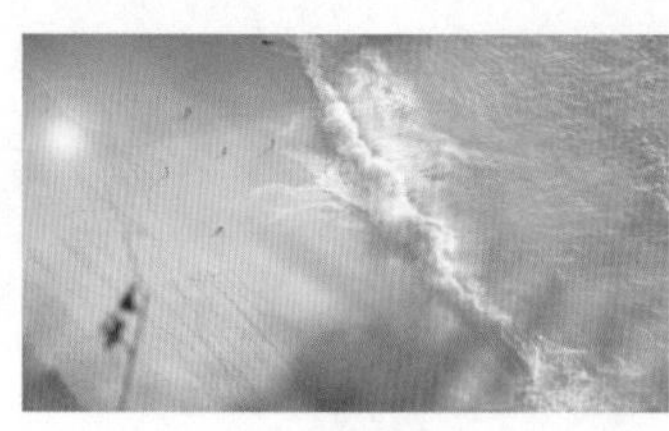

图 9-13

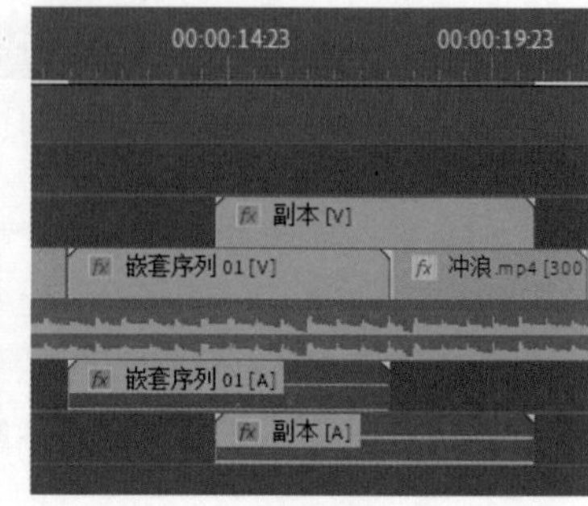

图 9-14

双击进入序列，将“海滩”删除，回到“序列 01”可以看到“嵌套序列 01”与“副本”中都变为黑屏，因为它们是一个序列，所以嵌套序列有以下几个作用。

- 嵌套序列可以将序列上的剪辑进行整理、合并，变为一个剪辑，可以简化工作界面。
- 可以对嵌套序列添加效果或视频过渡，将效果应用在一组剪辑上。
- 可以将一组剪辑复制并重复使用，如果需要调整可以实现同步修改。

2．制作子序列

除了将一部分剪辑嵌套为序列，还可以为剪辑制作子序列，将选择的剪辑创建为新的序列，在新的序列中对剪辑进行编辑、管理。

选择剪辑“海豚”“夕阳”，右击选择【制作子序列】命令，在【项目】面板中会出现当前序列中的子序列“序列 01_Sub_01”，如图 9-15 所示。

双击打开子序列，在序列中只包含剪辑“海豚”“夕阳”，如图 9-16 所示，在子序列中对剪辑进行单独的编辑，不会影响原来序列中的剪辑。

图 9-15

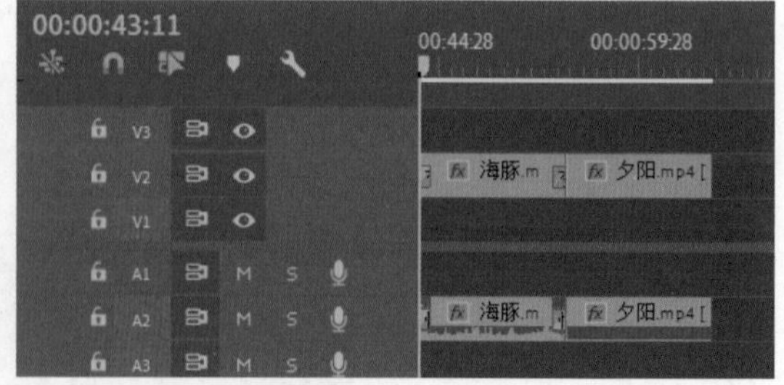

图 9-16

嵌套序列与子序列本质上没有太大区别，都是单独的序列。只是嵌套序列直接影响时间轴上的剪辑，子序列不影响时间轴上的剪辑。

9.4 改变剪辑速度与持续时间

除了修剪视频，有时还需要将视频的播放速度变快或变慢，以实现一种戏剧化效果，在需要改变视频速度时，尽量使用高速摄像机拍摄素材，拍摄出 50fps 或 60fps 等高帧率的素材，这样能保证后期改变视频速度时，最大化地保证视频的质量。

在 Premiere Pro 中有 3 种方式可以改变视频的播放速度，分别是【速度 / 持续时间】【比率拉伸工具】【时间重映射】，3 种方式有所区别，可针对不同的情况选择使用。

1．速度 / 持续时间

选择“潜水”右击，在下拉菜单中选择【速度 / 持续时间】命令，会弹出【剪辑速度 / 持续时间】对话框，如图 9-17 所示。

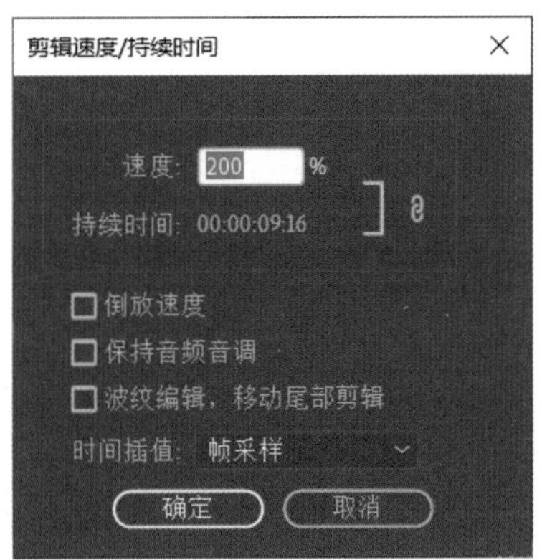

图 9-17

【速度】：默认视频速度为 100%，输入数值可以修改视频的播放速度，数值大于 100% 时，视频被加速，持续时间将变长；数值小于 100% 时，视频被减速，持续时间将变短。

【持续时间】：当修改剪辑速度时持续时间会相应地改变，可以直接修改持续时间控制剪辑速度，单击锁链图标可以取消同步。

【倒放速度】：选中复选框后剪辑变为倒放，剪辑速度变为负数。

【保持音频音调】：在修改速度时音频也会变快或变慢，音频的音调会随着剪辑速度升高或降低，选中复选框后，在修改剪辑速度的同时尽量保持音频音调不变，当速度变化不大时有效，当速度变化过大时，音频音调会发生明显变化。

【波纹编辑，移动尾部剪辑】：改变剪辑速度后保持与相邻剪辑的位置不变。

【时间插值】：选择更改速度的时间插值的方式，如图 9-18 所示。

单击【确定】按钮后，剪辑的持续时间变为原来的一半，播放序列可以看到“潜水”的播放速度变为 200%，同时在剪辑名称后面出现了 [200%] 的字符，如图 9-19 所示。

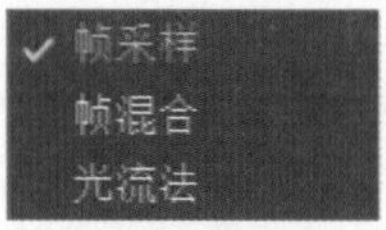

帧采样
帧混合
光流法

图 9-18

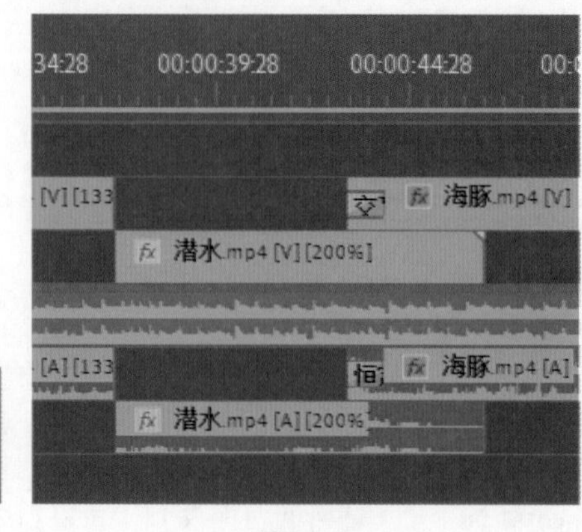

图 9-19

2. 比率拉伸工具

使用【比率拉伸工具】可以在不改变剪辑内容的情况下，精确地控制剪辑的持续时间。就像在【剪辑速度 / 持续时间】对话框中直接修改【持续时间】从而改变【速度】一样。在序列上可直接拖曳剪辑的入点或出点改变剪辑的速度。

长按【工具】面板中的【波纹编辑工具】，在下拉菜单中选择【比率拉伸工具】命令，如图 9-20 所示。

下面使用【比率拉伸工具】使 V2 轨道的“下海”加速，然后放到 V1 轨道的间隙中，如图 9-21 所示。

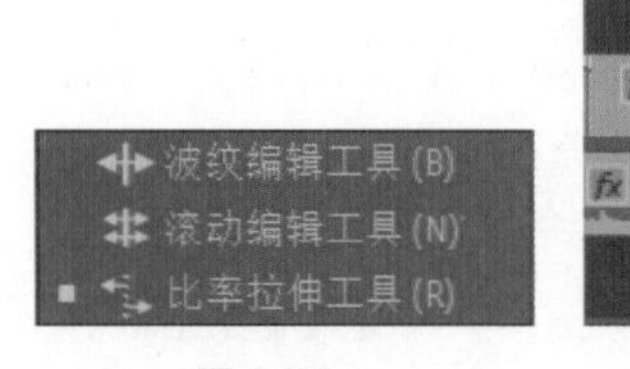

图 9-20

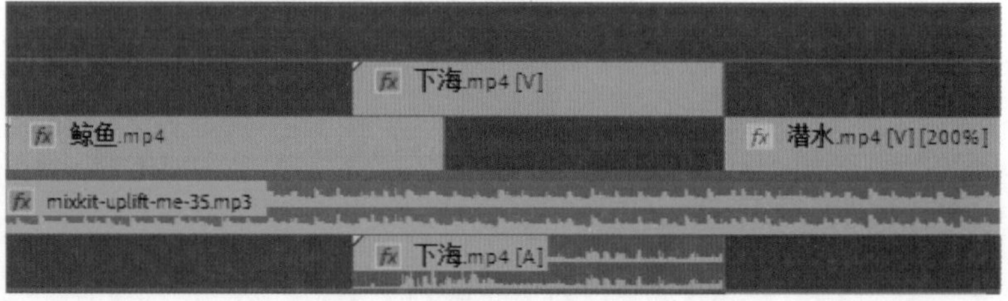

图 9-21

鼠标移动到“下海”的入点处单击并向右移动，使入点与“鲸鱼”的出点对齐，移动之后可以看到剪辑名称后面出现“133.1%”的字符，表示剪辑被加速，如图 9-22 所示，“下海”的持续时间正好与 V1 轨道的间隙时间相同，这样就可以将“下海”放到 V1 轨道上了，同时不影响相邻剪辑的入点与出点。

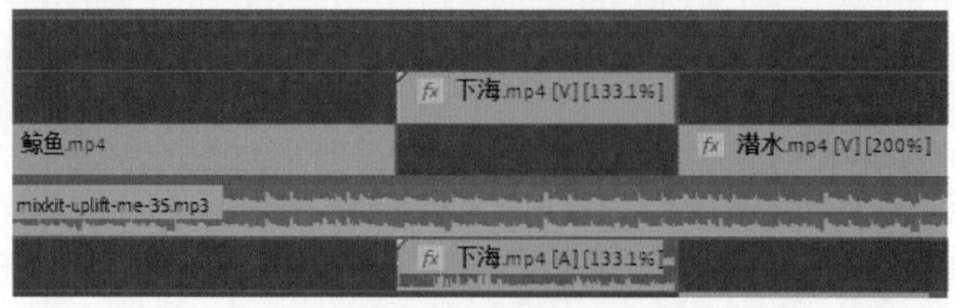

图 9-22

3．时间重映射

【时间重映射】我们在前面的章节中提到过，它是剪辑的固定效果，是剪辑的一项基本属性，现在我们来学习一下怎样使用。

在【项目】中选择【新建项】-【序列】命令，新建序列并命名为“时间重映射”，选择“棕榈树海滩”添加到序列中。打开【效果控件】面板，将指针移动到 3 秒处，单击【时间重映射】后面的【添加 / 移除关键帧】按钮，添加速度关键帧，速度关键帧的形状类似于指针，如图 9-23 所示。

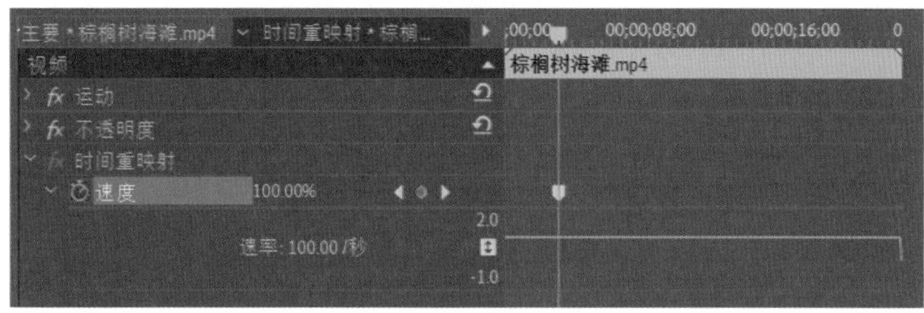

图 9-23

鼠标移动到指针后面的直线上，鼠标右下角会出现上下箭头，向上拖曳直线并观察速度数值变化，当数值为 200% 时松开鼠标，如图 9-24 所示。

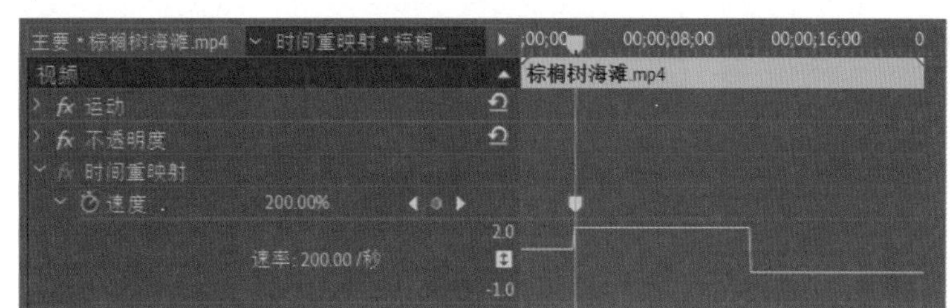

图 9-24

播放序列可以看到剪辑播放速度变成了 200%，这只是【时间重映射】最基本的功能，单击速度关键帧向右移动，这时速度关键帧分为两半，如图 9-25 所示。

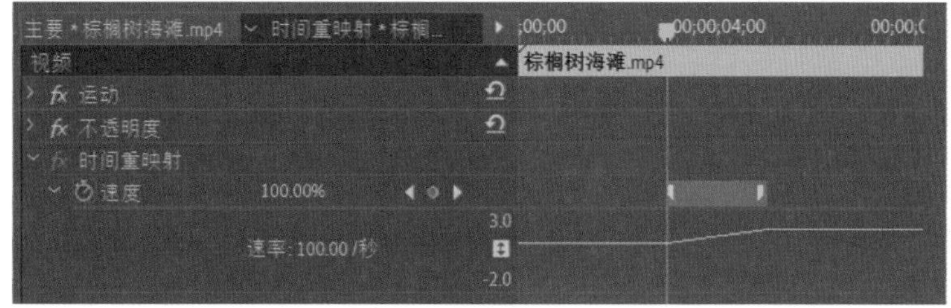

图 9-25

播放序列查看效果，可以看到剪辑在速度关键帧上时速度渐渐从 100% 变为 200%，这就是【时间重映射】的作用，它可以在速度变化时创建过渡。

在时间轴上右击“棕榈树海滩”的【效果徽章】，选择【时间重映射】-【速度】命令，如

图 9-26 所示，切换为速度曲线视图，如图 9-27 所示，在这里可以对速度曲线做更多的操作。

按住 Alt 键在直线上单击可以创建新的速度关键帧，如图 9-28 所示。

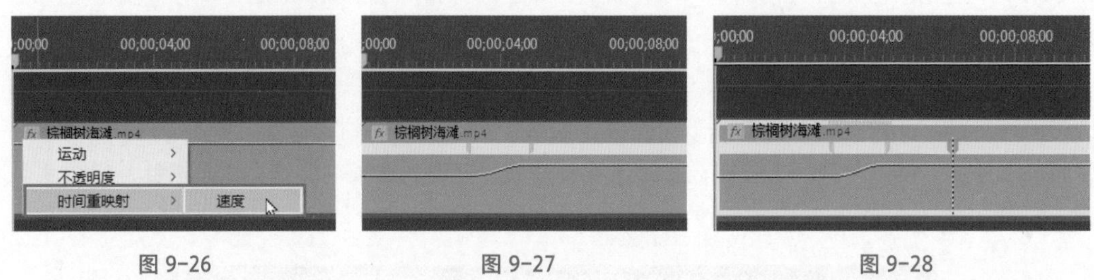

图 9-26　　图 9-27　　图 9-28

创建速度关键帧后选择速度关键帧并按住 Alt 键，左右移动可以改变速度关键帧的位置。

选择速度关键帧后按住 Ctrl 键，向右移动，直线上会出现向左方向的箭头，如图 9-29 所示，这一片段视频会变为倒放，速度为 -100%，倒放完成之后变为正常播放，速度为 100%，在速度关键帧结束后，速度还原为 200%。

选择速度关键帧后按快捷键 Ctrl+Alt，向右移动，在直线上会出现竖线的片段，如图 9-30 所示，竖线的片段视频会出现定帧，定帧之后画面恢复正常。

选择速度关键帧后按住 Shift 键，左右移动，移动过程中选择的速度关键帧与上一速度关键帧之间，直线会跟随鼠标上下移动，视频的速度会加速或减速，如图 9-31 所示。

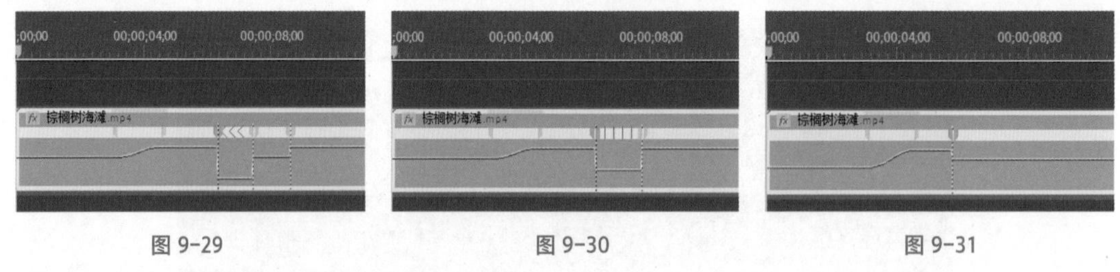

图 9-29　　图 9-30　　图 9-31

利用【时间重映射】在时间轴上操作更加自由、方便。可以创建加速、减速、倒放等复杂的视频变速效果，如果剪辑包含音频，更改的过程中不会改变音频的速度。

4．时间插值

时间插值决定了剪辑速度改变的方式，右击剪辑选择【速度 / 持续时间】命令，在弹出的【剪辑速度 / 持续时间】对话框中可以改变视频的时间插值，如图 9-32 所示。

图 9-32

同样使用【比率拉伸工具】【时间重映射】都可以改变剪辑的时间插值，单击剪辑，选择【剪辑】-【视频选项】-【时间插值】命令，可以看到时间插值有 3 种方式。

- 【帧采样】：当更改播放速度时，Premiere Pro 将根据时间变化复制出相同的视频帧，或者删除视频帧以实现速度的变化，这种方法在慢放时会使视频产生很明显的卡顿现象。

- 【帧混合】：根据时间变化复制或者删除视频帧，改变视频帧的同时将视频帧混合，在视频帧之间创建不透明的过渡。
- 【光流法】：Premiere Pro 将分析视频帧与像素运动变化，在改变速度时，创建出新的视频帧，实现平滑、流畅的变速效果，使用光流法需要对剪辑渲染，渲染后才能看到真实的变速效果。

9.5 替换剪辑和素材

Premiere Pro 可以将剪辑一键替换为新的剪辑，新的剪辑将保留原剪辑的【运动】【不透明度】属性及视频效果，并且保留原剪辑在时间轴上的持续时间，不需要手动替换并修剪等编辑操作。

打开序列“替换剪辑和素材”，选择时间轴上的剪辑，选择【剪辑】-【替换为剪辑】命令可以看到 3 种替换剪辑的方式，如图 9-33 所示。

从源监视器(S)
从源监视器，匹配帧(M)
从素材箱(B)

图 9-33

1. 从源监视器替换

选择【从源监视器】命令首先要将替换的剪辑在【源监视器】中打开。

在【项目】面板中选择“海浪中行走”并双击，在【源监视器】中打开，选择时间轴上的“鲸鱼”，选择【剪辑】-【替换为剪辑】-【从源监视器】命令，可以看到序列中的剪辑被替换为“海浪中行走”，剪辑的入点与出点没有发生任何变化，前后效果如图 9-34 所示。

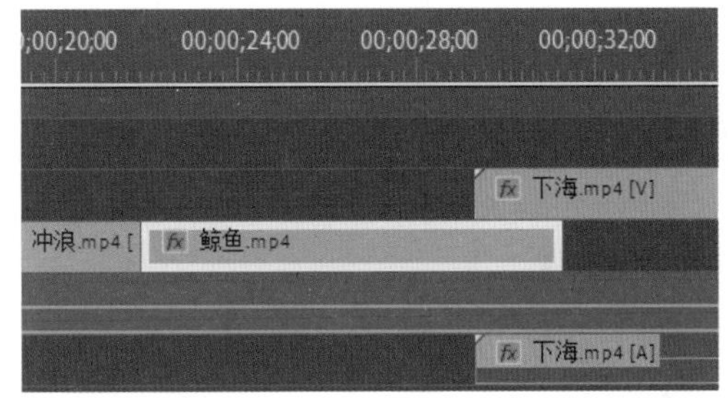

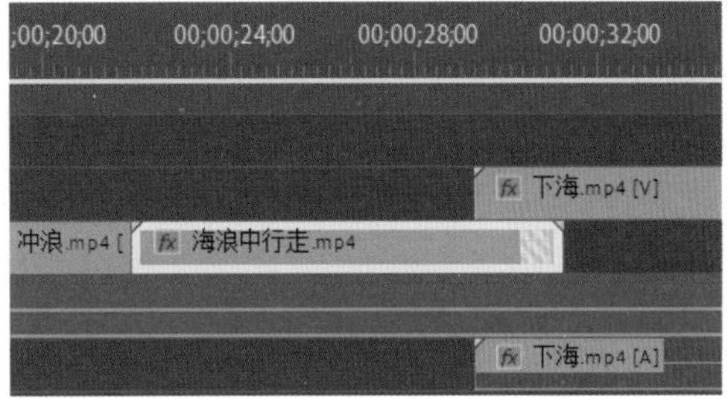

图 9-34

当替换的剪辑比被替换的剪辑持续时间短时也可以完成替换，例如“海浪中行走”的持续时间比“鲸鱼”的持续时间短，可以看到“海浪中行走”的出点处有一段出现了斑马线。

当然，使用手动拖曳也可以完成替换，按住 Alt 键，然后鼠标在【源监视器】中拖曳画面到时间轴中的剪辑上，剪辑周围出现黑色边框，松开鼠标即可完成替换，如图 9-35 所示。

图 9-35

如果原来的剪辑“鲸鱼”上添加了效果、过渡、关键帧动画等，替换为“海浪中行走”后这些效果、过渡、关键帧动画仍然存在。

这就是替换素材的优点，不需要手动替换，也不需要重新调整编辑点、添加效果、过渡、关键帧等操作，极大地提升了工作效率。

2．执行同步替换

在替换剪辑时还可以保持同步，只需要在【源监视器】中打开并找到同步点，Premiere Pro 就可以识别并同步剪辑。

在【项目】面板中选择“海豚”，双击在【源监视器】中打开，观察画面并移动指针到入水的那一刻，如图 9-36 所示。

同时移动时间轴的指针，在“下海”中找到镜头入水的那一帧，然后选择【剪辑】-【替换为剪辑】-【从源监视器，匹配帧】命令，可以看到剪辑被替换，且画面就是【源监视器】中指针所在位置，如图 9-37 所示。

图 9-36

图 9-37

在执行同步替换时需要注意，需要替换的剪辑在同步点之前有足够的视频画面，否则就会出现【替换剪辑错误】的对话框，如图 9-38 所示，执行同步替换失败。

图 9-38

3．从素材箱替换

从素材箱中选择剪辑也可以执行替换。

选中【项目】面板中的“下海”，然后选择时间轴中的“海豚”，选择【剪辑】-【替换为剪辑】-【从素材箱】命令，即可完成替换。

或者在【项目】面板中选择素材，按住 Alt 键，直接拖曳到时间轴“海豚”上，剪辑出现黑色边框时松开鼠标即可完成替换，如图 9-39 所示。

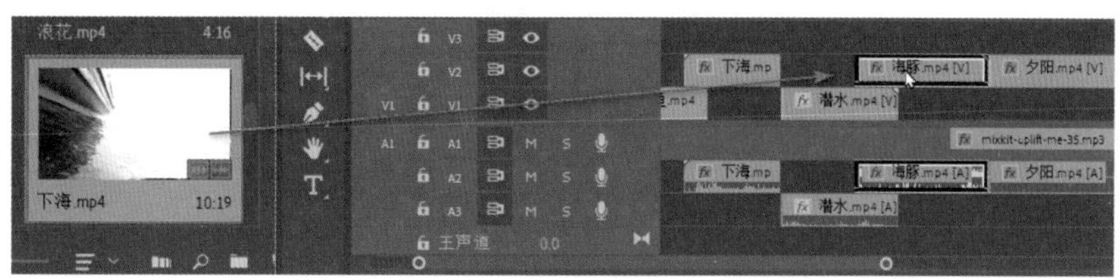

图 9-39

4．替换主剪辑

除了在时间轴中替换剪辑，还可以直接将【项目】面板的主剪辑替换，主剪辑替换后时间轴上的所有剪辑都会被替换为新的剪辑。

在【项目】面板中选择“浪花”右击，选择【替换素材...】命令，打开资源管理器，然后选择“浪花 2”，单击【确定】按钮，可以看到【项目】面板中原来的剪辑，时间轴上原来的剪辑都变为“浪花 2”。

当替换时如果被替换的剪辑有音频，新的剪辑没有音频，就会弹出【媒体不匹配】的对话框，如图 9-40 所示。

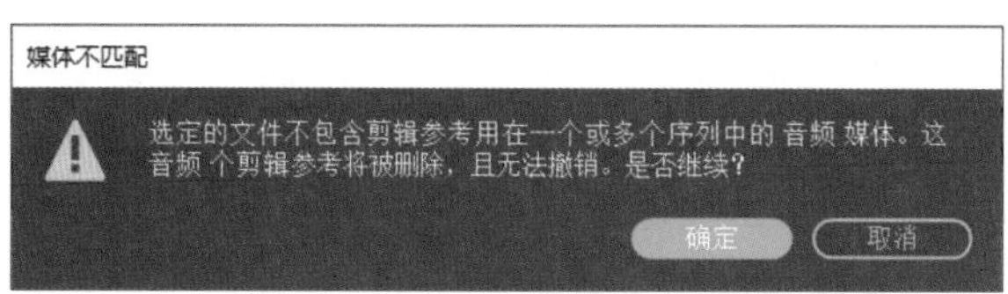

图 9-40

9.6 多机位剪辑

在拍摄素材时为了表现情节，经常会使用多个机位进行拍摄，多机位拍摄就需要进行多机位剪辑，在 Premiere Pro 中有专门用于多机位剪辑的功能。

1．创建多机位源序列

打开序列“多机位剪辑”，导入全部多机位素材并在【项目】面板中选中，右击选择【创建多机位源序列...】命令，如图 9-41 所示。

首先需要对多机位源序列的名称进行命名，在下拉菜单中可以选择 3 种命名方式，如图 9-42 所示，名称将以“视频剪辑名称”+ 输入的名称进行命名，命名与选择的顺序有关，将以第一个选择的剪辑名称命名。

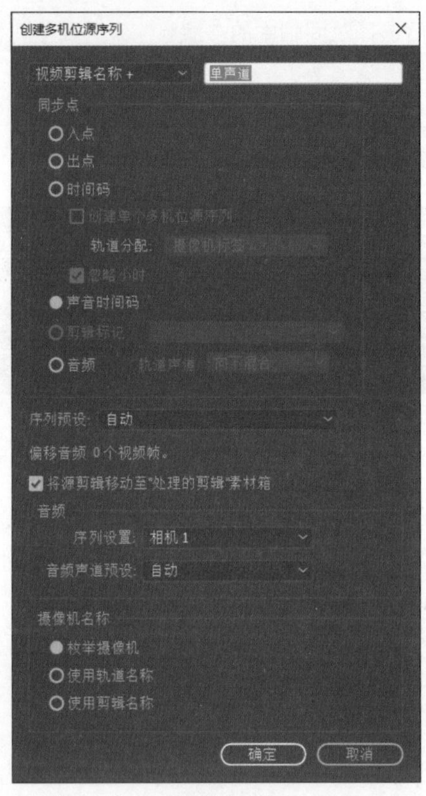

图 9-41

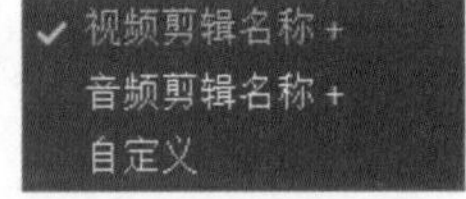

图 9-42

创建多机位源序列时需要将素材进行同步，在窗口中可以选择多种同步的方式。

【入点】：以多机位素材入点为同步点。

【出点】：以多机位素材出点为同步点。

【时间码】：以拍摄时设置的同步时间码作为同步点。

【声音时间码】：以多机位素材的声音时间码作为同步点。

【剪辑标记】：以多机位素材上的标记点作为同步点。

【音频】：以多机位素材的音频波形进行匹配同步。

创建的多机位源序列默认为【自动】，也可以选择多种预设，如果发现源素材中视频与音频出现不同步现象可以修改“偏移音频 0 个视频帧”恢复视频与音频的同步。

创建多机位源序列时默认会选中【将源剪辑移动至“处理的剪辑”素材箱】选项，

Premiere Pro 将自动创建“处理的剪辑”素材箱，并将源剪辑移动到素材箱里，如图 9-43 所示。

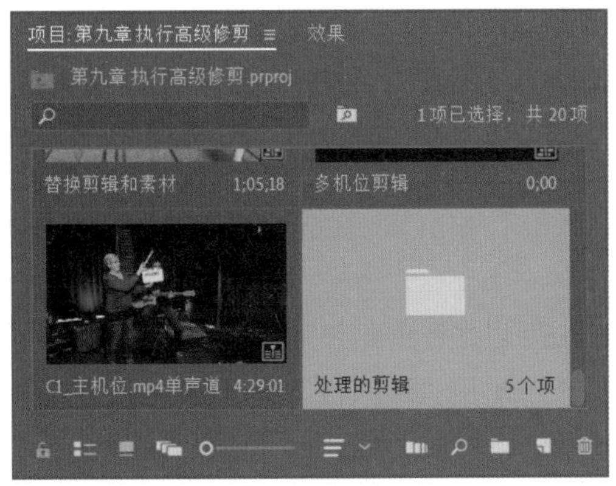

图 9-43

关于音频的设置如下。

【序列设置】：选择多机位源序列使用的音频轨道，可以选择【相机 1】【所有相机】【切换音频】，当选择【切换音频】时，音频会根据机位的切换而变化成对应的音频，这是摄像机实际所在位置的音频效果。

【音频声道预设】：选择新生成的源序列的音频轨道类型。

创建源序列时选择摄像机名称，可以选择【枚举摄像机】【使用轨道名称】或【使用剪辑名称】，右击时间轴上的源序列选择【多机位】，可以分别看到 3 种设置的命名方式，如图 9-44 所示。

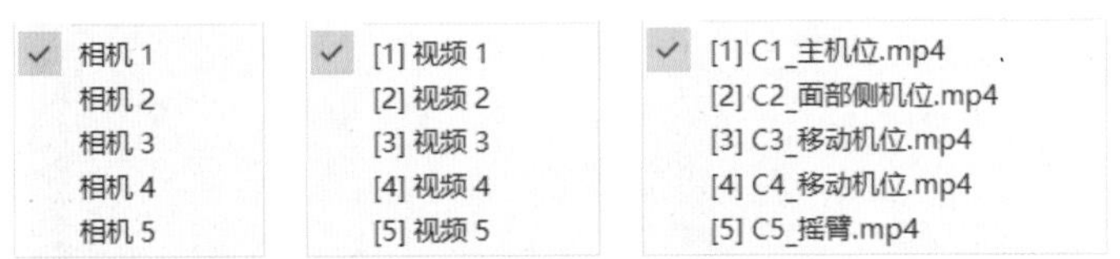

图 9-44

2．启用多机位视图

创建源序列后将源序列放到时间轴的“多机位剪辑”序列中，单击【节目监视器】中的【按钮编辑器】，将【切换多机位视图】按钮移动到面板底部并激活按钮，如图 9-45 所示。

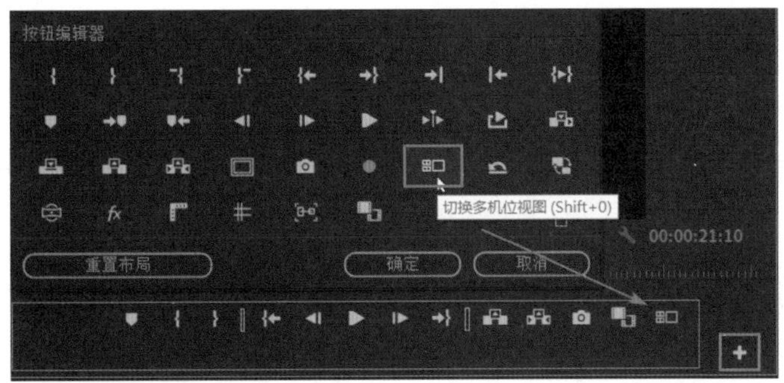

图 9-45

切换为多机位视图后，【节目监视器】会变为左右两部分，左侧显示多机位的剪辑，右侧显示最终切换的机位。

播放序列的过程中左右两侧视图都会实时变化，直接单击左侧的视图可以切换不同的机位，并显示为红色的边框。

切换完成后，暂停序列可以看到，单击的瞬间在源序列上会创建编辑点，源序列被分割为几个片段，并且片段的名称发生了变化，分别显示着各机位剪辑的名称，这些片段的顺序就是刚才单击的顺序。

如果对剪辑结果不满意还可以进行修改，切换为其他机位。指针移动到剪辑所在位置，【节目监视器】会自动将该机位高亮显示。直接在【节目监视器】中单击其他机位即可切换，或者在时间轴中右击剪辑，选择【多机位】然后单击其他机位进行切换。

如果想打开多机位源序列，使用常规方法双击是不行的，这会将剪辑在【源监视器】中打开，正确方法是按住 Ctrl 键并双击多机位源序列，打开后可以看到源序列中的所有机位视频，如图 9-46 所示。

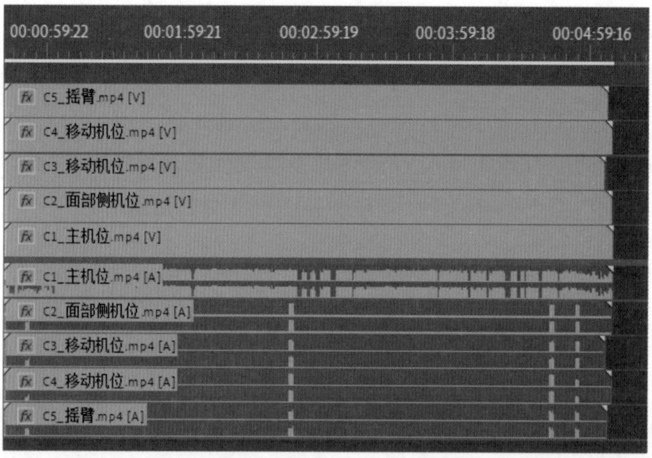

图 9-46

多机位源序列就像普通剪辑一样可以进行修剪、添加视频效果、视频过渡等操作，如果想要源序列变为普通的剪辑，右击选择【多机位】-【拼合】命令即可变为普通剪辑。

这就是多机位剪辑的大致过程，先将多机位素材进行同步，同步完成后开始剪辑，切换不同的机位，然后对不满意的地方进行调整，最终完成多机位剪辑工作。

3. 快速 / 慢速预览序列

在进行多机位剪辑时使用快捷键 J、L 可以实现快速预览序列，按 J 键可以实现倒放序列，指针将从右向左快速移动，再次按 J 键可以将速度提升两倍，最快提升 5 倍，实现快速倒放。相反，按 L 键将向右快速预览序列，指针向右快速移动，最快提升 5 倍预览速度。

按快捷键 Shift+J 可以实现慢速倒放，指针缓慢地向左移动，按快捷键 Shift+K 可以向右缓慢播放序列。

9.7 创建动态链接合成

在非线性编辑过程中可能需要制作复杂的效果、图形动画，如果 Premiere Pro 中的内置效果不能满足需要，可以配合 Adobe After Effects 共同来编辑项目，只需要创建一个动态链接就可以直接在 Premiere Pro 中实时编辑，使用时并不需要将 Adobe After Effects 制作好的视频导出。

Adobe 公司的很多创意设计应用程序都可以完成这种动态链接，实现快速、高效的媒体资源共享。需要注意的是，使用动态链接合成的前提是 After Effects 版本号与 Premiere Pro 版本号相同。

打开序列“动态链接”，选择“海滩”，选择【编辑】-【Adobe Dynamic Link(K)】-【替换为 After Effects 合成图像】命令，如图 9-47 所示，或者在时间轴上右击选择【使用 After Effects 合成替换】命令，马上就会启动 After Effects 软件。

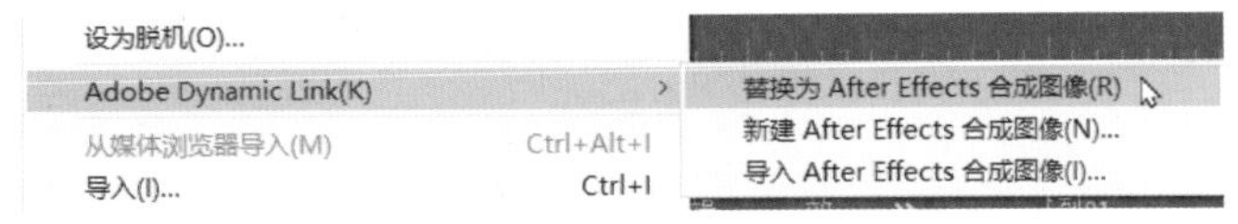

图 9-47

启动软件后会自动打开另存为的对话框，将项目命名并选择好存放位置后单击【确定】按钮，After Effects 自动导入素材并创建合成，如图 9-48 所示。

图 9-48

返回到 Premiere Pro 中，可以看到原来的“海滩”变成了动态链接合成，如图 9-49 所示。在 After Effects 中执行的所有操作将同步在 Premiere Pro 中显示出来。

在 After Effects 中添加文字并制作效果，如图 9-50 所示，回到 Premiere Pro 中查看效果，发现动态链接合成同时变为相同的画面。

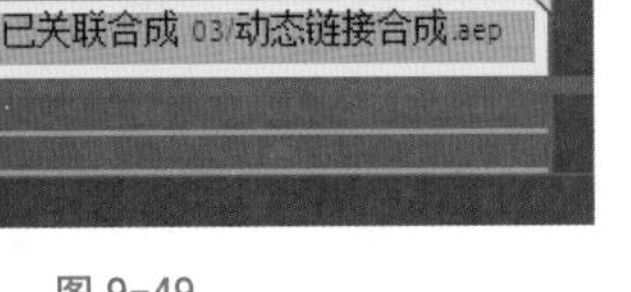

图 9-49

图 9-50

使用这种动态链接合成可以快速地在 After Effects 与 Premiere Pro 中实现媒体共享，如果后期需要对动态链接合成修改，直接打开 After Effects 的项目文件进行编辑即可。

9.8 案例——人物动作剪辑

（1）新建项目“人物动作剪辑”，导入全部素材并创建序列，如图 9-51 所示。

图 9-51

（2）双击音频“Jayjen－Secret to Happiness”，在【源监视器】中打开，试听音频节奏，在 16 秒 14 帧处添加入点，然后将音频放到 A1 轨道。

（3）将素材“扔麦片”放到 V1 轨道，双击 V1 轨道放大轨道视图，然后右击“扔麦片”的【效果徽章】，选择【时间重映射】－【速度】命令。

（4）在 6 秒 14 帧处创建速度关键帧，然后移动指针到 1 秒 18 帧处，向上移动速度直线，当数值显示为 404% 时松开鼠标，这时速度关键帧刚好在 1 秒 18 帧处，如图 9-52 所示。

（5）移动指针到 2 秒 23 帧处再次添加速度关键帧，根据音频节奏将指针移动到 6 秒 2 帧处，按住 Ctrl 键向右移动速度关键帧，移动到 6 秒 2 帧处，如图 9-53 所示，松开鼠标后播放序列，可以看到 2 秒 23 帧到 6 秒 2 帧时间段内剪辑变为了倒放。

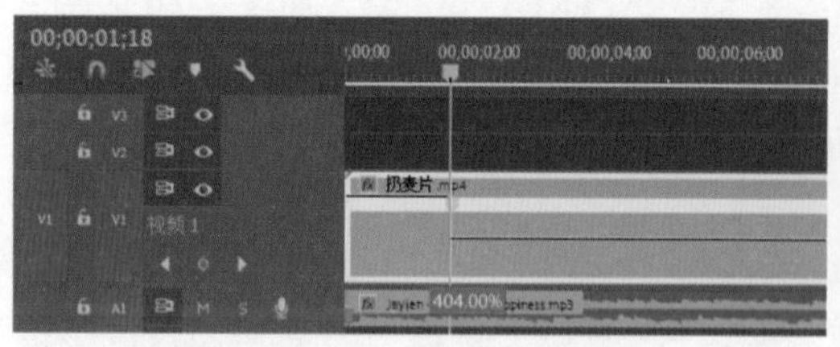

图 9-52

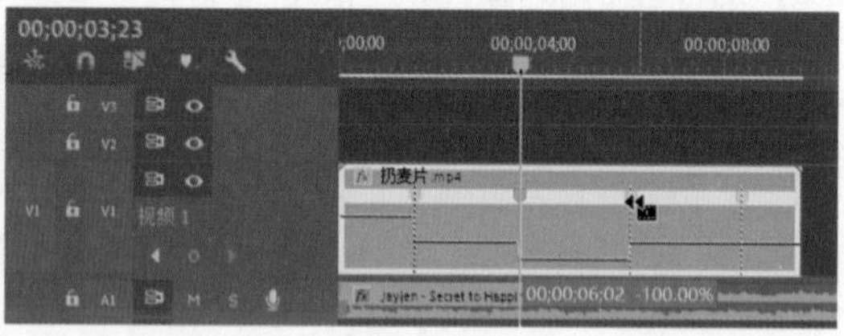

图 9-53

（6）选择最后一个速度关键帧直接删除。

（7）移动指针到 6 秒 15 帧处，添加剪辑“青柠”“黄柠”“红柠”并调整【位置】与【缩放】，排列在【节目监视器】中，如图 9-54 所示。

（8）移动指针到 6 秒 21 帧处，修剪“黄柠”的入点到指针处，移动指针到 6 秒 27 帧处，修剪“红柠”的入点到指针处，分别在“青柠”“黄柠”“红柠”的入点添加视频过渡【交叉溶解】，并设置过渡【持续时间】为 6 帧，制作柠檬从左到右渐渐出现的效果，如图 9-55 所示。

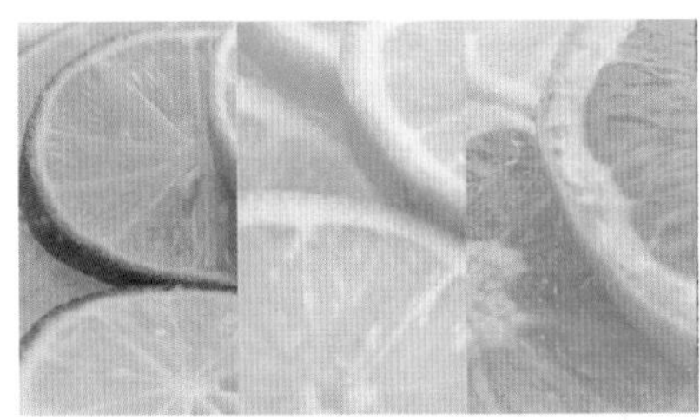

图 9-54

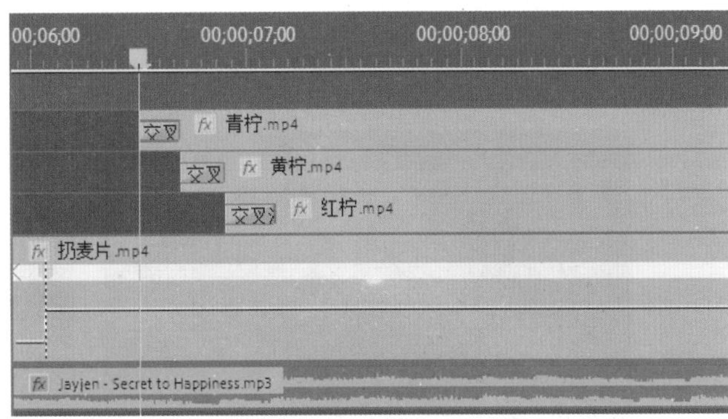

图 9-55

（9）选择“青柠”“黄柠”“红柠”右击选择【嵌套】命令，在弹出的对话框中将其命名为“柠檬”。

（10）移动指针到 8 秒处，将“开心的女孩”“微笑”“靠在墙边”添加到【时间轴】上，分别添加【裁剪】效果，将画面中的女孩裁剪出来，如图 9-56 所示。

（11）分别修改“开心的女孩”“微笑”“靠在墙边”的【位置】与【缩放】，在【节目监视器】中排列，如图 9-57 所示。

图 9-56

图 9-57

（12）修剪视频的持续时间，使视频逐渐出现，如图 9-58 所示。

（13）分别为“开心的女孩”“微笑”“靠在墙边”制作【位置】关键帧动画，使剪辑沿垂直方向进入画面，如图 9-59 所示。

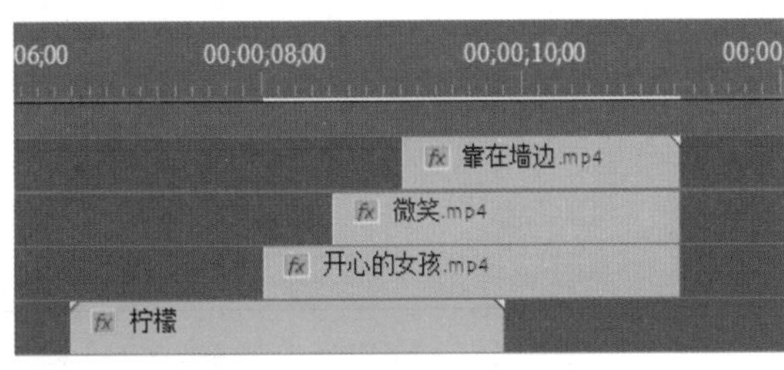

图 9-58

图 9-59

（14）在 3 个剪辑全部进入画面后 1 秒左右，分别添加【不透明度】关键帧，制作从左到右渐渐透明的动画，在 11 秒 6 帧处全部变为透明，如图 9-60 所示。

（15）选择全部女孩剪辑右击选择【嵌套】命令，将其命名为“女孩”。

（16）添加剪辑“社交网络”到“女孩”轨道下方，用来承接“女孩”完全透明后的画面，如图 9-61 所示。

图 9-60

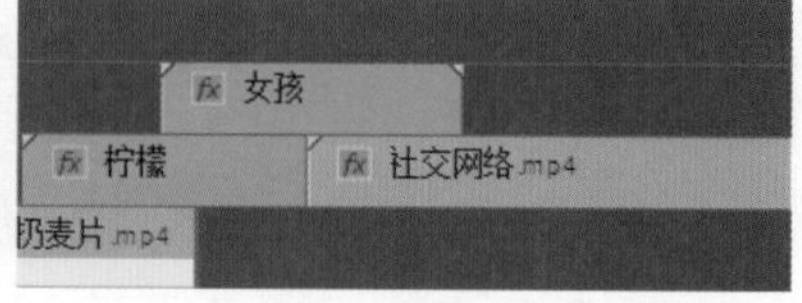

图 9-61

（17）移动指针到 12 秒处，分别添加“滑板”“彩灯”到轨道上，利用“滑板”做一个转场，右击“滑板”选择【速度 / 持续时间】命令，设置【速度】为 200%，将视频提速。

（18）添加【裁剪】效果，激活【左侧】与【右侧】的关键帧，裁剪区域跟随人物而移动，如图 9-62 所示。

（19）发现“彩灯”直接将“社交网络”覆盖了，同样添加【裁剪】效果，激活【左侧】关键帧，并在“滑板”中人物的运动结束后控制裁剪为 0。

（20）复制“彩灯”并重命名为“线条动画”，将前面部分裁剪掉，如图 9-63 所示。

图 9-62

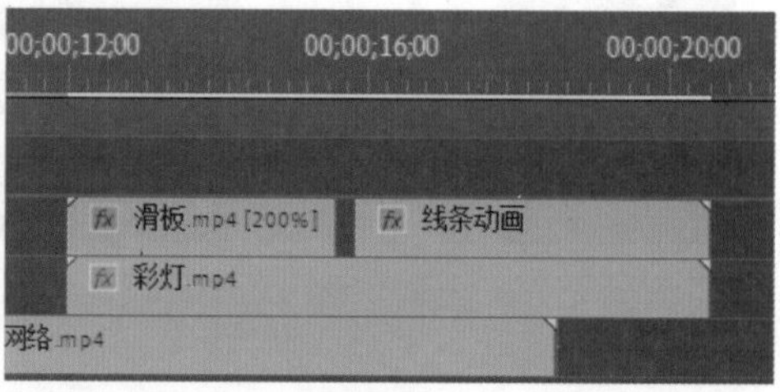

图 9-63

（21）在“线条动画”上添加效果【查找边缘】，选中【反转】复选框，修改图层【混合模式】为【变亮】，激活【缩放】与【旋转】关键帧，跟随音乐节奏制作关键帧动画，效果如图 9-64 所示。

（22）在 17 秒 3 帧处添加“跳舞”到 V5 轨道，右击效果徽章选择【时间重映射】-【速度】命令，双击放大轨道视图，观察人物跳舞的动作，在每一个动作的开始与结束添加速度关键帧，如图 9-65 所示。

图 9-64

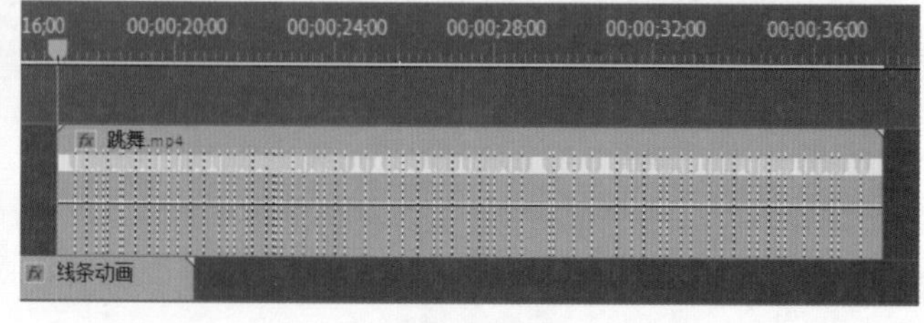

图 9-65

（23）根据音频的节奏点调整【时间重映射】使人物的动作根据音乐节奏点变化，这个过程需要有耐心地将每个速度关键帧移动到合适位置，调整完成后如图 9-66 所示。

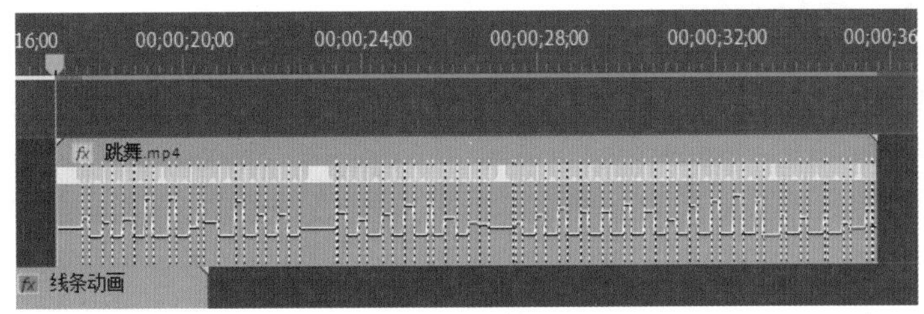

图 9-66

（24）选择“扔麦片”“跳舞”，选择【剪辑】-【视频选项】-【时间插值】-【光流法】命令，变为【光流法】会使视频的播放更加流畅，然后选择【序列】-【渲染入点到出点】命令。

（25）最后在“跳舞”入点处添加视频过渡【交叉溶解】，播放序列查看效果。

9.9 案例——节奏卡点剪辑

（1）新建项目“节奏卡点剪辑”，导入音频素材与全部视频素材，单击【项目】面板中的【新建项】，选择预设【AVCHD 1080p30】创建序列。

（2）将音频“Rock And Roll Room”添加到序列中，根据音频节奏点进行剪辑，使用【剃刀工具】将音频 3 秒 20 帧到 12 秒 3 帧之间的片段删除，并添加音频过渡【恒定功率】保证音频的顺畅衔接，如图 9-67 所示。

（3）选择“跑步”放到 V1 轨道，在剪辑入点处右击选择【应用默认过渡】命令，配合音频节奏的开启。

（4）播放音频，在 1 秒 11 帧、1 秒 20 帧分别有两个节奏点，根据音频节奏使用【剃刀工具】将“跑步”切割为 5 个片段，并且将中间的片段删除，如图 9-68 所示。删除后将片段向左移动去除间隙。

图 9-67

图 9-68

（5）播放序列可以发现“跑步”片段中的人物，匹配着音频的节奏，选择中间时间最短的片段，添加【颜色平衡（HLS）】并调整【色相】为 27°，【饱和度】为 76，用来丰富画面内容，效果如图 9-69 所示。

（6）在 3 秒 5 帧处添加“摩托车手”，右击剪辑选择【速度 / 持续时间】命令，设置【速度】为 200，同样在入点处右击添加【应用默认过渡】，双击视频过渡设置【持续时间】为 10 帧，如图 9-70 所示。

图 9-69

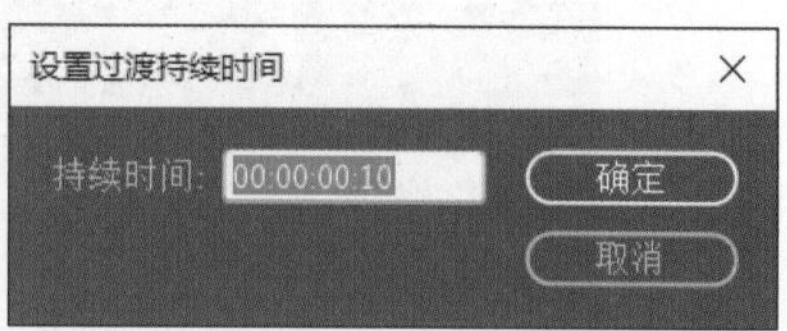

图 9-70

（7）使用【剃刀工具】将“摩托车手”裁剪成 5 段并删除中间部分，如图 9-71 所示。

（8）移动“摩托车手”片段去除中间的间隙，使画面的镜头移动匹配音频的节奏。

（9）单击【项目】面板中的【新建项】选择【调整图层】命令，移动指针到 5 秒 4 帧处，将【调整图层】放在 V2 轨道，右击选择【速度 / 持续时间】命令，设置【持续时间】为 3 帧，如图 9-72 所示。

图 9-71

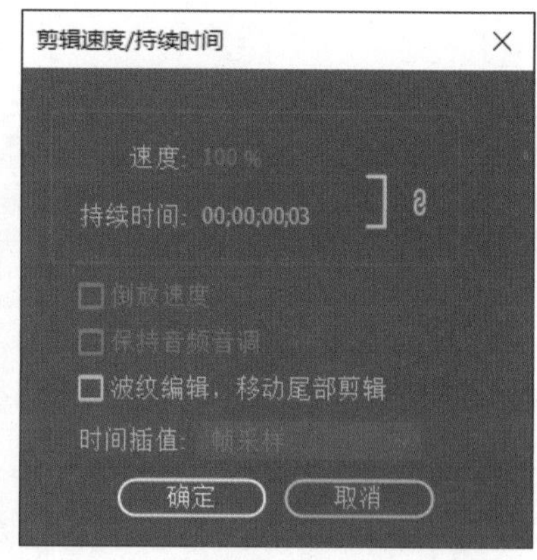

图 9-72

（10）在【调整图层】上添加效果【变换】，设置【缩放】为 121，添加效果【颜色平衡（HLS）】，设置【色相】为 103°，【饱和度】为 39°，效果如图 9-73 所示。

（11）修改【运动】属性中的【缩放】将调整图层缩小，如图 9-74 所示。

图 9-73

图 9-74

（12）复制调整图层在 V2、V3、V4 轨道上创建副本，修改【持续时间】为 3 帧或 4 帧，如图 9-75 所示。

（13）选择调整图层的副本，任意修改【色相】【饱和度】数值，制作画面中不同的色块，丰富画面效果，如图 9-76 所示。

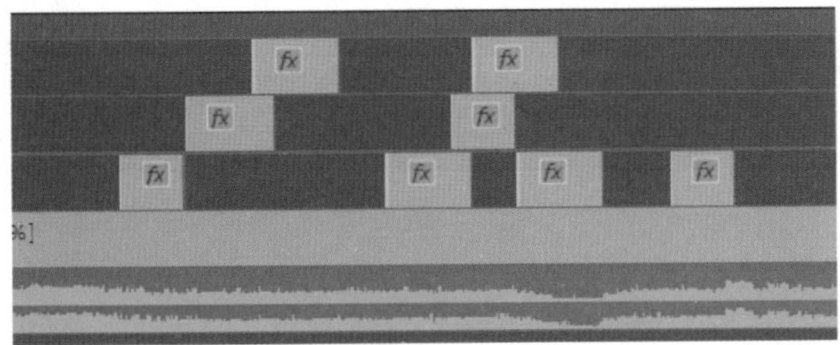

图 9-75

图 9-76

（14）选择“踢足球”，添加到“摩托车手”后面，使用【剃刀工具】在 7 秒 3 帧、7 秒 11 帧、8 秒 4 帧处将“踢足球”切开，然后选择中间的片段按住 Alt 键向上移动，在 V2 轨道上创建副本并重命名为“阈值”“反转”，如图 9-77 所示。

（15）选择“阈值”，添加效果【阈值】，设置【缩放】为 120，【混合模式】为【叠加】，效果如图 9-78 所示。

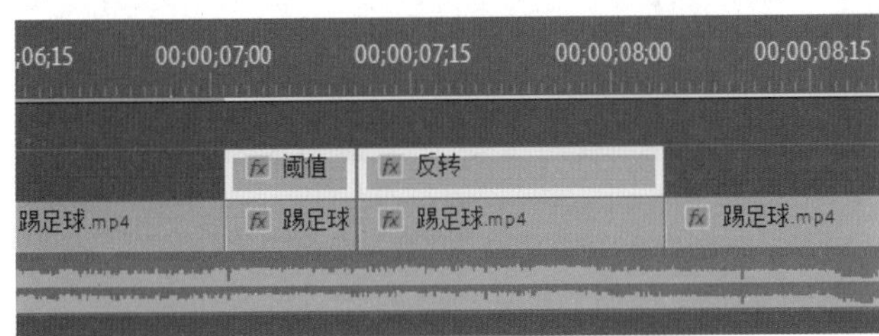

图 9-77

图 9-78

（16）选择“反转”，添加效果【反转】，设置【混合模式】为【浅色】，然后激活【位置】与【缩放】属性，每隔 1 到 4 帧任意修改参数，然后全选所有关键帧右击选择【临时插值】-【定格】命令，如图 9-79 所示，将两种效果匹配音频的节奏点，效果如图 9-80 所示。

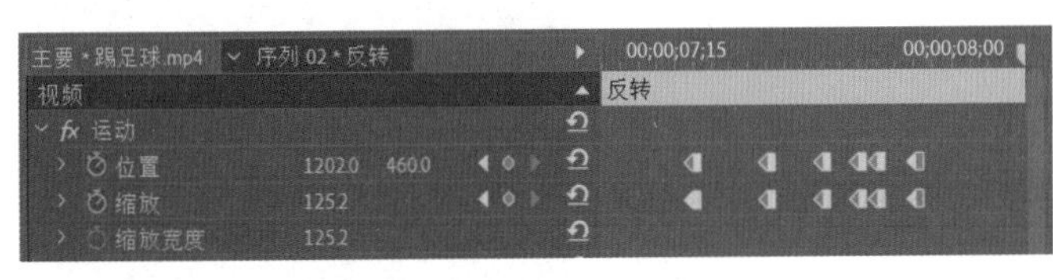

图 9-79

图 9-80

（17）选择“踢足球”后面的片段，右击选择【速度 / 持续时间】命令，设置【速度】为 150%，将片段加速。在 9 秒 27 帧处使用【剃刀工具】将片段切开，将后面片段删除。

（18）选择“踢足球”8 秒 4 帧到 9 秒 27 帧的片段，按住 Alt 键在 V2 轨道上创建副本，并重命名为“倒放”，如图 9-81 所示。

（19）选择“倒放”右击，选择【速度 / 持续时间】命令，在弹出的窗口中选中【倒放速度】复选框，单击【确定】按钮。在时间轴中向右移动与“踢足球”右侧对齐，如图 9-82 所示。

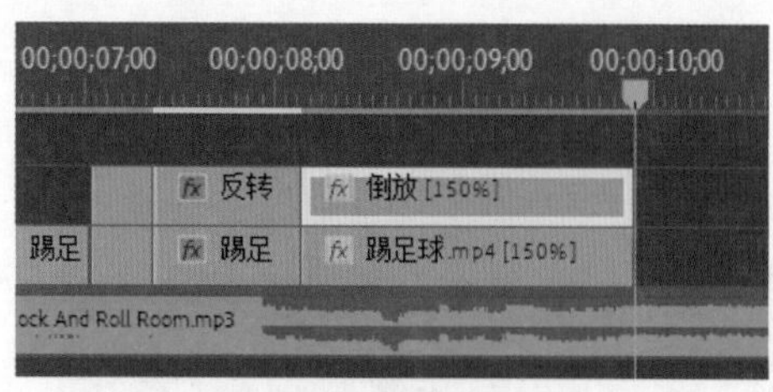

图 9-81

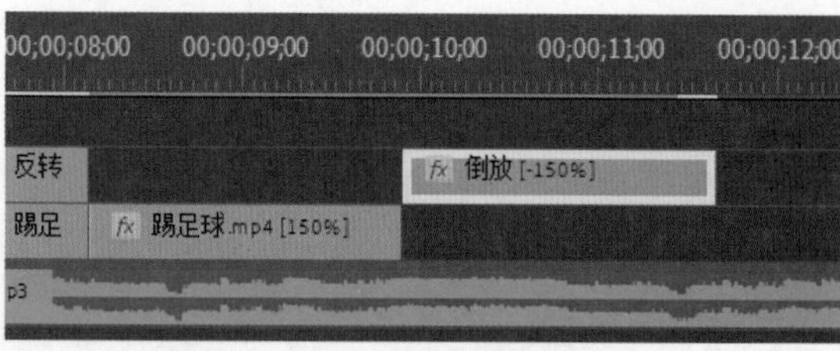

图 9-82

（20）选择“倒放”，按住 Alt 键在 V1 轨道上创建副本，右击选择【速度 / 持续时间】命令，取消选中【倒放速度】复选框，单击【确定】按钮。重命名为“正放”，然后在时间轴中向右移动与“倒放”右侧对齐，如图 9-83 所示。

（21）移动指针到 12 秒 25 帧处，添加“房车前的女孩”，使用【剃刀工具】根据音频的节奏点将剪辑切开，制作镜头移动匹配音频节奏的效果，如图 9-84 所示。

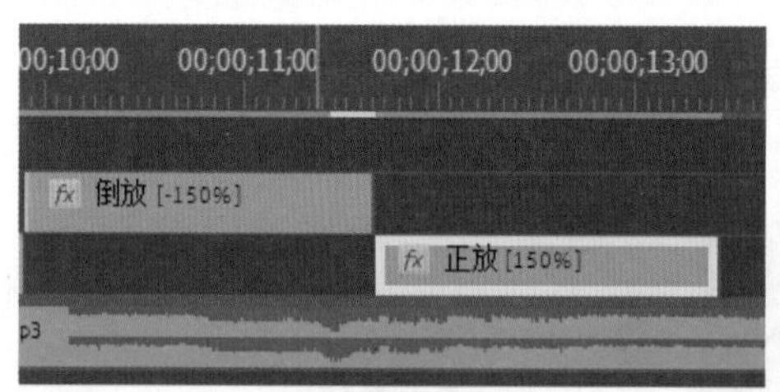

图 9-83

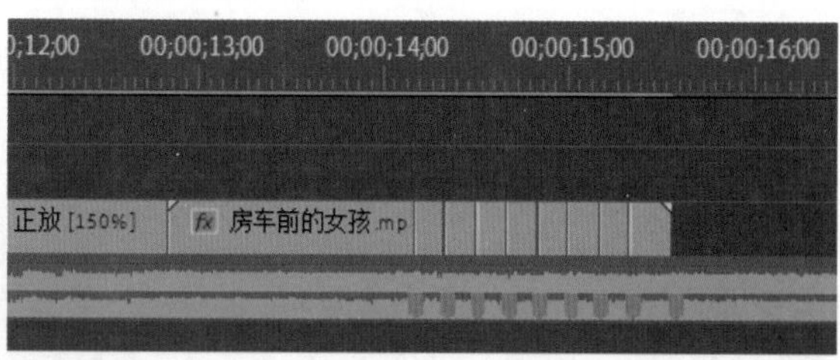

图 9-84

（22）指针移动到 15 秒 17 帧处，在 V1 轨道上添加“乐队”，在 18 秒处添加“吉他”，如图 9-85 所示。

（23）选择【调整图层】添加到 V2 轨道，右击选择【速度 / 持续时间】命令，设置【持续时间】为 1 秒 10 帧，如图 9-86 所示。

图 9-85

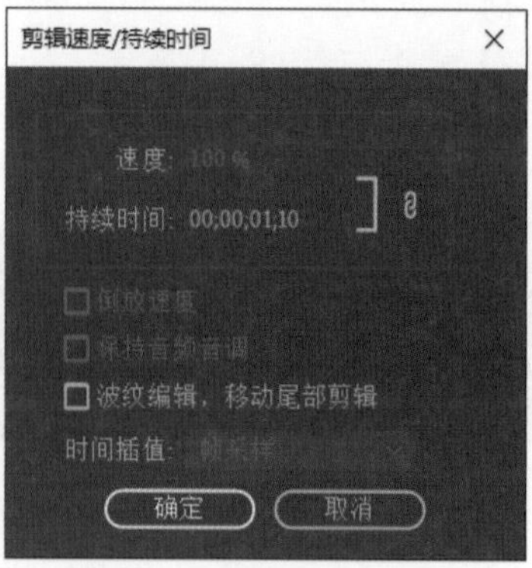

剪辑速度/持续时间

速度：100 %

持续时间：00;00;01;10

倒放速度

保持音频音调

波纹编辑，移动尾部剪辑

时间插值：帧采样

确定　取消

图 9-86

（24）在调整图层上添加效果【查找边缘】，选中【反转】复选框，修改【混合模式】为【线性减淡（添加）】，效果如图 9-87 所示。

（25）添加效果【变换】，调整【变换】中的【缩放】为 114，将画面中的线条错位，效果如图 9-88 所示。

图 9-87

图 9-88

（26）为了匹配音频节奏，继续在【调整图层】上添加效果【闪光灯】，设置【与源图像混合】为 70%，【闪光持续时间】为 0.25，【闪光周期（秒）】为 0.5，【随机闪光概率】为 25%，【闪光】为【使图层透明】，制作屏闪的效果，如图 9-89 所示。

图 9-89

（27）根据音频节奏复制【调整图层】，使屏闪效果出现 3 次，如图 9-90 所示，效果如图 9-91 所示。

图 9-90

图 9-91

（28）在 26 秒处按快捷键 Ctrl+K 将剪辑切开并删除后面片段，在音频出点处右击选择【应用默认过渡】命令，为音频添加淡出效果，播放序列查看效果，这样一个跟随音乐节奏的案例就制作完成了。

第 10 章

抠像与图像合成技术

10.1 图像合成技术

在后期制作过程中，使用合成技术可以将两个图像甚至多个图像合成为一个图像，这种技术的运用就是图像合成技术。为了达到更好的效果，不仅需要靠后期进行特效制作，还需要一开始就做好准备，如前期的规划、拍摄手法的结合，整个制作过程综合起来，才能完成最终效果的实现。

我们经常看到的科幻电影中的特效画面就是使用图像合成技术制作的，前期通过人物的模拟表演。拍摄时人物表演的背景是一个绿色或者蓝色的大屏幕，演员穿着特殊的服装，还可能化很夸张、很逼真的妆。后期制作过程中会制作出粒子、爆炸、烟雾、光影等模拟真实环境的元素，最后对画面整体调色、配音等。

将这些效果一层一层合成为一个图像，最终我们会看到非常完整逼真的画面。这就是图像合成技术的魅力。在这些合成过程中我们可能会遇到一些专业术语，如抠像、混合模式、蒙版等，这里来简单认识一下。

- 抠像：抠像分为绿屏抠像、蓝屏抠像，在拍摄素材的过程中将主体的背景指定为绿色或者蓝色的纯色背景，方便抠像时将这些纯色背景进行抠除。
- 混合模式：图像与另一图像的混合算法。
- 蒙版：设置图像中透明区域与不透明区域。

10.2 使用图层蒙版

1．创建图层蒙版

在前面的章节中，讲解剪辑的固定属性时，讲到过【不透明度】属性，这里对【不透明度】中的【蒙版】与【混合模式】做详细介绍。

打开本章项目“第 10 章 抠像与图像合成技术”，选择时间轴上的剪辑“微笑”，如图 10-1 所示。

在【效果控件】面板中打开【不透明度】属性，单击【创建椭圆形蒙版】，可以看到图像中间出现黑色椭圆形蒙版，单击【节目监视器】中的【设置】按钮，激活【透明网格】选项，可以看到图像中蒙版内不透明，蒙版外透明，如图 10-2 所示。

图 10-1

图 10-2

除了创建图层蒙版，也可以在剪辑之间复制蒙版，选择蒙版右击选择【复制】命令，然后选择序列中的“海边划桨”，单击选中【不透明度】属性，右击选择【粘贴】命令，就可以将蒙版粘贴到另一个剪辑上，如图 10-3 所示，复制蒙版的同时可以将蒙版的设置，以及关键帧都复制到新的剪辑上。

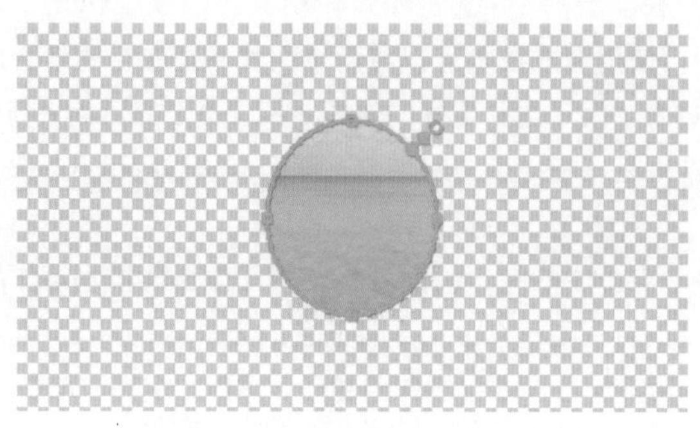

图 10-3

2．图层蒙版设置

创建好蒙版后在蒙版底部会出现更多属性，如图 10-4 所示。

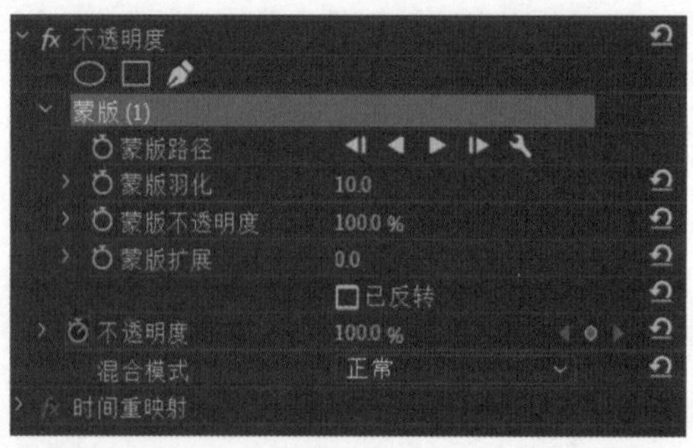

图 10-4

【蒙版路径】：可以修改蒙版路径或者进行蒙版跟踪。

【蒙版羽化】：在蒙版的边缘设置羽化效果。

【蒙版不透明度】蒙版的不透明度，当数值为 0% 时整个图像变为透明。

【蒙版扩展】：设置蒙版的扩展范围，正值扩大蒙版范围，负值缩小蒙版范围，单击选择【已反转】命令可以将蒙版内外的不透明度变为相反状态。

除了在【效果控件】面板中调整蒙版设置，也可以使用鼠标在【节目监视器】中调整蒙版的路径、位置、大小、羽化等设置。

当鼠标放在中间区域时鼠标变为抓手，可以移动蒙版的路径，如图 10-5 所示。

鼠标放在蒙版路径上时，鼠标出现加号，可以添加新的锚点，如图 10-6 所示，按住 Alt 键单击锚点，鼠标出现减号，可以将现有锚点删除。

鼠标移动蒙版的锚点可以改变蒙版的形状，如图 10-7 所示。

鼠标放在蒙版的锚点周围并拖曳，可以旋转蒙版，如图 10-8 所示。

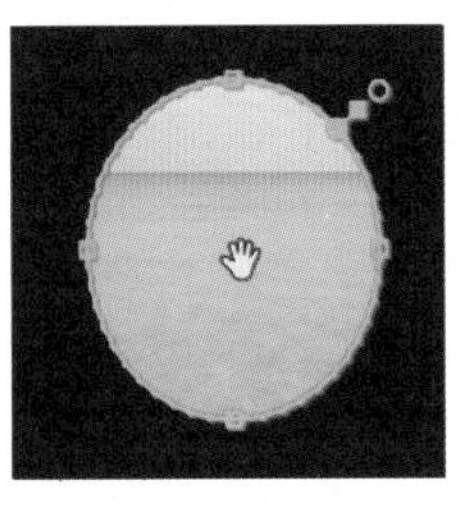

图 10-5

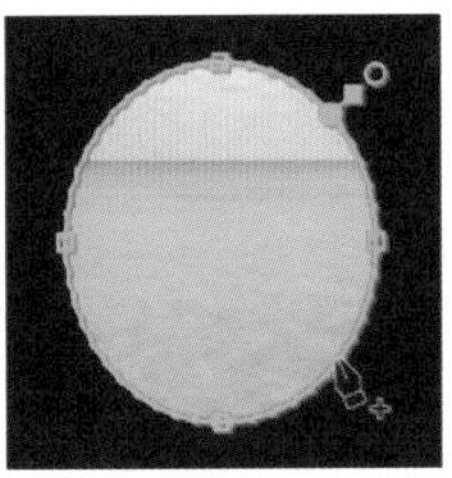

图 10-6

图 10-7

图 10-8

鼠标放在蒙版实心菱形手柄上，移动手柄可以改变蒙版的扩展，如图 10-9 所示。

鼠标放在蒙版空心圆形手柄上，移动手柄可以改变蒙版的羽化，如图 10-10 所示。

图 10-9

图 10-10

3．蒙版跟踪

选择剪辑“微笑”，鼠标在【节目监视器】中调整蒙版位置，移动到图像中人物脸部位置，单击【蒙版路径】后面的【向前跟踪所选蒙版】按钮，会出现【正在跟踪】对话框，等待进度条结束，如图 10-11 所示。

跟踪结束后播放序列，可以看到蒙版一直跟着人物的脸部移动，【蒙版路径】关键帧被激活，并且生成了关键帧，如图 10-12 所示。

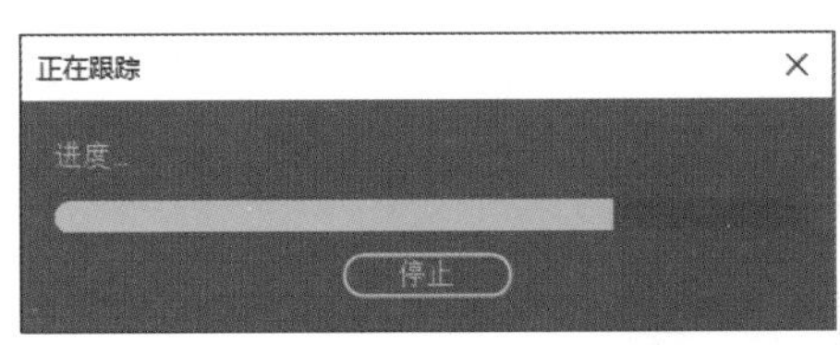

图 10-11

图 10-12

单击【设置】按钮，可以看到蒙版路径的默认跟踪属性包含位置、缩放及旋转，如图 10-13 所示，所以蒙版能够准确跟踪脸部，如果进行简单的跟踪可以切换为只跟踪【位置】或【位置及旋转】。

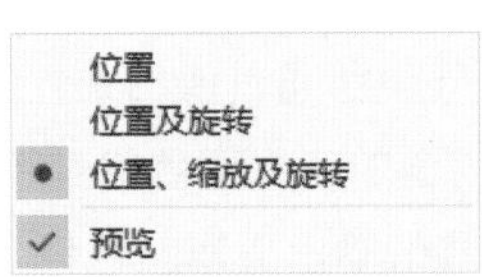

图 10-13

跟踪过程中如果出现跟踪错误，可以立刻停止，然后在跟踪错误的地方重新将蒙版移动到正确位置，再继续开始跟踪，也可以单击【向前跟踪所选蒙版 1 个帧】对蒙版进行微调。

4．混合模式

切换图像的【混合模式】可以将图像的颜色与轨道下方的另一图像的颜色进行混合运算。在下面的叙述中，将应用【混合模式】的图层的颜色称为“源颜色”，将下方另一图层的颜色称为“基础颜色”，将混合结果的颜色称为“结果颜色”。每一种混合方式对应一种算法，默认的混合模式为【正常】。

在 Premiere Pro 中混合模式被分割线大致分为以下几类。

- 正常类别：包含【正常】【溶解】，在修改【不透明度】的过程中，逐渐将图像的像素变为透明效果，如图 10-14 所示。

正常

溶解

图 10-14

【正常】：结果颜色为源颜色，不显示基础颜色。

【溶解】：最终显示为源颜色或者基础颜色，最终的效果取决于【不透明度】的数值，【不透明度】值越大，原始颜色越多；反之越少。

- 减色类别：包含【变暗】【相乘】【颜色加深】【线性加深】【深色】，这些混合模式将使混合结果颜色变暗，这与绘画时混合彩色颜料的方式大致相同，其中【相乘】效果如图 10-15 所示。

图 10-15

【变暗】：在混合的颜色通道中选取较暗的颜色通道作为输出通道。

【相乘】：将源颜色通道值与基础颜色通道值相乘，然后根据项目的颜色深度除以 8bpc、16bpc 或 32bpc 像素的最大值，输出通道的结果颜色值变暗。

【颜色加深】：通过提高对比度降低输出通道颜色值，源颜色中的纯白色不会发生变化。

【线性加深】：混合结果比源颜色暗，纯白色颜色通道不会发生变化。

【深色】：混合结果为源颜色与基础颜色之间的较暗值，与【变暗】类似，但是【深色】对单个颜色通道不起作用。

- 加色类别：包含【变亮】【滤色】【颜色减淡】【线性减淡（添加）】【浅色】，这些混合模式将使混合结果的像素变亮，其中【滤色】效果如图 10-16 所示。

图 10-16

【变亮】：在混合的颜色通道中选取较亮的颜色通道作为输出通道。

【滤色】：将源颜色的补色与基础颜色相乘，获取结果的补色，结果颜色比两者都要亮。

【颜色减淡】：通过减小对比度反映出基础颜色，混合结果比源颜色亮，如果源颜色为黑色，那么混合结果为基础颜色。

【线性减淡（添加）】：通过增加亮度反映出基础颜色，混合结果比源颜色亮，如果源颜色为黑色，那么混合结果为基础颜色。

【浅色】：选取混合颜色中较亮的颜色作为结果颜色，与【变亮】类似，但是对于单个颜色通道不起作用。

- 复杂类别：包含【叠加】【柔光】【强光】【亮光】【线性光】【点光】【强混合】，这些混合模式会根据颜色的亮度值，对颜色进行不同的混合，其中【柔光】效果如图 10-17 所示。

图 10-17

【叠加】：对颜色通道值进行相乘或滤色，具体根据基础颜色是否比 50% 灰色亮，混合的同时保留基础颜色的明暗对比。

【柔光】：根据源颜色的亮度将基础颜色通道值变亮或变暗。此效果类似于发散的聚光灯照在基础图层上。如果源颜色比 50% 灰色亮，那么混合结果就会变亮，就像被减淡了一样。如果源颜色比 50% 灰色暗，那么混合结果就会变暗，就像被加深了一样。在混合时结果颜色并不会出现纯白色或纯黑色。

【强光】：根据源颜色的亮度将颜色通道值相乘或滤色，结果类似于耀眼的聚光灯照在图像上。如果基础颜色比 50% 灰色亮，那么混合结果就会变亮，就像滤色后一样。如果基础颜色比 50% 灰色暗，那么混合结果就会变暗，就像相乘后的效果。可以在图像上创建阴影。

【亮光】：根据基础颜色的亮度增加或减小对比度以加深或者减淡颜色。如果基础颜色比 50% 灰色亮，那么对比度就会减小，混合结果就会变亮。如果基础颜色比 50% 灰色暗，那么对比度就会增加，混合结果就会变暗。

【线性光】：根据基础颜色的亮度，增加或减小亮度。如果基础颜色比 50% 灰色亮，那么混合结果就会变亮。如果基础颜色比 50% 灰色暗，那么混合结果就会变暗。

【点光】：根据基础颜色的亮度替换颜色。如果基础颜色比 50% 灰色亮，基础颜色中暗的像素将被替换，亮的像素保留不变。如果基础颜色比 50% 灰色暗，基础颜色中亮的像素将被替换，暗的像素保留不变。

【强混合】：将结果颜色的红色、绿色、蓝色通道值添加到基础颜色的 RGB 值。如果结果颜色通道值总和大于等于 255，则值为 255；如果小于 255，则值为 0，这种模式将所有像素更改为红色、绿色或蓝色、白色或黑色，结果就是增强基础图层的对比度。

- 差值类别：包含【差值】【排除】【相减】【相除】，这些混合模式将根据颜色之间的差值进行混合，根据差值创建颜色表示出来，其中【差值】效果如图 10-18 所示。

图 10-18

【差值】：将混合的每个颜色通道对比，使用较亮的颜色通道值减去较暗的颜色通道值。如果源颜色为白色可以反转基础颜色，如果使用黑色混合不会产生变化。

【排除】：与【差值】类似，但是对比度比【差值】更低，如果源颜色为白色，可以反转基础颜色，如果使用黑色混合，结果为基础颜色。

【相减】：将每个颜色通道做对比，从基础颜色中减去源颜色，如果源颜色为黑色，则结果颜色显示为基础颜色，在 23-bpc 项目中，结果颜色值可以小于 0。

【相除】：使用基础颜色除以源颜色，如果源颜色为白色，那么混合结果为基础颜色，在 23-bpc 项目中，结果颜色值可以大于 0。

- HSL 类别：包含【色相】【饱和度】【颜色】【亮度】，这些混合模式会将颜色的色相、饱和度、亮度中的一个或多个分量转换为混合结果，其中【饱和度】效果如图 10-19 所示。

图 10-19

【色相】：使用基础颜色的明亮度、饱和度以及源颜色的色相作为混合的结果颜色。

【饱和度】：使用基础颜色的明亮度、色相以及源颜色的饱和度作为混合的结果颜色。

【颜色】：使用基础颜色的明亮度以及源颜色的色相和饱和度作为混合的结果颜色。这样能够保留图像中的灰阶，适用于给灰色图像、彩色图像上色。

【亮度】：使用基础颜色的色相和饱和度以及源颜色的明亮度作为混合的结果颜色。与【颜色】模式效果相反。

10.3 认识 Alpha 通道

在 Premiere Pro 中像素的 Alpha 通道决定了图像的可见性，它是除了 R、G、B 通道以外的一种单色通道，这种单色通道不保存颜色信息，它用来记录像素的不透明度信息，像素的 Alpha 通道值越大，图像的该区域像素不透明度越高，像素的 Alpha 通道值越低，图像的该区域越接近透明。

许多格式都包含 Alpha 通道，如 Photoshop 文件、Illustrator 文件、PNG 图片、AVI、MOV 视频文件都可以保存在 Alpha 通道信息，直接将它们导入 Premiere Pro 中就可以使用。

导入带有 Alpha 通道的图片素材花，透明区域表示 Alpha 通道值为 0，如图 10-20 所示。

有时可能还会遇到一些相反的 Alpha 通道解释方式，在【项目】面板右击素材选择【修改】-

【解释方式】命令，在对话框中可以看到关于修改剪辑的设置，如图 10-21 所示。

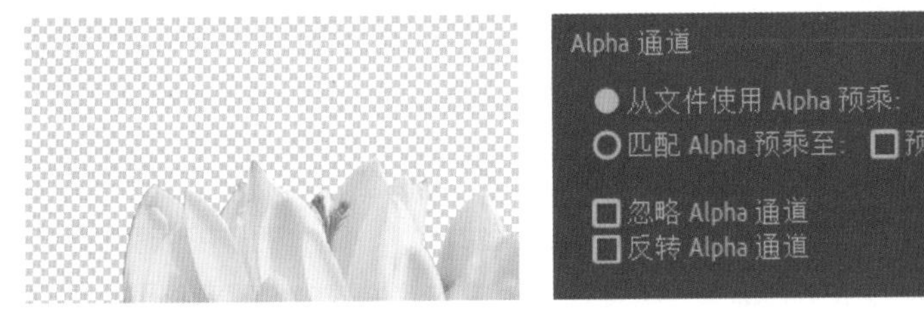

图 10-20　　图 10-21

选中【忽略 Alpha 通道】复选框，将图像原始的 Alpha 通道忽略，显示为 100% 白色像素，如图 10-22 所示。

如果选中【反转 Alpha 通道】复选框，图像原来透明的区域会变为不透明，原来不透明的区域将变为透明，如图 10-23 所示。

图 10-22

图 10-23

10.4　认识亮度通道

亮度通道可以根据图像中像素的亮度信息将像素变为透明像素，亮度越亮，像素越不透明，亮度越暗，像素越接近透明。

在【项目】面板中选择剪辑“微笑”放到 V1 轨道，并添加效果【轨道遮罩键】，设置【遮罩】为【视频 2】，【合成方式】为【亮度遮罩】，选择“花”放到“微笑”的轨道上方，效果如图 10-24 所示。

为了看得明显，单击【节目监视器】的【设置】按钮，单击激活【透明网格】命令，如图 10-25 所示，可以看到“微笑”的像素透明度与 V2 轨道的“花”的像素亮度有关。

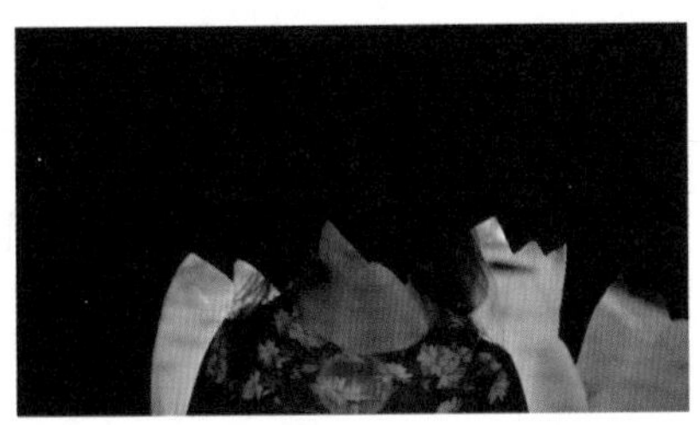

图 10-24

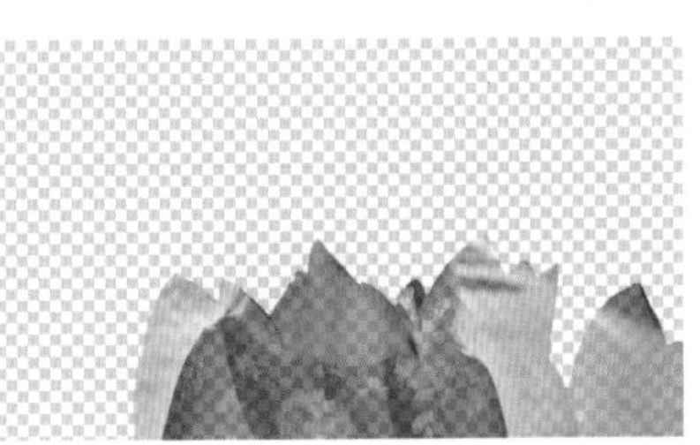

图 10-25

10.5 认识【键控】效果

在 Premiere Pro 中，视频效果中的【键控】组效果就是利用像素中带有的颜色信息或者亮度信息将指定的区域设置为透明的像素，【键控】组中的效果在处理复杂的图像时非常方便，这是使用图层蒙版无法达到的。

这就是【键控】效果组在图像合成技术方面的应用，使用【轨道遮罩键】可以完成不一样的图形转场动画，制作出水墨图画的效果、双重曝光效果等，利用【颜色键】【超级键】可以进行绿屏抠像、蓝屏抠像，这些图层可以单独地进行编辑、调色等任务，最终合成为一个画面。

10.6 案例——绿屏抠像案例

（1）新建项目“绿屏抠像”，导入素材“解说”“表情动画”“背景”，移动剪辑“解说”到时间轴创建序列。

（2）将“解说”移动到 V3 轨道当作前景，将“表情动画”“背景”分别放到 V2 轨道与 V1 轨道，修剪持续时间与“解说”对齐，如图 10-26 所示。修改“表情动画”的混合模式为【浅色】。

（3）使用【颜色键】效果，将“解说”画面中的绿屏抠除，在【效果】面板中找到选择【视频效果】-【键控】-【颜色键】命令添加到“解说”上，使用吸管吸取画面中的绿色，效果如图 10-27 所示。

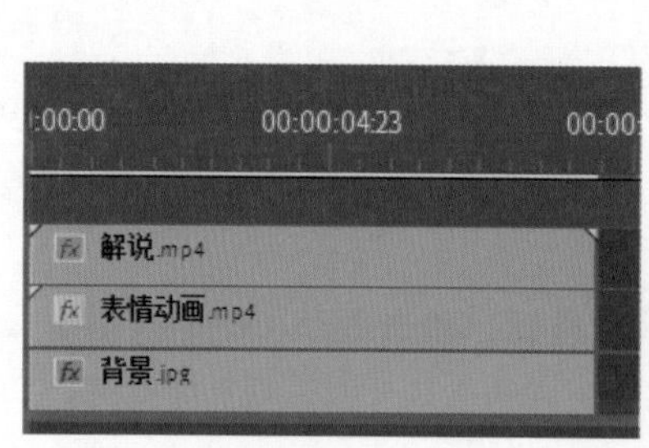

图 10-26

图 10-27

（4）可以看到虽然画面中的绿色被抠除了很大一部分，但是人物周围还是残留了很多绿色的边缘没有被抠除干净，调整效果的【颜色容差】属性为 80，这时绿色就被抠除得很干净了，效果如图 10-28 所示。

（5）调整“表情动画”的【缩放】与【位置】属性，最终效果如图 10-29 所示。

图 10-28

图 10-29

（6）然后移动指针到 3 秒处，单击“表情动画”的【创建 4 点多边形蒙版】按钮添加图层蒙版，激活【蒙版路径】关键帧，绘制蒙版如图 10-30 所示。

（7）移动指针到 1 秒处将蒙版向左移动，制作“表情动画”的入场蒙版动画，如图 10-31 所示。

图 10-30

图 10-31

（8）播放序列查看效果，这样一个绿屏抠像的案例就制作完成了。

10.7 案例——抠除手机

（1）新建项目“抠除手机”，导入素材“蓝色屏幕”“摩托艇”，并创建序列，如图 10-32 所示。

（2）选择“蓝色屏幕”添加【超级键】效果，使用吸管吸取画面中的绿色，将绿色抠除，如图 10-33 所示。

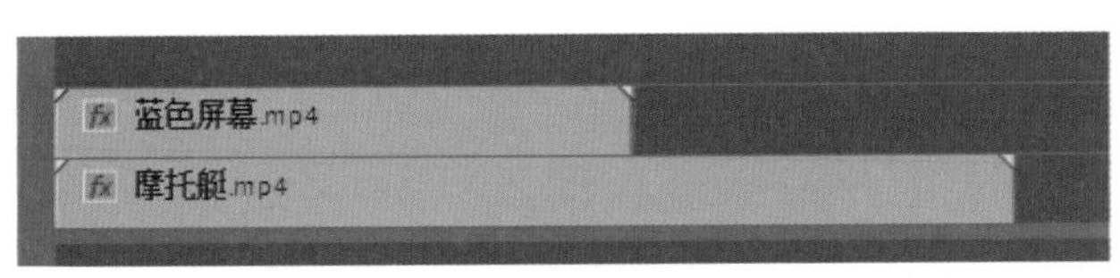

图 10-32

图 10-33

（3）添加【颜色键】效果，使用吸管吸取手机屏幕的蓝色，设置【颜色容差】为 133，将蓝色抠除，效果如图 10-34 所示。

（4）开始制作手机中拍摄的画面，在“摩托艇”上添加【变换】效果，调整【位置】为【820，350】，如图 10-35 所示。

图 10-34

图 10-35

（5）选择“蓝色屏幕”，单击【创建 4 点多边形蒙版】按钮，调节【蒙版路径】将手机屏幕框住，如图 10-36 所示。

（6）单击【向前跟踪所选蒙版】【向后跟踪所选蒙版】按钮，等待跟踪结束后，蒙版将移动跟踪手机的屏幕，如图 10-37 所示。

图 10-36

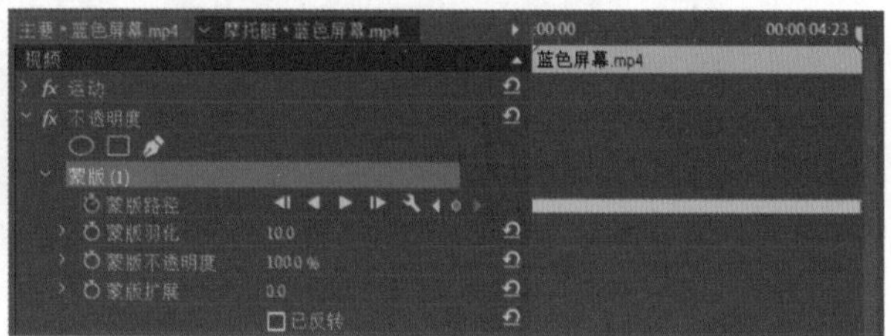

图 10-37

（7）选择蒙版右击【剪切】，选择“摩托艇”的【变换】效果，右击选择【粘贴】命令，将蒙版粘贴过来，效果如图 10-38 所示。

图 10-38

（8）修剪“摩托艇”的持续时间与“蓝色屏幕”相同，播放序列，这样一个手机录像的效果就制作完成了。

10.8 案例——合成背景案例

（1）新建项目“合成背景”，导入素材“打电话”“街道”并移动到时间轴创建序列。

（2）将“打电话”移动到“街道”轨道上方，添加【超级键】效果，使用吸管吸取画面中的绿色，选择【遮罩清除】命令，调整【抑制】为 10，画面中的绿色被抠除干净，效果如图 10-39 所示。

（3）单击【超级键】效果的【创建 4 点多边形蒙版】按钮，在 2 秒处激活【蒙版路径】关键帧，移动蒙版到画面外，这时【超级键】效果被蒙版遮住，如图 10-40 所示。

图 10-39

图 10-40

（4）移动指针到 4 秒处，修改【蒙版路径】将整个画面包括，制作蒙版动画，如图 10-41 所示。

（5）抠除完成后添加效果【亮度与对比度】，设置【亮度】为 16.5，【对比度】为 10.8，使人物更接近户外的颜色，效果如图 10-42 所示。

图 10-41

图 10-42

（6）选择【超级键】的蒙版，右击选择【复制】命令，选择【亮度与对比度】右击，在下拉菜单中选择【粘贴】命令，将蒙版动画粘贴过来，播放序列如图 10-43 所示，这样一个抠像案例就制作完成了。

图 10-43

10.9　案例——场景转场效果

（1）新建项目“场景转场效果”，导入素材“城市”“办公”，单击【项目】面板的【新建项】创建序列，选择预设【AVCHD 1080p30】。

（2）将“办公”放在V1轨道上，移动指针到4秒处，在V2轨道上添加“城市”，在【效果控件】面板中使用【自由绘制贝塞尔曲线】绘制蒙版，将画面中左侧建筑抠出，单击V！【切换轨道输出】按钮，关闭V1轨道视图，如图10-44所示。

（3）按住Alt键将“建筑”移动到V3、V4轨道创建副本，并分别重命名为“左1”“左2”“左3”，如图10-45所示。

（4）选择“左1”修改【蒙版路径】只显示建筑的一部分，如图10-46所示，选择“左2”修改【蒙版路径】显示建筑的另一部分，如图10-47所示。

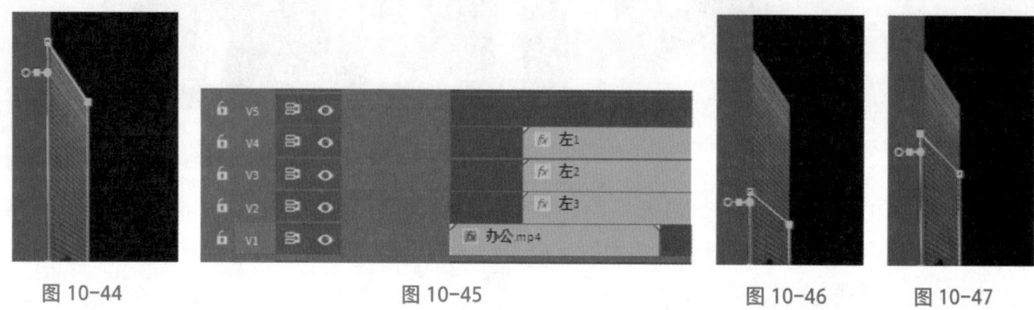

图10-44　　图10-45　　图10-46　　图10-47

（5）按照编号的顺序开始制作关键帧动画，选择“左1”在4秒处激活【位置】关键帧并调整【位置】为【960，860】，移动指针到4秒5帧处将【位置】参数还原，制作图层位移的动画。

（6）选择“左2”在4秒5帧处激活【位置】关键帧并设置为【960，800】，向右移动5帧还原【位置】参数，选择“左3”在4秒10帧处激活【位置】关键帧并设置为【960，920】，向右移动5帧还原【位置】参数，并将“左2”“左3”关键帧前面的部分修剪掉，如图10-48所示。

（7）左侧建筑的生长动画完成后，开始制作中间部分，在4秒10帧处将“城市”添加到V5轨道并创建副本重命名为“中1”“中2”“中3”，如图10-49所示。

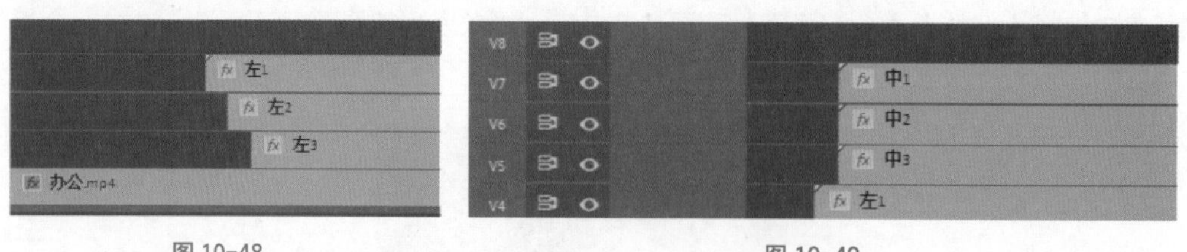

图10-48　　图10-49

（8）在“中1”“中2”“中3”上分别绘制蒙版，将画面中的建筑抠出，选择“中1”在4秒10帧处激活【位置】关键帧并设置为【960，1620】，移动指针到4秒19帧处还原【位置】参数，制作位移动画，如图10-50所示。

（9）选择“中2”在4秒10帧处激活【位置】关键帧并设置为【986，1560】，在4秒19帧处修改【位置】为【986，540】，在4秒23帧处添加【位置】关键帧不修改参数，在4秒28帧处还原【位置】参数，制作【位置】的关键帧动画。

（10）用同样的方法制作“中3”的关键帧动画，最终将画面中间的建筑显示完整，如图10-51所示。

（11）在 5 秒处再次添加“城市”到 V8 轨道，绘制蒙版将右侧建筑抠出，如图 10-52 所示。

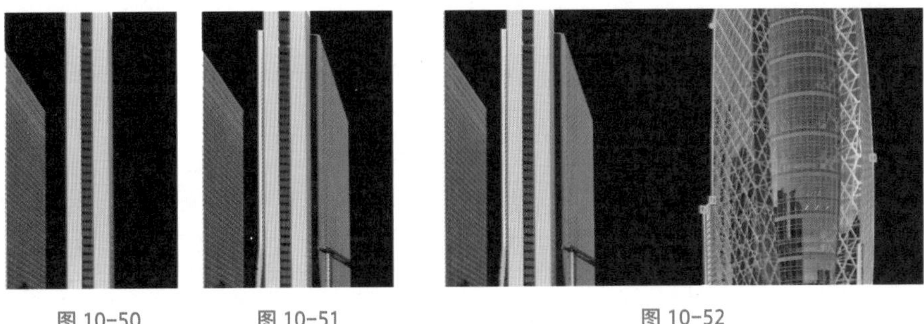

图 10-50　　图 10-51　　图 10-52

（12）选择“城市”在 V9、V10 轨道创建副本并重命名为“右 1”“右 2”“右 3”，如图 10-53 所示。

（13）选择“右 2”修改【蒙版路径】只显示建筑的一部分，选择“右 1”修改【蒙版路径】显示建筑的另一部分，如图 10-54 所示。

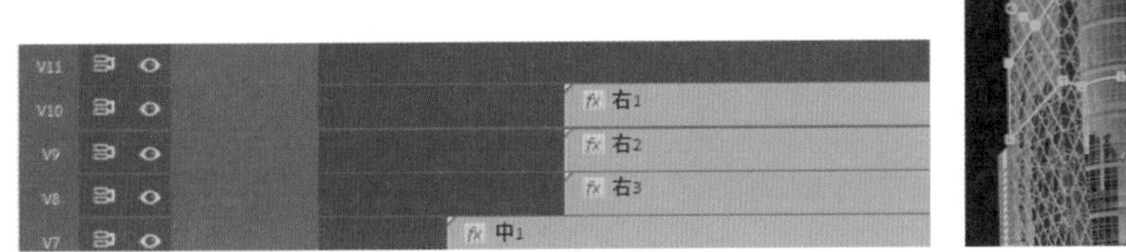

图 10-53

图 10-54

（14）选择“右 1”在 5 秒处激活【位置】关键帧并设置为【960，1110】，在 5 秒 5 帧处还原【位置】参数，制作位移关键帧动画，如图 10-55 所示。

（15）用同样的方法制作“右 2”“右 3”图层的位移关键帧动画，完成右侧渐出的生长动画。

（16）在 V11 轨道 6 秒处最后一次添加“城市”，右击剪辑入点，选择【应用默认过渡】命令，如图 10-56 所示，激活 V1 轨道视图，播放序列查看效果，这样一个场景转场动画就制作完成了。

图 10-55

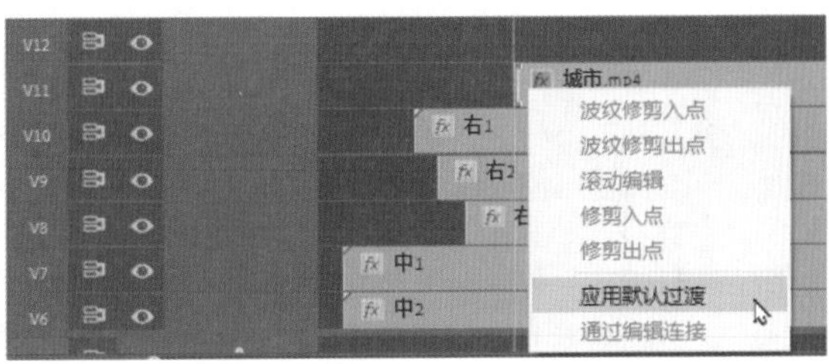

图 10-56

第 11 章

掌握调色技巧

在影视后期制作过程中，调色环节至关重要，画面的色调可以营造一种特殊的氛围感，可以决定一个影片的风格。

11.1 了解 Premiere Pro 颜色工作流程

在 Premiere Pro 中准备专门用于调色的颜色工作区，在颜色工作区中有【Lumetri 颜色】面板、【Lumetri 范围】面板，分别对颜色进行调整与监控，以实现广播级的专业质量调色。

切换到颜色工作区，使用【Lumetri 颜色】面板中的颜色调整控件，对画面整体的颜色进行基础调整，然后对画面的阴影与高光进行处理，调整的同时在【Lumetri 范围】面板中对颜色的结果进行监控，确保作品画面整体保持一致，最后对作品进行风格化处理，表现出一种特定的风格。

在颜色工作区后播放序列，可以发现在目标轨道上，指针移动过程中，经过的剪辑会自动被选中，如图 11-1 所示。

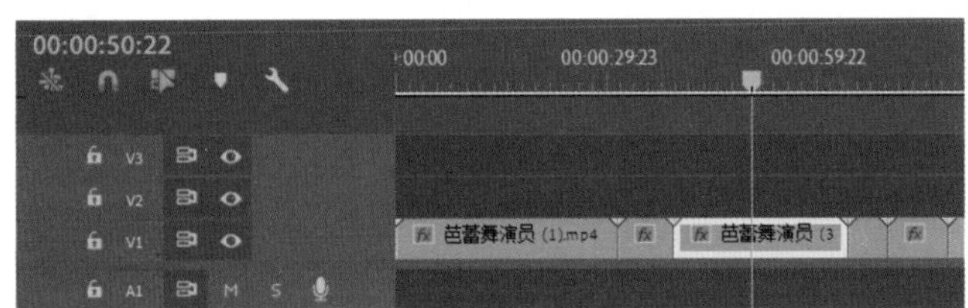

图 11-1

这是因为打开【Lumetri 颜色】面板时会自动激活【选择跟随播放指示器】功能，当在【Lumetri 颜色】面板进行调色时，默认会将调整的参数应用到所选剪辑上，进行剪辑调色后，移动指针会自动选中下一段剪辑。

选择【序列】-【选择跟随播放指示器】命令可以关闭该功能。

11.2 使用【Lumetri 颜色】面板

颜色工作区中【Lumetri 颜色】面板默认放在工作区的右侧，在【Lumetri 颜色】面板上会显示出当前正在编辑的剪辑名称与当前序列的名称。面板上的 *fx* 按钮与【效果控件】的【切换效果开关】按钮一样可以暂时关闭效果，如图 11-2 所示。

单击下拉菜单可以看到，在剪辑上可以重复添加【Lumetri 颜色】效果并重命名，分别控制最终输出的效果，如图 11-3 所示。

调整参数被分为 6 大选项，这 6 大选项后都有一个复选框，可以启用或关闭当前命令，用来快速观察当前命令对画面产生的影响，它与【效果】面板中【视频效果】文件夹中的【Lumetri 颜色】效果是一样的，在面板中调节参数后，剪辑上会自动添加【Lumetri 颜色】效果，如图 11-4 所示，对应参数完全一致。

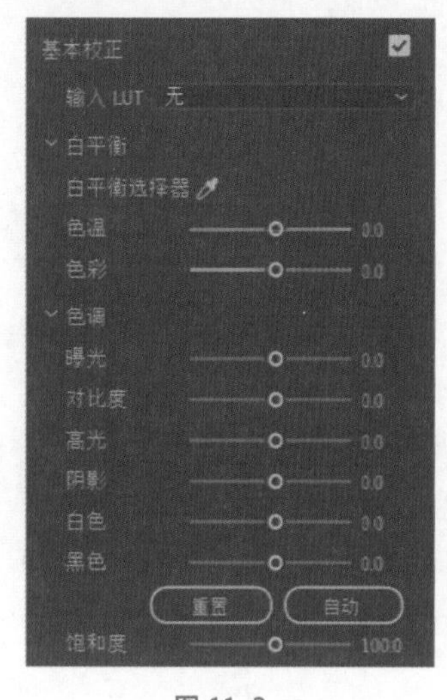

图 11-2

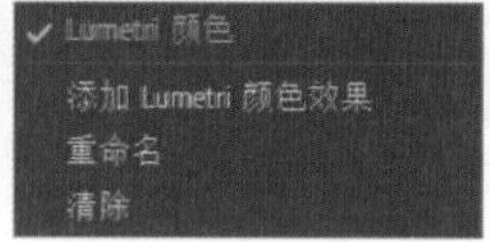

图 11-3

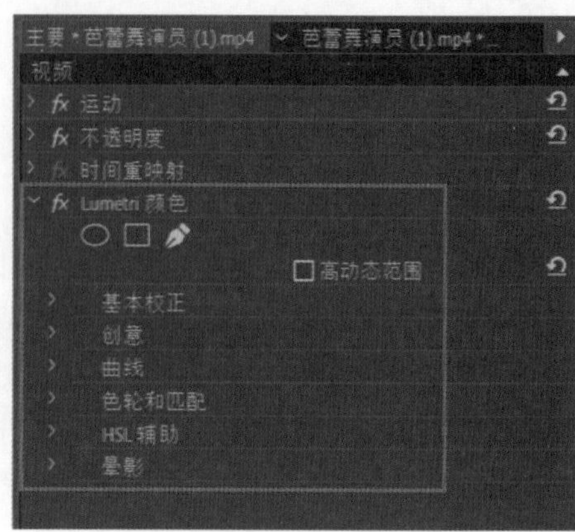

图 11-4

1．基本校正

打开【基本校正】选项，可以看到关于剪辑的基本校正工具，如图 11-5 所示。在选项顶部有“输入 LUT”选项，在下拉菜单中保存着一些预设，可以使用预设让画面看起来更具风格，如果现有预设不能满足需要，还可以选择【自定义】或【浏览 ...】选项，自己手动添加新的预设。

使用【白平衡选择器】吸取画面中的白色区域，可以改变画面的环境色。

【色温】：用来控制色温等级，使画面看起来为暖色调或冷色调。

【色彩】：用来补偿色彩，补偿画面中的绿色或者洋红色。

【曝光】：主要用来控制画面中的曝光区域。

【对比度】：调整画面的对比度。

【高光】：调整高光区域的亮度。

【阴影】：调整阴影区域的亮度。

【白色】：增加画面中的白色值。

【黑色】：增加画面中的黑色值。

【饱和度】：调整画面中所有颜色的饱和度。

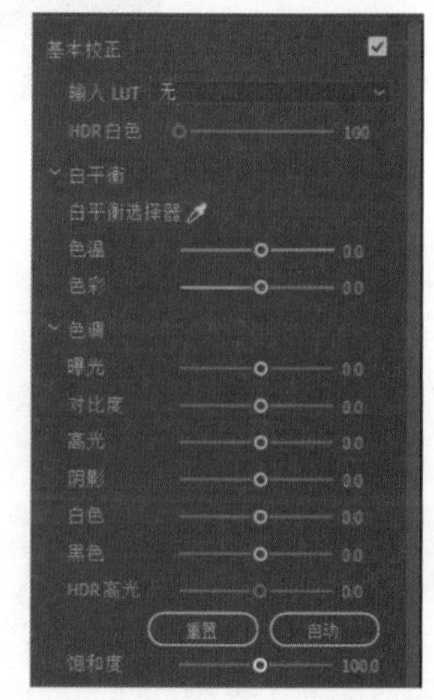

图 11-5

如果对调整结果不满意，可以单击【重置】按钮将参数还原，对于一些不擅长调色的新手还可以直接单击【自动】按钮，让 Premiere Pro 对画面进行智能处理。【自动】功能可以快速地调整画面颜色的各项参数，提升调色的效率。

2．创意

打开【创意】选项，在这里选择 Look 选项可以对画面添加一些创意的风格，如图 11-6 所示。这里也提供了大量预设，快速进行风格化处理。直接单击下拉菜单可以看到非常多的预设，选择预设后会在预览窗口中看到应用的效果，可以单击窗口左右两侧的箭头切换预设，切换预设后单击窗口可以应用预设，如图 11-7 所示，移动窗口底部的滑块还可以控制预设的强度。

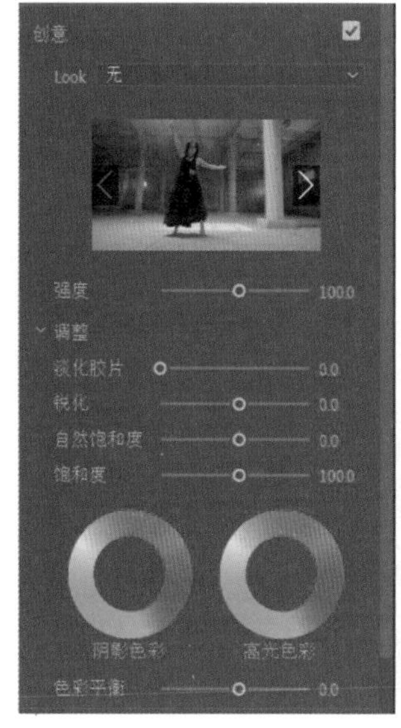

图 11-6

图 11-7

【淡化胶片】：应用淡化胶片效果可以使画面看起来像怀旧的效果。
【锐化】：增加图像边缘的对比度使画面看起来更加清晰。
【自然饱和度】：使画面中的颜色饱和度更加自然。
【饱和度】：调整画面中的颜色饱和度。
【色彩平衡】：调整色彩更偏向于绿色或洋红色。
使用色轮还可以单独对阴影部分、高光部分的色彩进行调整。

3．曲线

在【曲线】选项中可以看到传统的 RGB 曲线，如图 11-8 所示，除了 RGB 曲线还提供了更加精确的曲线调整控件，利用这些曲线可以快速、精确地进行颜色调整。

在 RGB 曲线中可以切换主曲线，调整画面的亮度与对比度，或者分别调整 R、G、B 曲线。

在色相与饱和度曲线选项中，还有 5 种曲线类型。

【色相与饱和度】：改变指定色相区域的饱和度。
【色相与色相】：改变指定色相区域的色相。
【色相与亮度】：改变指定色相区域的亮度。
【亮度与饱和度】：改变指定亮度区域的饱和度。
【饱和度与饱和度】：改变指定饱和度区域的饱和度。

使用吸管在画面中吸取颜色后会在曲线上出现 3 个点，移动底部的滑块可以查看曲线的范围，如图 11-9 所示。

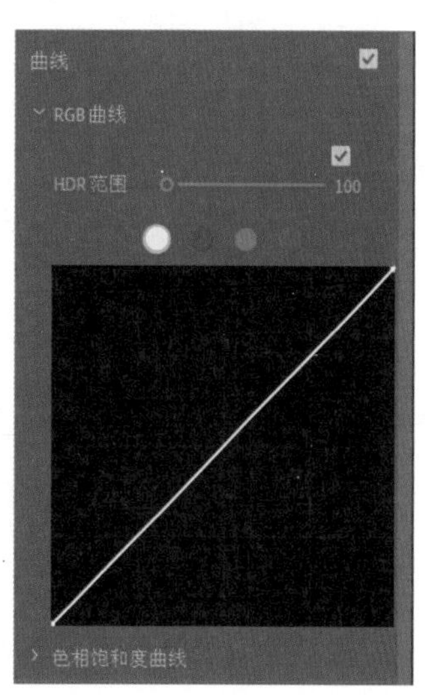

图 11-8

中间的点表示吸取的颜色，两侧的点用来控制曲线调整的范围，移动中间的点用来修改曲线，如图 11-10 所示。

直接在线段上单击也可以创建新的点，按住 Ctrl 键并单击点可将现有点取消，双击曲线可将曲线恢复为原始状态。

使用吸管时，默认会对采样点周围 5 × 5 像素区域进行采样，当按住 Ctrl 键时，吸管图标会变大，并对采样点周围 10 × 10 像素区域进行采样，如图 11-11 所示。

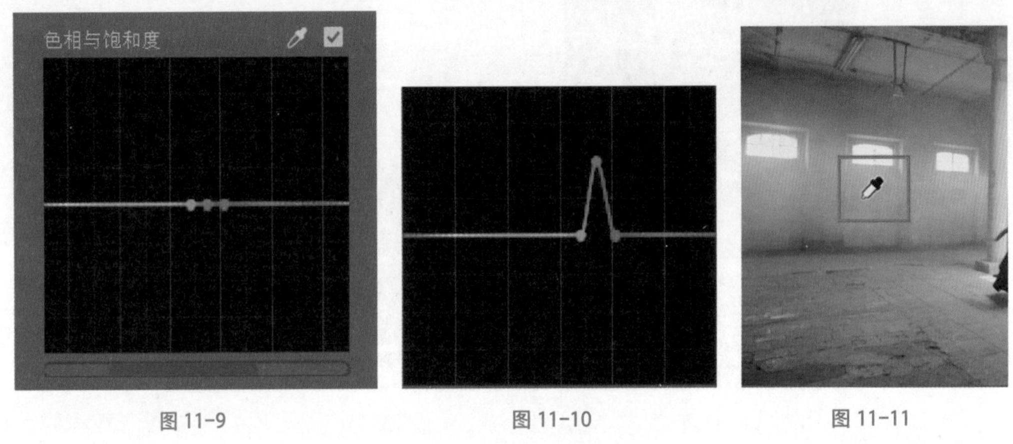

图 11-9　　图 11-10　　图 11-11

4．色轮和匹配

选中【色轮和匹配】单选项，在这里可以将不同的剪辑进行统一调色，或者通过色轮可以对画面的高光、中间调、阴影部分进行细微调整，如图 11-12 所示。

单击【比较视图】按钮可以使【节目监视器】显示出不同时间段的剪辑。左侧视图为参考帧视图，右侧视图为当前帧视图，如图 11-13 所示。

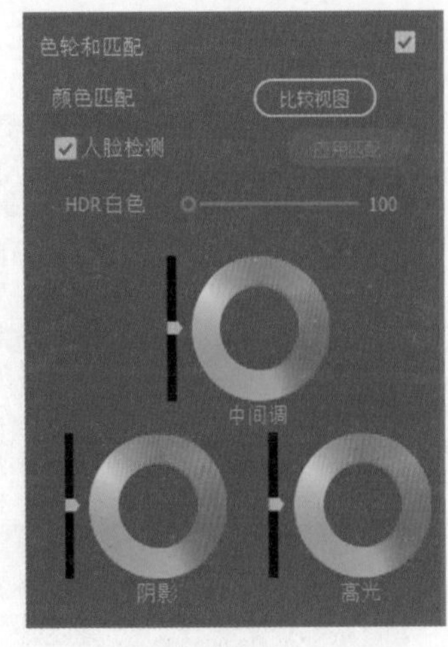

图 11-12

图 11-13

在参考帧视图底部可以单击按钮设置参考的位置；单击【并排】【垂直拆分】【水平拆分】可以切换不同的视图排列方式，如图 11-14 所示。

图 11-14

单击【换边】按钮可以将参考帧与当前帧位置互换。

确定好参考帧与当前帧的位置后，单击【Lumetri 颜色】面板中的【应用匹配】按钮，色轮会变化，将当前帧画面与参考帧的颜色匹配。

使用色轮可以对画面的高光、中间调、阴影区域分别控制，移动旁边的滑块用来控制区域的亮度，移动色轮可以控制颜色，移动后色轮变为实心，如图 11-15 所示。

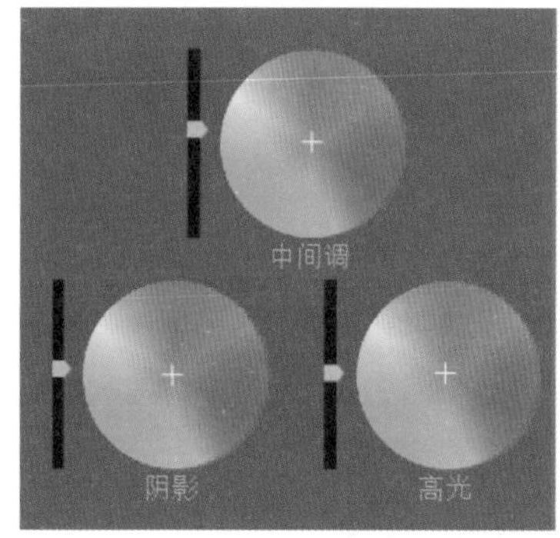

图 11-15

5．HSL 辅助

选中【HSL 辅助】单选项，如图 11-16 所示。使用【HSL 辅助】可以对画面中的特定区域进行精确调整，不会影响指定区域外的其他颜色，与【曲线】单选项有类似的功能。

首先打开【键】选项，用来确定需要修改的区域，如图 11-17 所示。

图 11-16

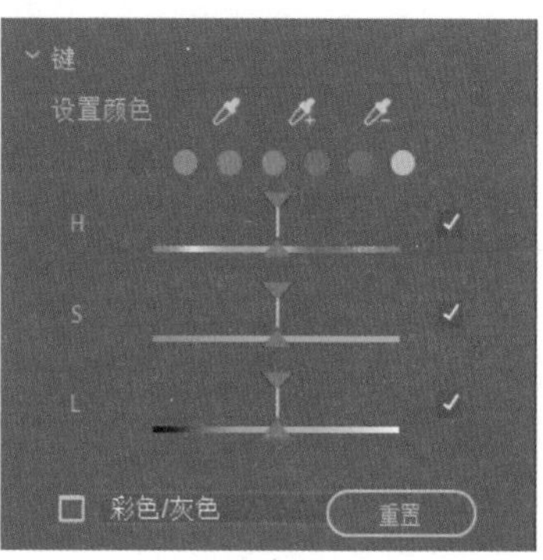

图 11-17

使用吸管吸取画面中需要调整的颜色，然后使用带有加号 / 减号的吸管调整选区，或者直接单击不同颜色的控制点确定一个颜色范围的选区，如图 11-18 所示。

选中【彩色 / 灰色】复选框可以在【节目监视器】中查看选区的范围，如图 11-19 所示。在下拉菜单中还可以切换【彩色 / 黑色】【白色 / 黑色】两种选区显示方式。

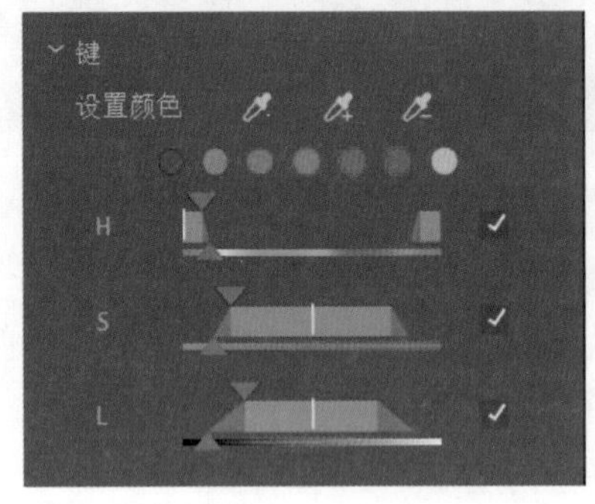

图 11-18

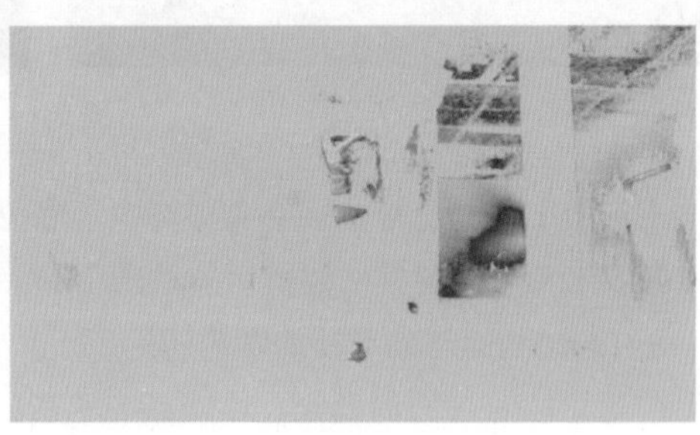

图 11-19

如果对选区不满意可以单击【重置】按钮。

确定好选区后开始进行微调，打开【优化】选项。

【降噪】：降低颜色的噪点、杂色。

【模糊】：模糊选区的边缘，使调色区域更加自然。

打开【更正】选项，进入开始调色的阶段，调整色轮控制中间调的颜色，如图 11-20 所示，单击图标可以切换为三向色轮，如图 11-21 所示。

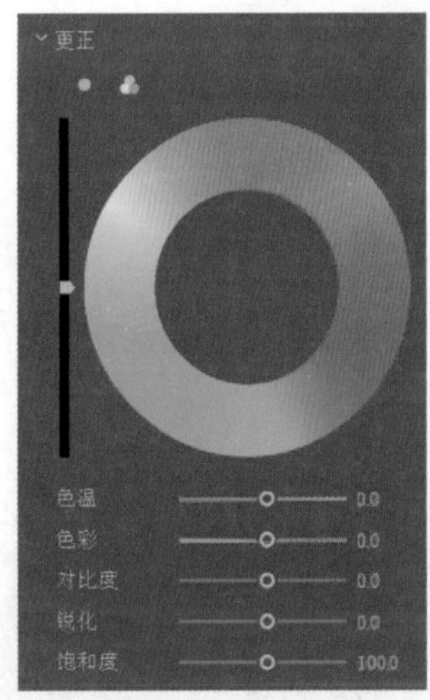

图 11-20

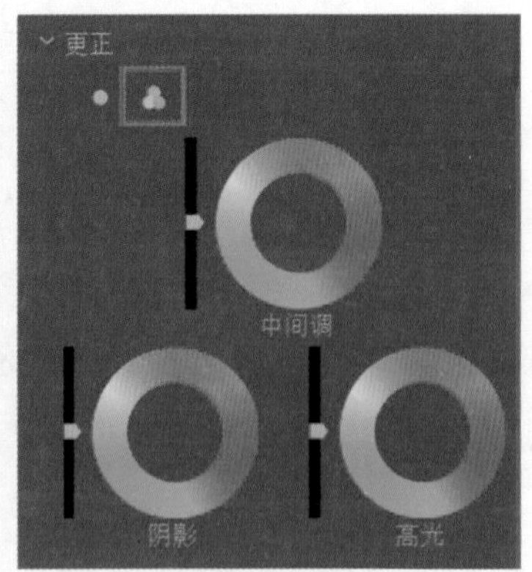

图 11-21

色轮下方有更多参数对选区内的颜色进行更细致的调整。

6．晕影

【晕影】选项用来在画面中创建晕影、暗角，可以增强故事感，吸引观众的注意力，如图 11-22 所示。

【数量】：控制晕影的深度与颜色，正值为白色，负值为黑色。

【中点】：调整晕影的区域大小。

【圆度】：控制晕影边缘的圆度。

【羽化】：控制晕影的羽化值。

在调整【Lumetri 颜色】参数的过程中，大部分参数控件（如滑块、色轮、曲线等）都可以通过双击控件来重置参数。

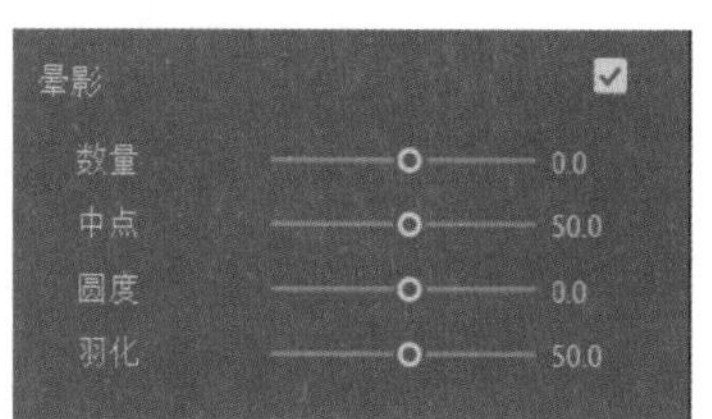

图 11-22

11.3 认识【Lumetri 范围】面板

【Lumetri 范围】面板可以帮助我们以客观的角度准确地对颜色进行监控，因为当人眼观察不同颜色时会受到颜色的影响，对颜色的识别会出现偏差。

默认显示的范围是【波形（RGB）】，在面板中右击可以切换为其他的范围，如图 11-23 所示，或者在【预设】中选择其他范围排列方式，如图 11-24 所示。

图 11-23

图 11-24

选择【矢量示波器 YUV】命令，面板中会显示出两个范围，如图 11-25 所示，在面板中右击并再次选择可以将范围取消显示。

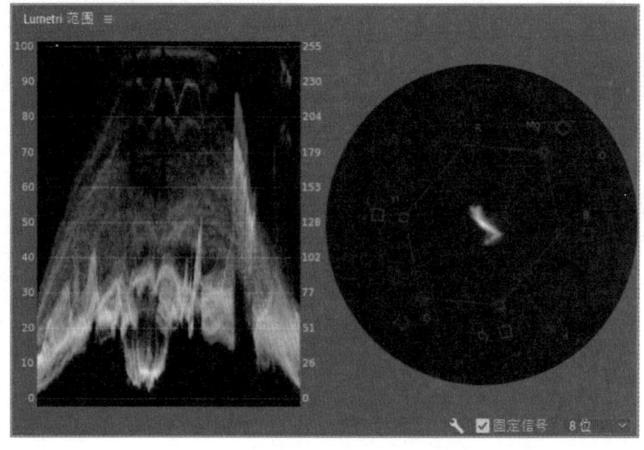

图 11-25

1．矢量示波器 HLS

在面板中右击选择【预设】-【矢量示波器 HLS】命令，如图 11-26 所示。

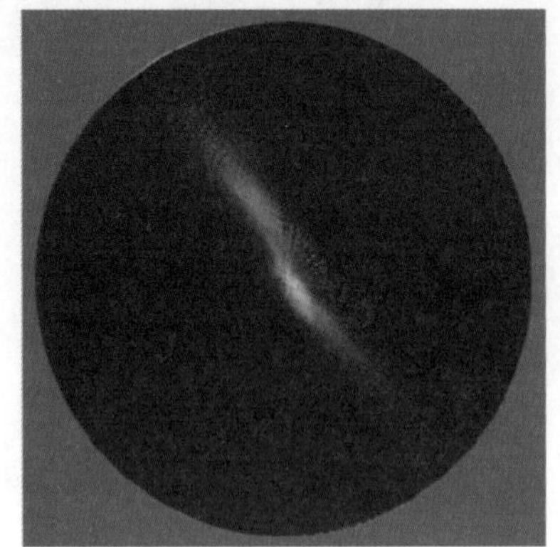

图 11-26

【矢量示波器 HLS】显示的是图像的色相、亮度、饱和度信息，中心区域表示的颜色亮度最高，越靠近边缘表示亮度越低。中心区域的饱和度最低，越靠近边缘表示饱和度越高。色相的排布顺序与色轮排布相同。

2．矢量示波器 YUV

在面板中右击选择【预设】-【矢量示波器 YUV】命令，如图 11-27 所示。

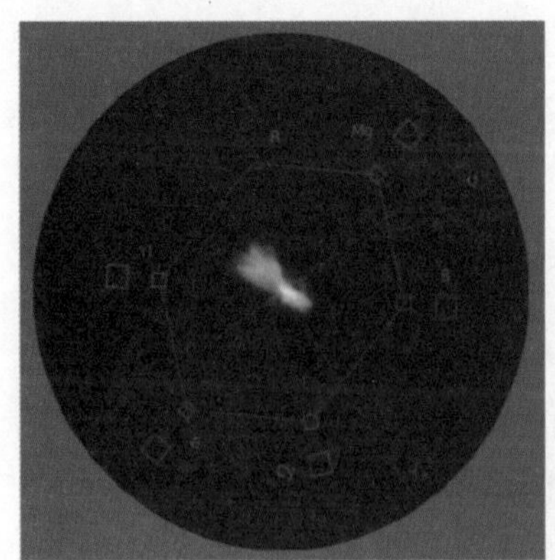

图 11-27

【矢量示波器 YUV】显示的是多个颜色的色相、饱和度信息，越靠近图像边缘，颜色饱和度越高。在示波器中分布着 6 种颜色框，分别为 R（红）、Mg（洋红）、B（蓝）、Cy（青）、G（绿）、Yl（黄），每种颜色分别有大小两个框，内侧的小框表示像素颜色饱和度为 75%，外侧的大框表示像素颜色饱和度为 100%。

在【项目】面板中右击，选择【新建】-【彩条】命令，将【彩条】放到序列上然后移动指针到彩条所在位置，可以看到【矢量示波器 YUV】中，6 个颜色块中分别包含着 6 个点，其中颜色的饱和度都为 75%，如图 11-28 所示。

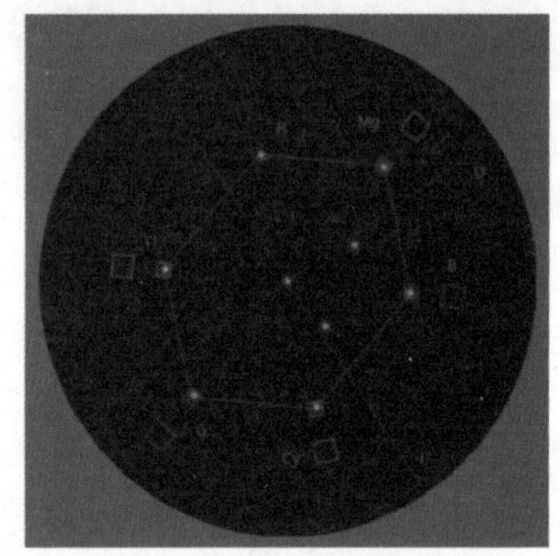

图 11-28

可以在彩条上添加【裁剪】效果，然后修改【裁剪】的参数，观察【矢量示波器 YUV】中点的变化来确定现实的颜色信息。

3．分量（RGB）

在面板中右击选择【预设】-【分量 RGB】命令，如图 11-29 所示。

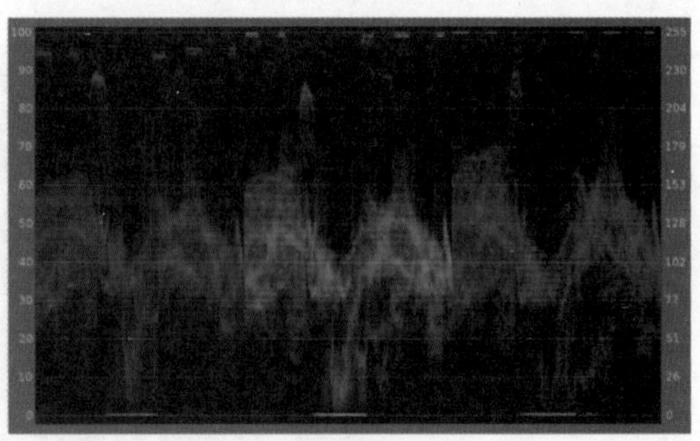

图 11-29

【分量 RGB】中显示的是数字信号中的明亮度和色差通道级别的波形，将不同的分量显示为单独的波形。在波形图中右击可以切换为不同的分量类型，如图 11-30 所示。

图 11-30

切换为 YUV 分量显示方式，如图 11-31 所示。

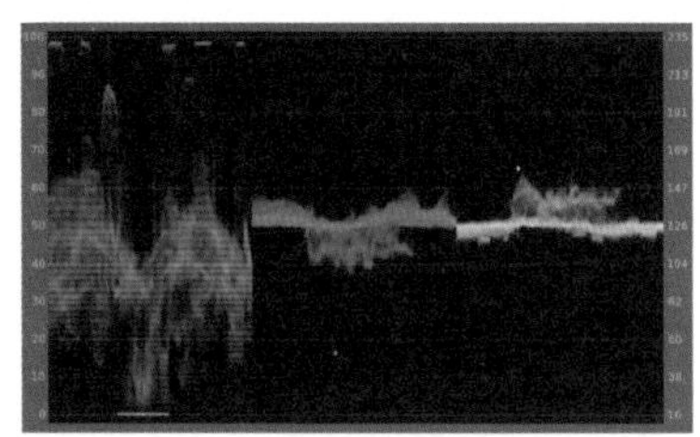

图 11-31

4．波形（RGB）

在面板中右击选择【预设】-【波形 RGB】命令，如图 11-32 所示。

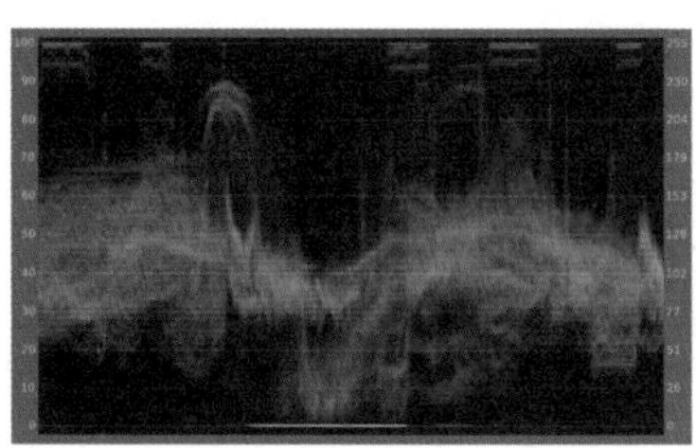

图 11-32

【波形 RGB】显示图像被覆盖的 RGB 信号，提供所有颜色通道的信号级别。左侧数字表示 IRE 值，右侧表示色阶值。右击选择【波形类型】命令可以切换为 4 种不同的波形显示方式，如图 11-33 所示。

图 11-33

【亮度】波形：显示 IRE 值为 -20 到 120 像素的色阶分布。

【YC】波形：显示图像中像素的明亮度和色阶分布。

【YC 无色度】波形：仅显示图像中的明亮度值。

5．直方图

在面板中右击选择【预设】-【直方图】命令，如图 11-34 所示。

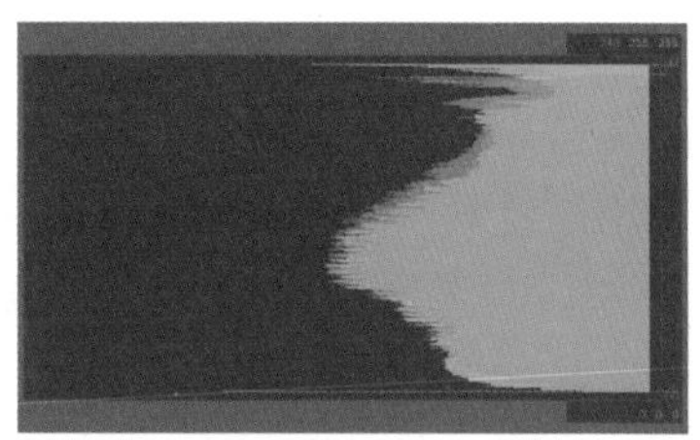

图 11-34

【直方图】中显示图像中色调级别的像素密度。将每个通道的最大亮度值显示在顶部，最小高度值显示在底部。

6．色彩空间与亮度

在【Lumetri 范围】面板中右击可以看到【色彩空间】与【亮度】选项，如图 11-35 所示。

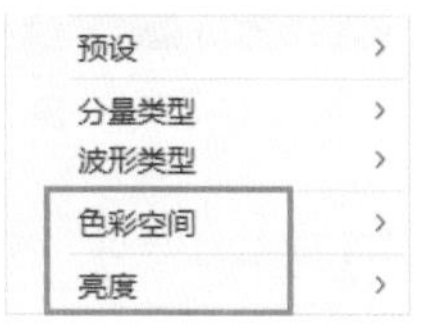

图 11-35

在【色彩空间】选项中可以选择【601】【709】【2020】，默认选择的是【709】，是 HDTV 的统一色彩标准，【601】是标清电视的色彩标准。【2020】是超高清电视（UHDTV-UHD）的色彩标准。

在【亮度】选项中可以选择【明亮】【正常】【变暗】，用于调整【Lumetri 范围】面板显示的亮度。

11.4　案例——人物美白滤镜

（1）新建项目“人物美白滤镜”，导入素材“穿黄色衣服的女人”并移动到【时间轴】面板上创建序列，移动指针到 5 秒处，使用【剃刀工具】将剪辑切开，选择后半部分剪辑右击，选择【重命名】命令，命名为“美白滤镜”，如图 11-36 所示。

（2）选择“美白滤镜”，观察画面中的人物，发现人物皮肤颜色发黄、暗淡无光，如图 11-37 所示。选择【窗口】-【Lumetri 颜色】命令，打开【Lumetri 颜色】面板。

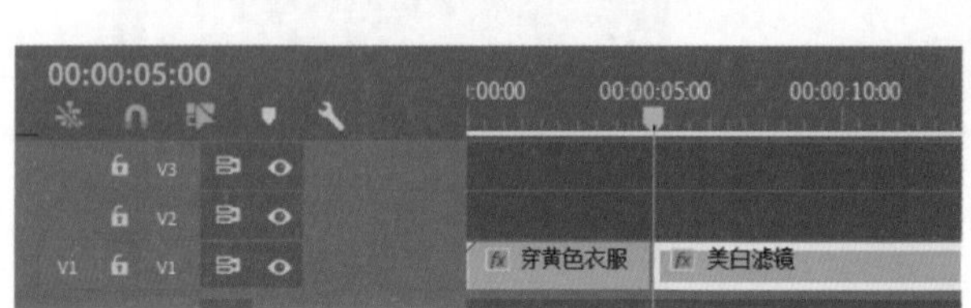

图 11-36

图 11-37

（3）打开【基本校正】选项，对画面进行基本校正，单击【色调】下拉菜单，设置【对比度】为 50，【阴影】为 100，【白色】为 30，参数如图 11-38 所示，效果如图 11-39 所示。

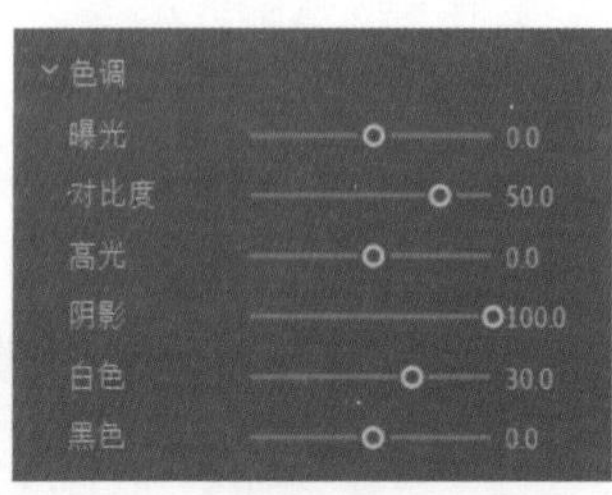

图 11-38

图 11-39

（4）打开【曲线】选项，找到【色相与亮度】曲线，使用吸管吸取人物脸部的颜色，然后调整曲线，如图 11-40 所示，提升人脸区域颜色的亮度，效果如图 11-41 所示。

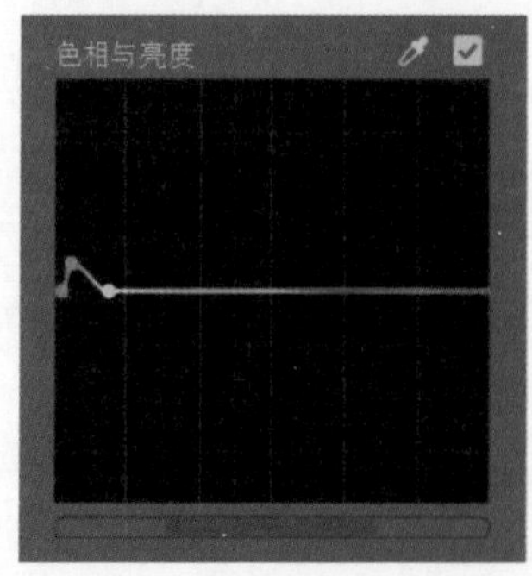

图 11-40

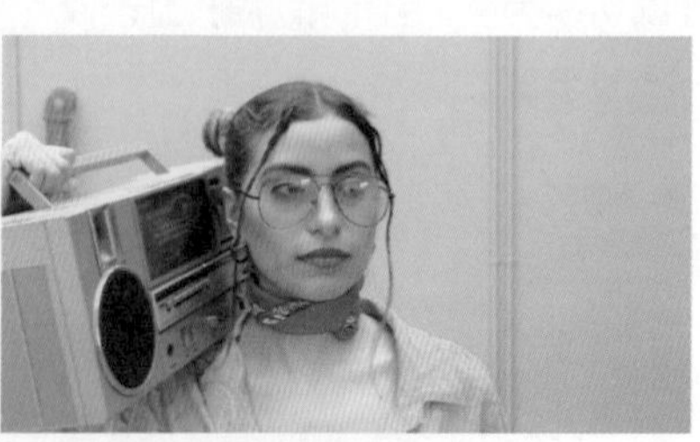

图 11-41

（5）打开【HSL 辅助】选项，对面板进行更加细致的处理，打开【键】选项，使用吸管吸取人物面部区域，分别调整 H、S、L 的范围，如图 11-42 所示。

（6）在【优化】选项中，调整【模糊】值为 5，选中底部的复选框查看选区，如图 11-43 所示。

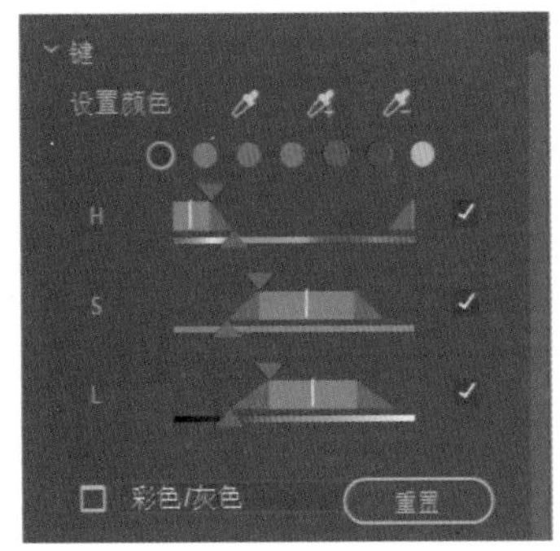

图 11-42

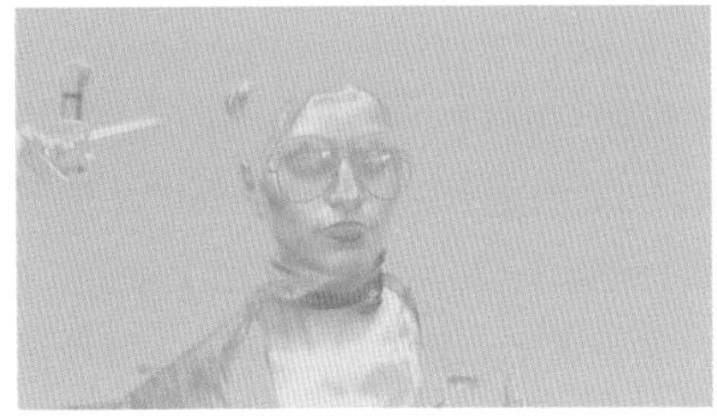

图 11-43

（7）确定好选区后打开【更正】选项，切换为三向色轮并调整【中间调】与【阴影】的亮度，如图 11-44 所示。

（8）调整完后播放序列可以看到“美白滤镜”画面中，人物已经被美白了很多，如图 11-45 所示。

图 11-44

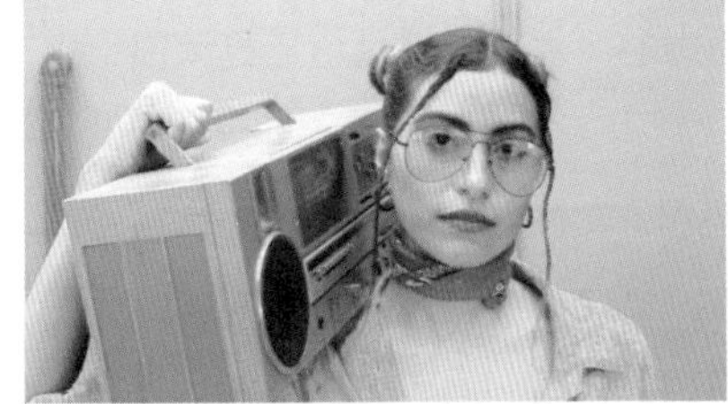

图 11-45

（9）为了制作前后对比的动画，在【效果】面板中选择【视频过渡】-【擦除】-【划出】命令，添加到“穿黄色衣服的女人”和“美白滤镜”之间，如图 11-46 所示。

（10）单击【时间轴】面板中的视频过渡，在【效果控件】面板中修改过渡【持续时间】为 2 秒，【边框宽度】为 10，【边框填充】为白色，过渡效果如图 11-47 所示。

图 11-46

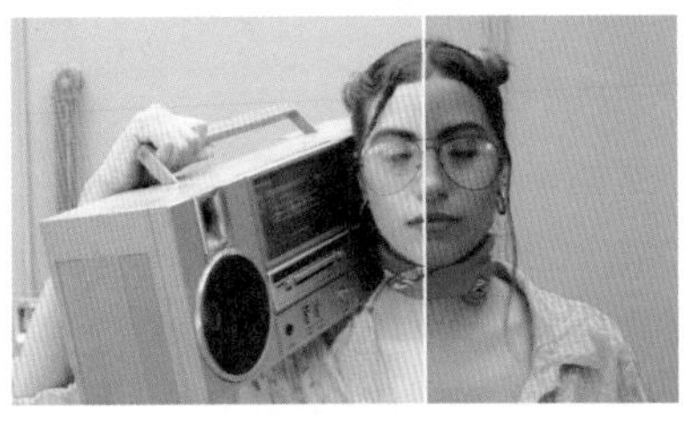

图 11-47

11.5 案例——夏天变冬天

（1）新建项目“夏天变冬天”，单击【新建项】创建序列，选择预设“AVCHD 1080p30”并命名为“夏天变冬天”。

（2）导入素材“树林”“雪花”，将“树林”放到 V1 轨道，使用【剃刀工具】在 5 秒处将“树林”切开，将后一段剪辑重命名为“冬天”，如图 11-48 所示。

（3）选择【窗口】-【Lumetri 颜色】命令，打开【Lumetri 颜色】面板，选中剪辑“冬天”，首先分析一下，冬天的特点就是颜色单一，颜色对比度高，曝光度高。打开【基本校正】选项，调整【曝光】为 2.5，增加【对比度】为 100，【高光】为 100，【阴影】为 -40，【白色】为 50，【饱和度】为 20，效果如图 11-49 所示。

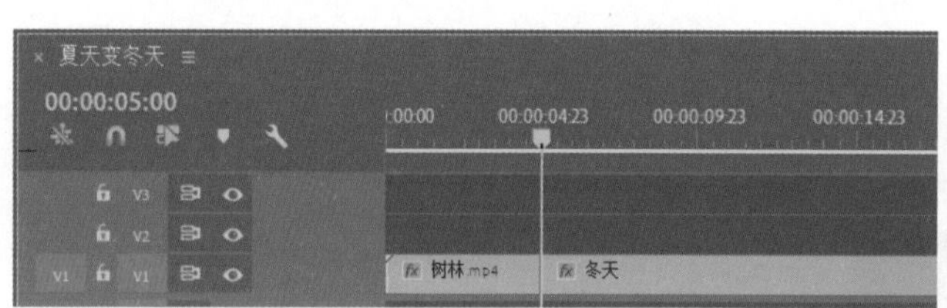

图 11-48

图 11-49

（4）画面中的树木的亮橙色值还是太高，打开【曲线】选项，修改【色相与饱和度】曲线，在直线绿色区域添加 3 个点并降低饱和度，如图 11-50 所示，效果如图 11-51 所示。

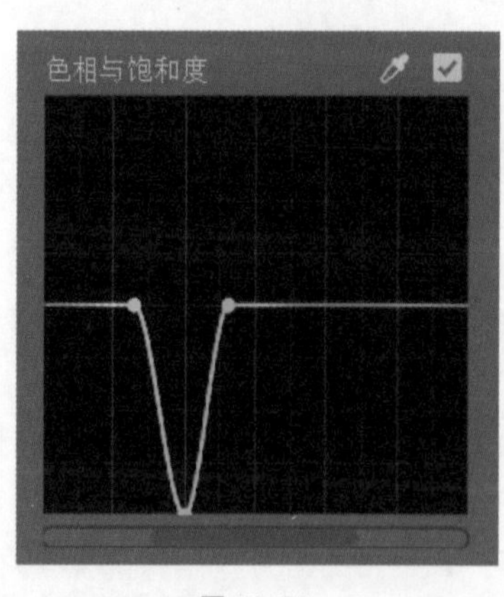

图 11-50

图 11-51

（5）画面中还是存在一些淡淡绿色，找到【色相与亮度】曲线，调整直线中的绿色区域，将绿色的亮度值提高，如图 11-52 所示。

（6）这样画面中的色调就非常接近冬天的样子了，选择“雪花”放到 V2 轨道 5 秒处，用来装饰冬天的氛围，如图 11-53 所示。

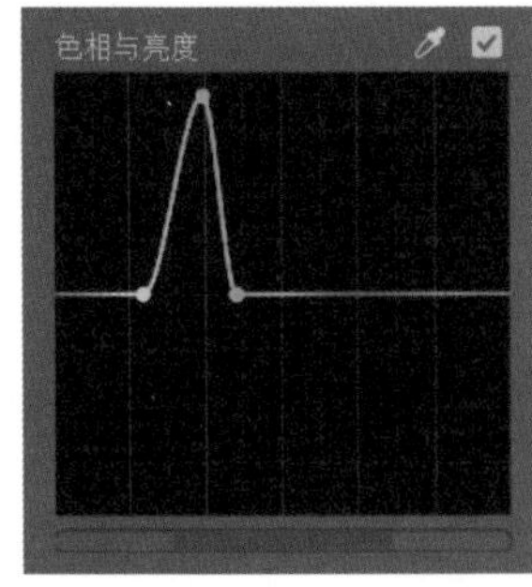

图 11-52

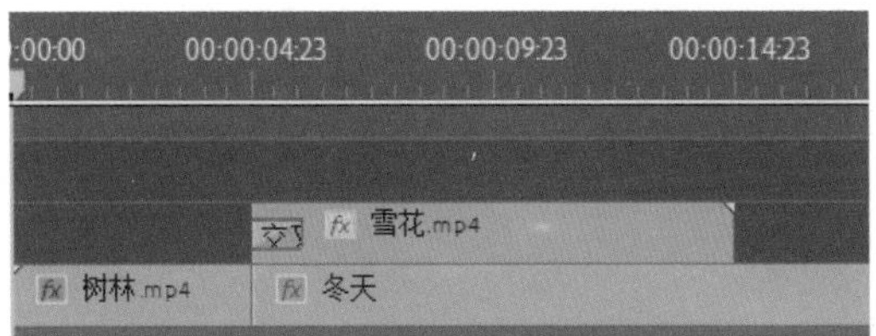

图 11-53

（7）这时“雪花”将画面完全遮住，修改剪辑的【混合模式】为【线性减淡（添加）】，将黑色部分变为透明。

（8）为了使“冬天”的效果渐渐出现，在“树林”与“冬天”之间添加过渡效果，右击编辑点选择【应用默认过渡】命令，同样给“雪花”添加过渡效果，播放序列查看效果，如图 11-54 所示，这样一个夏天变冬天的效果就制作完成了。

图 11-54

11.6　案例——绿色森林调色案例

（1）新建项目，命名为“绿色森林调色”，导入素材“绿色森林”素材，拖曳至【项目】面板底部的【新建项】按钮上创建序列，如图 11-55 所示。

图 11-55

（2）打开【Lumetri 颜色】面板，画面整体偏色，在时间轴上选中“绿色森林”，在【Lumetri 颜色】面板中展开【基本校正】选项栏，如图 11-56 调整参数。

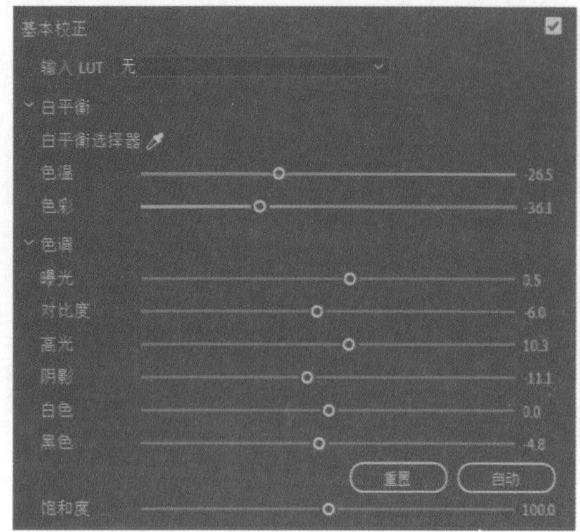

图 11-56

（3）展开【曲线】选项栏，调节 RGB 曲线中红色通道曲线与蓝色通道曲线，如图 11-57 所示。

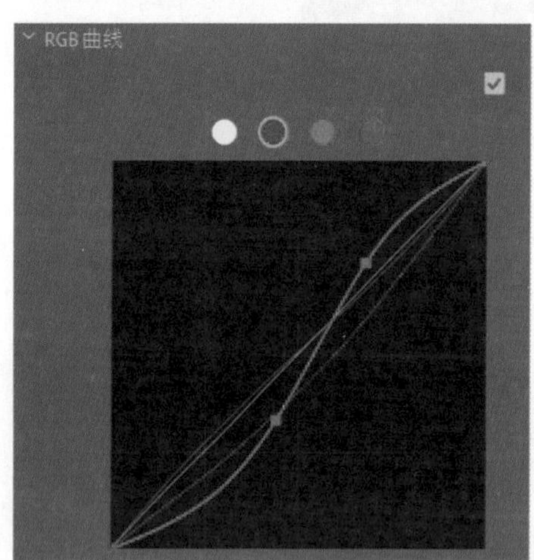

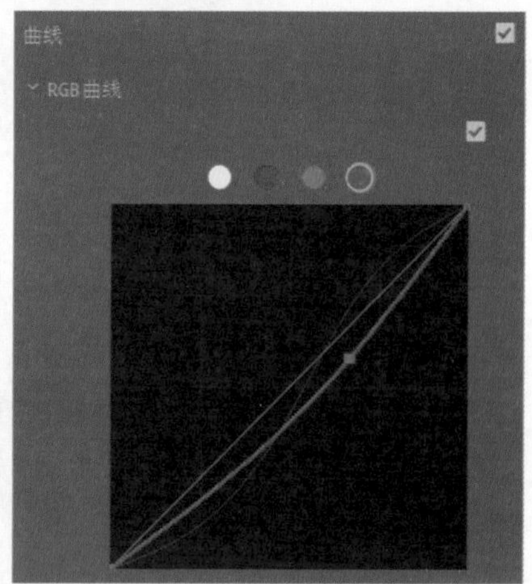

图 11-57

（4）这样绿色森林调色就完成了，调色前后对比效果如图 11-58 所示。

图 11-58

11.7 案例——天空调色

（1）新建项目“天空调色”，导入素材“模特”并移动到时间轴创建序列。

（2）选择“模特”，按住 Alt 键在 V2 轨道创建副本并重命名为“调色天空”，如图 11-59 所示。

（3）选择“调色天空”添加效果【Lumetri 颜色】，打开【HSL 辅助】选项，使用【键】中的吸管吸取天空的颜色并调整选区范围，选中【彩色 / 灰色】复选框，选区范围如图 11-60 所示。

图 11-59

图 11-60

（4）打开【优化】选项，调整【降噪】为 40，【模糊】为 10，用来处理选区的边缘。

（5）打开【更正】选项，单击三向色轮，降低【阴影】亮度调整色轮偏紫色，降低【高光】亮度调整色轮偏蓝色，如图 11-61 所示，效果如图 11-62 所示。

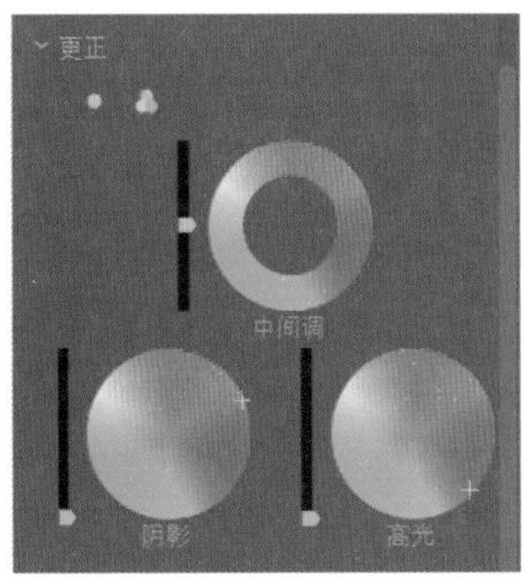

图 11-61

图 11-62

（6）调整【色温】为 100，【对比度】为 100，【饱和度】为 200，如图 11-63 所示，效果如图 11-64 所示。

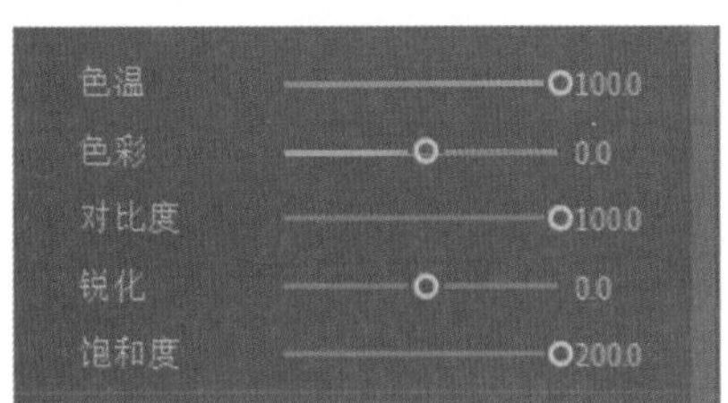

图 11-63

图 11-64

（7）在“调色天空”上添加效果【线性擦除】，设置【擦除角度】为 -90°，【羽化】为 400，在 3 秒处激活【过渡完成】关键帧并调整数值为 100%，移动指针到 5 秒处，还原【过渡完成】属性，制作图层渐渐出现的效果，效果如图 11-65 所示。

图 11-65

（8）选择【序列】-【渲染入点到出点】命令，渲染结束后播放序列，这样天空从原来的淡蓝色变为了紫色，天空调色就制作完成了。

第 12 章 音频修复与优化

在观看影片时，音乐的作用至关重要，音乐能够带动观众的情绪，影响观众的判断力，带有节奏的音乐感可让人们产生共鸣，所以处理音乐也是 Premiere Pro 编辑过程中非常重要的部分。

在收集和处理音频的过程中，录音设备经常会收录到一些我们不想要的杂音，如碰撞、电流等噪声，Premiere Pro 在处理声音问题方面也提供了非常强大的功能，可以快捷、有效地帮助我们修复与优化音频。

12.1 认识 Premiere Pro 中的音频

在 Premiere Pro 中专门准备了音频工作区，在音频工作区中有【音频剪辑混合器】【音轨混合器】【基本声音】面板，这些面板在处理音频时发挥着重要作用，能够轻松地处理音频的各种问题。

1．音频波形图

打开项目“第 12 章 音频修复与优化”，双击音频“宇宙飞船”在【源监视器】中打开，可以看到音频的波形图，如图 12-1 所示，播放音频时播放滑块会随时间向右移动。

音频的波形图可以直观地表现出音频的音量大小，波形越大，音量越大，反之音量越小。

除了在【源监视器】中查看音频波形，还可以在时间轴中看到音频波形，在播放的过程中音频仪表会根据最终混合输出的音量变化做出改变，如图 12-2 所示。

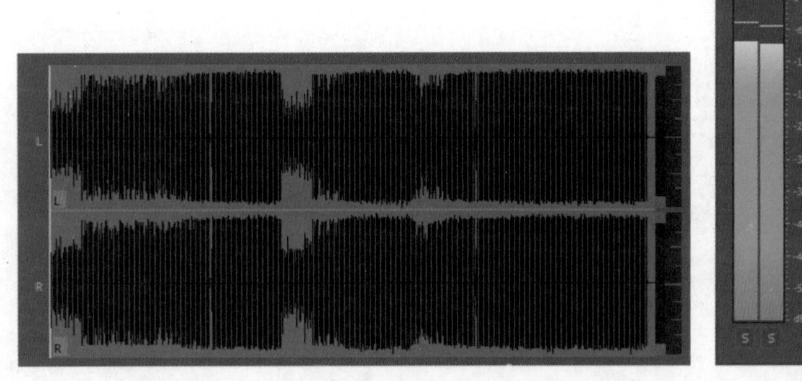

图 12-1　　图 12-2

在【音频仪表】中我们可以看到音频的音量变化数据，单击底部的【独奏】按钮可以只播放单声道。

2．音频类型

在新建序列时，切换到【轨道】选项卡，如图 12-3 所示。可以看到关于轨道的设置，单击【轨道类型】下拉菜单，如图 12-4 所示。

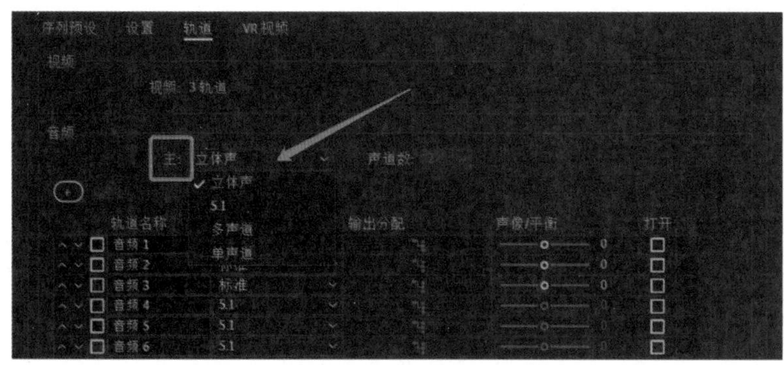

图 12-3

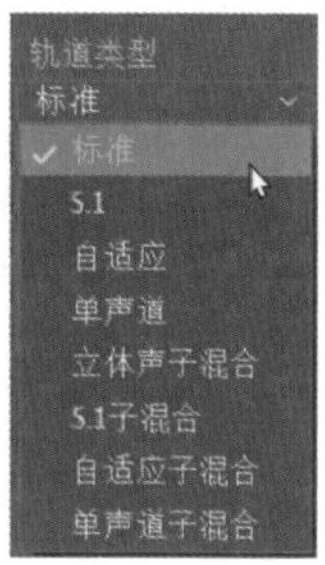

图 12-4

【标准】：标准轨道可以存放单声道音频与立体声音频，立体声音频是由左声道与右声道组成的双声道音频。

【5.1】：由 6 条音频通道组合成的音频，分别为三条前置音频声道（前置左声道、中置声道、前置右声道）、两条后置环绕音频声道（后置左环绕声道、后置右环绕声道）、一条重低音声道。

【自适应】：自适应轨道可以包含单声道、立体声等多种声道，可以处理多个音轨的音频。

【单声道】：单声道只包含一个音频通道，即左声道或者右声道。

子混合轨道是音频轨道与混合轨道的中间步骤，它合并了从同一序列中的特定音轨或轨道发送路由到它的音频信号，可以对许多音轨进行同样的处理。

12.2　音频的基本属性

同视频剪辑的基本属性一样，音频也有基本属性，选择时间轴上的音频，在【效果控件】面板中会显示出关于音频的基本属性，如图 12-5 所示，音频基本属性的【切换动画】开关默认都是打开的。

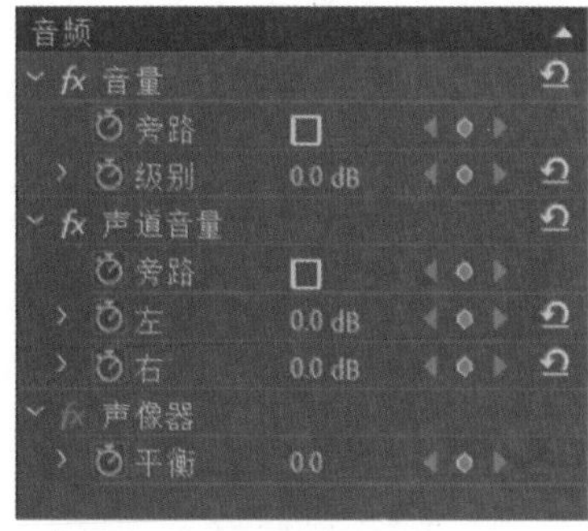

图 12-5

1．音量

【旁路】：旁路可以暂时将调整的参数还原，用作效果前后对比。

【级别】：用来控制音量大小，数值越大，音量越大，反之音量越小。

2．声道音量

【左】：控制左声道的音量大小。

【右】：控制右声道的音量大小。

如果音频类型为 5.1 音频，在基本属性中会显示出 6 个音频通道的参数。

3．声像器

【平衡】：控制声音的左声道与右声道之间的平衡。

除了在【效果控件】面板中调整音频属性，还可以在时间轴中调整音频的属性，双击音频轨道放大轨道视图，右击音频剪辑的【效果徽章】，如图 12-6 所示。

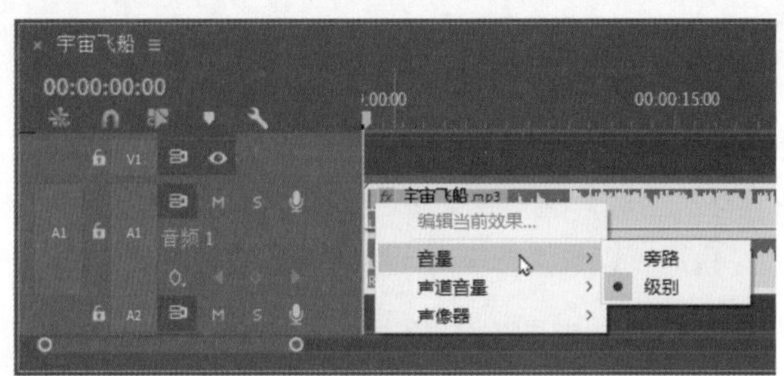

图 12-6

选择属性后在直线上添加关键帧对音频的属性进行修改，同在时间轴上编辑视频效果关键帧一样。

12.3 使用音频剪辑混合器

在【音频剪辑混合器】中可以对所有音频轨道进行实时监测与控制，单独控制轨道的音量、声道音量、声像器，如图 12-7 所示。

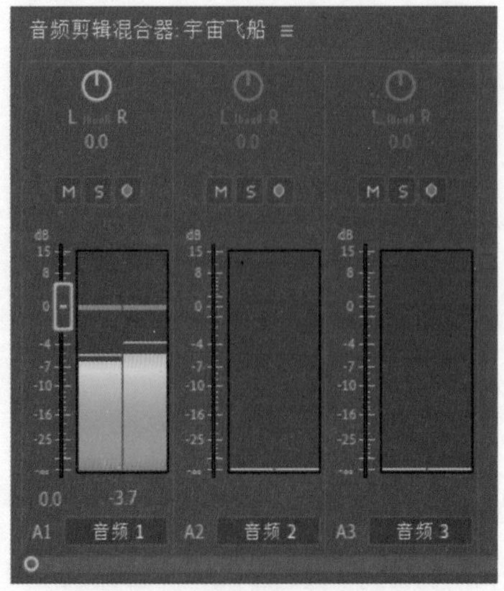

图 12-7

在这里修改音频的属性时，在【效果控件】面板中会看到数值同步变化，激活【写关键帧】按钮后，在面板中修改的属性会被自动记录下来。

单击面板中的【写关键帧】按钮，然后播放序列，播放的同时向下移动音量的滑块，移动后打开【效果控件】面板，在音量【级别】属性后面可以看到生成的关键帧，如图 12-8 所示。

图 12-8

12.4 使用音轨混合器

在【音轨混合器】面板中可以对整个轨道的音量、平衡进行调整，还可以在轨道上添加音频效果、录制音频等操作，如图 12-9 所示。

播放序列过程中【音轨混合器】面板会显示所有音频轨道以及主声道的音量变化，轨道的自动模式默认为【读取】，切换 A1 轨道为【写入】，播放序列的过程中向下移动音量滑块，暂停后双击 A1 音频轨道，放大轨道视图，单击轨道中的【显示关键帧】图标切换为【轨道关键帧】-【音量】，如图 12-10 所示。可以看到轨道中生成的关键帧。

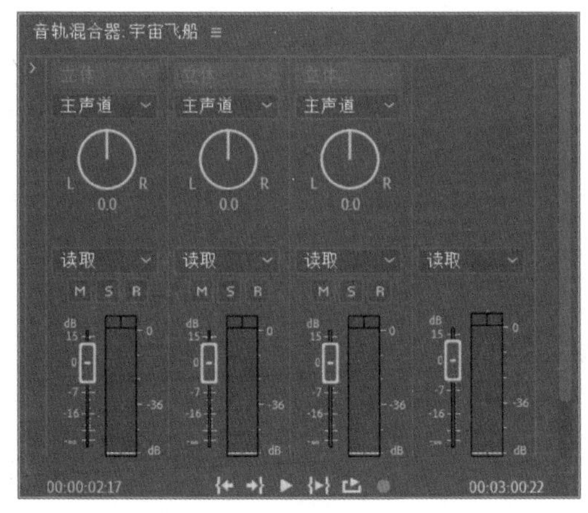

图 12-9

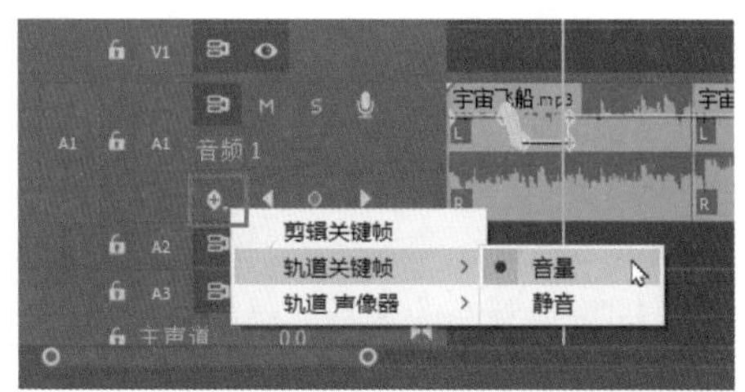

图 12-10

自动模式分为 5 种，如图 12-11 所示。

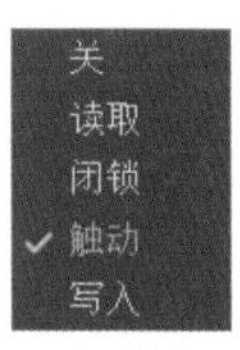

图 12-11

【关】：不记录任何修改操作。

【读取】：读取当前对音频的操作，不会生成任何关键帧。

【闭锁】：与【写入】类似，记录修改的数值并生成关键帧，但是在暂停回放后，不会恢复到默认值。

【触动】：在回放期间记录对音频的调整，当触动音频的属性时才会记录修改并生成关键帧，当松开鼠标后，属性值会慢慢还原为默认值。

【写入】：将回放期间对音频的调整记录下来并生成关键帧，暂停回放后立刻恢复为默认值。

单击面板左上角的【显示 / 隐藏效果和发送】按钮打开该区域，单击小三角打开下拉菜单，在菜单中选择音频效果，在这里可以对当前轨道最多添加 5 种音频效果，如图 12-12 所示。

选择音频效果后在底部区域可以对效果的参数进行调整，也可以直接在效果上右击，在弹出的下拉菜单中可以看到部分参数，如图 12-13 所示。

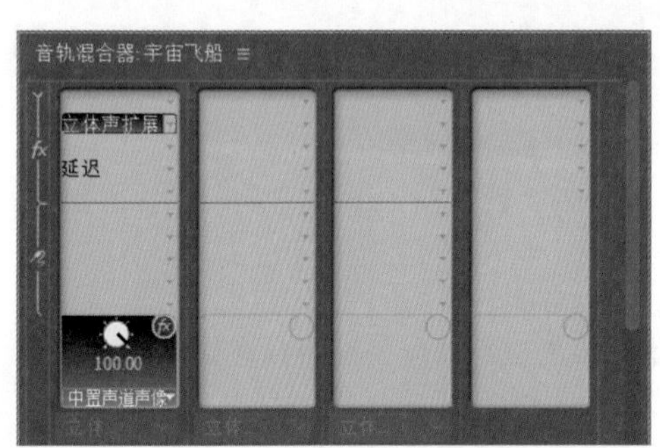

图 12-12

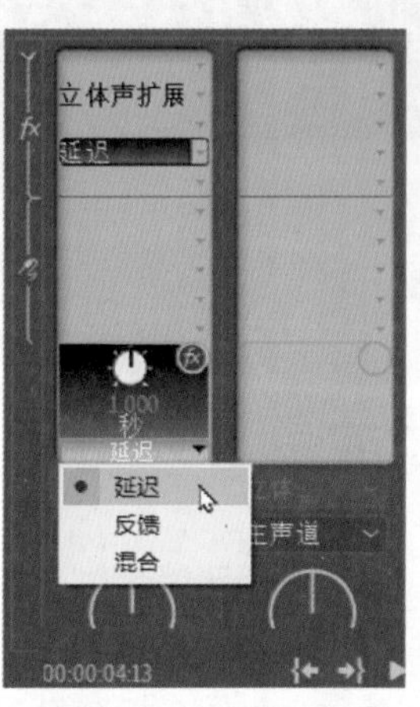

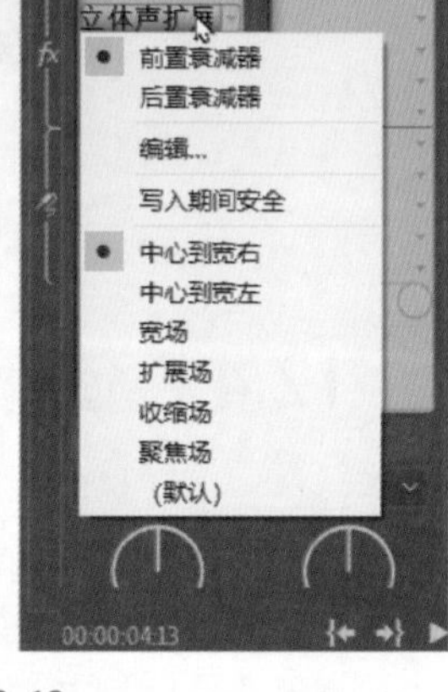

图 12-13

在当前轨道中，鼠标直接拖曳音频效果可以移动音频效果的位置，按住 Alt 键移动可以复制音频效果。

鼠标拖曳音频效果到其他轨道可以复制效果，按住 Alt 键可以直接将音频效果移动到另一轨道上。

在【效果和发送】区域下方可以为当前轨道添加子混合轨道，如图 12-14 所示。

子混合轨道可以用来向多个轨道应用相同的音频效果，单击创建子混合轨道，然后选择混合的轨道可以将音频效果应用到子混合轨道中。

面板中每个轨道都可以录制新的音频，单击【启用轨道以进行录制】按钮，按钮变为红色，然后激活面板底部的【录制】按钮播放序列，即可录制新的音频。录制完成后停止播放序列，在序列上会出现录制的音频剪辑，在【项目】面板中也会出现新录制的音频剪辑。

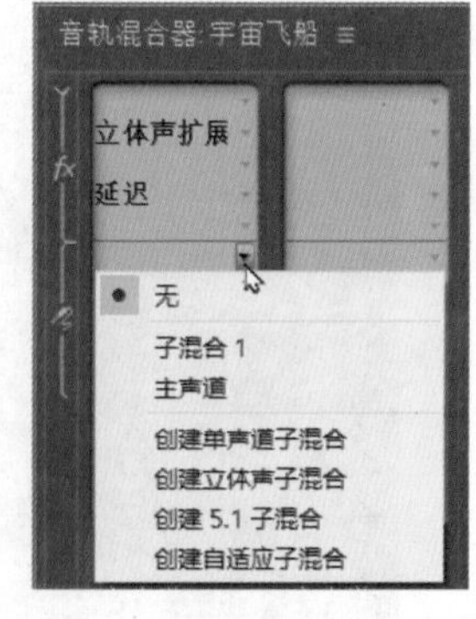

图 12-14

12.5 基本声音面板

在处理一些常见的音频混合工作时，经常需要在人声与背景音乐音量之间做调整，当出现人声时需要将背景音乐音量降低，当人声消失时又需要将背景音乐音量升高，【基本声音】面板就可以快速地处理这类工作，同时可以对音频进行修复与优化。

【基本声音】面板可以将音频分为“对话”“音乐”“SFX”“环境”，如图 12-15 所示。在面板的顶部还可以选择【预设】，直接对音频进行修改，如图 12-16 所示。

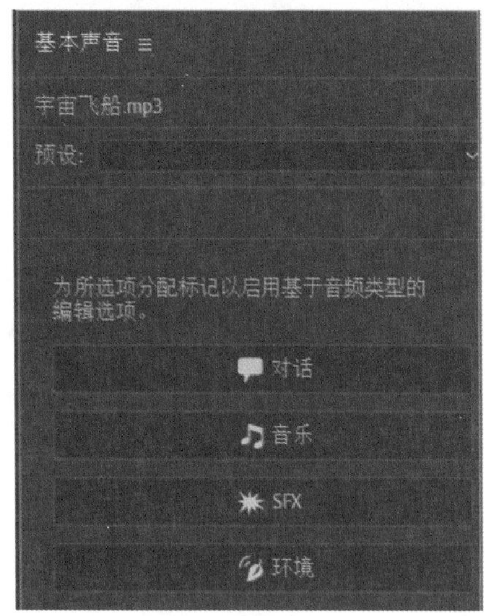

图 12-15

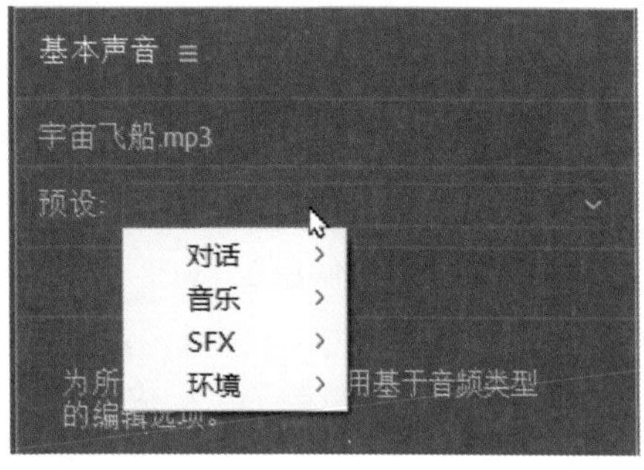

图 12-16

1．对话

选择“旁白”单击【对话】选项，将剪辑分类为【对话】，如图 12-17 所示。

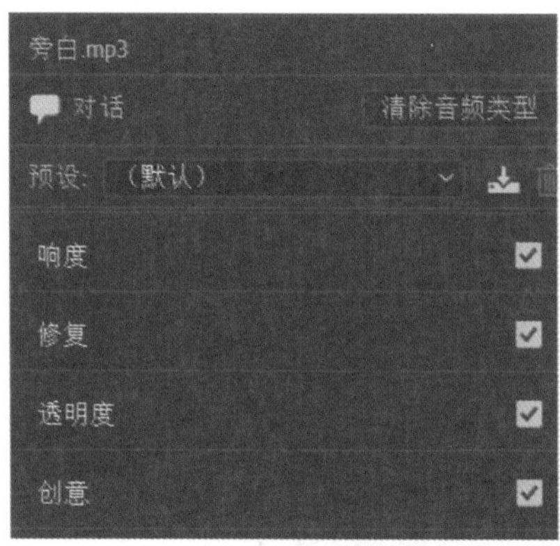

图 12-17

■ 【响度】

在对话选项中可以统一音频的【响度】，修复音频中的杂音，增加语音的清晰度，还可以实现一些创意效果。

打开【响度】选项，如图 12-18 所示，单击【自动匹配】选项，可以将整个音频的响度级别统一，匹配后的响度会显示在下方区域，如果对匹配结果不满意，单击【复位】可以还原音频参数，如图 12-19 所示。

图 12-18

图 12-19

- 【修复】

如果音频中的杂音比较明显，可以单击【修复】选项并打开，对音频进行修复，如图 12-20 所示。

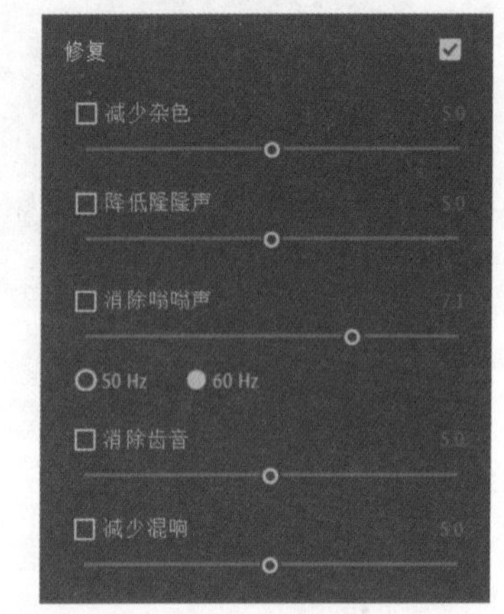

图 12-20

选中对应的复选框，调整数值试听修复的效果。

【减少杂色】：降低音频中杂音的音量，如一些空调声、系统噪声等。

【降低隆隆声】：降低低于 80Hz 范围的低频声，如电动机噪声或者风声。

【消除嗡嗡声】：消除电子干扰的嗡嗡声，如麦克风线靠近电缆线产生的噪声，50Hz 表示欧洲、亚洲、非洲地区的交流电频率；60Hz 表示北美、南美地区的交流电频率。

【消除齿音】减少麦克风与人声之间的高频嘶嘶声。

【减少混响】：减少音频录制过程中产生的混响现象，让音频听起来更加清晰。

针对不同的噪声选择对应的工具，去噪时一般只需要选中复选框就可以获得良好的去噪效果，适当调整数值以达到更好的结果。

选择“杂音素材”放到序列中并播放，可以听到音频中总是有很明显的杂音、风声，在【基本声音】面板中单击【对话】，打开【修复】选项，选中【减少杂色】复选框，播放序列试听效果，如图 12-21 所示。

发现声音中的杂音去除了很多，但是去除得不干净而且声音被降低了很多，调整音频【级别】为 10，并修改【减少杂色】数值为 7.3，选中【降低隆隆声】复选框调整数值为 6.6，如图 12-22 所示，再次试听效果，发现杂音基本被去除干净。

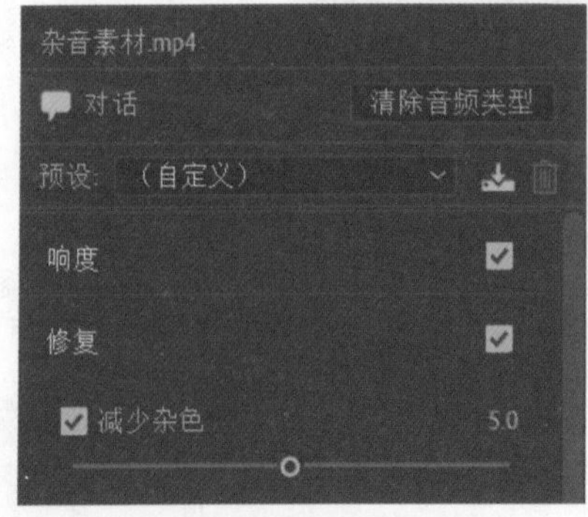

图 12-21

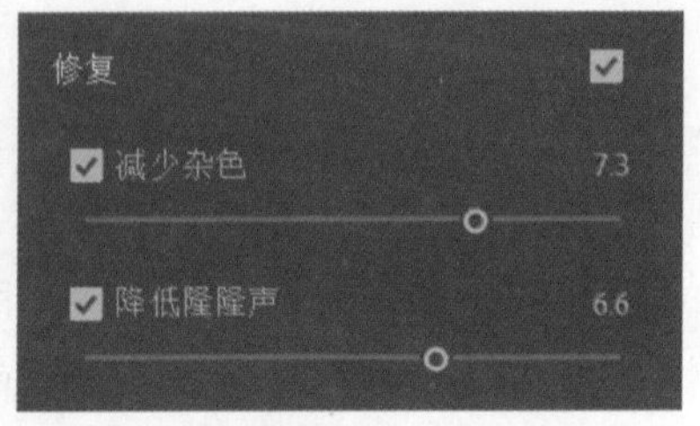

图 12-22

■ 【透明度】

可以提高语音的清晰度，让人声更加清晰，如图 12-23 所示。

【动态】：通过压缩或扩展录音的动态范围，修改录音的最高音与最低音之间的音量范围。

【EQ】：将录音的指定频率提高或者降低，在预设中选择不同的类型，然后调整【数量】参数。

【增强语音】：增强语音的清晰度，有女性、男性两种频率处理方式。

调整【透明度】的参数如图 12-24 所示，播放序列声音有了明显改善。

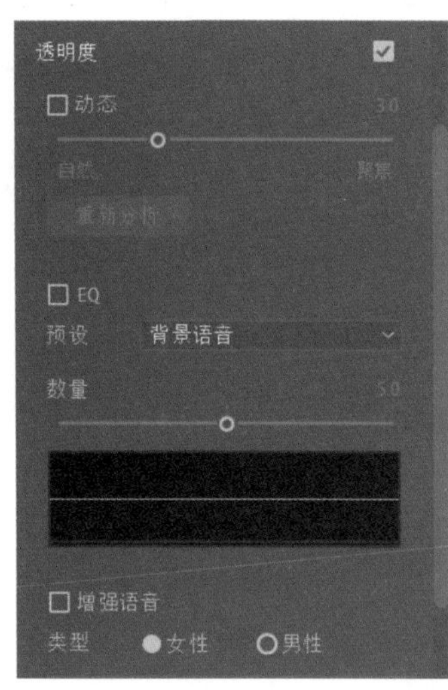

图 12-23

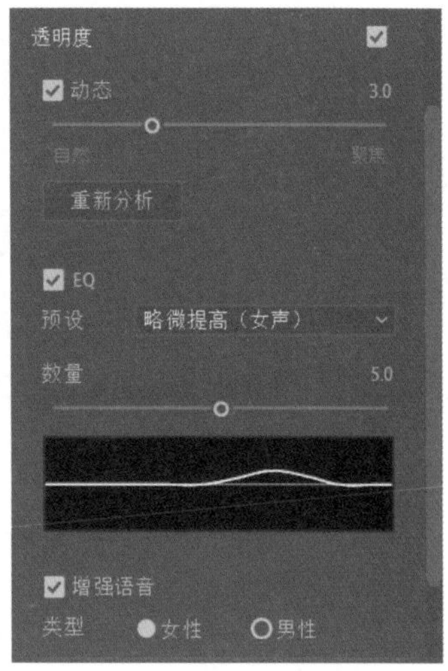

图 12-24

■ 【创意】

这里可以为音频添加【混响】，混响的环境提供了很多预设，如图 12-25 所示，选择预设后调整【数量】可以增强或减弱【混响】效果的强度。

被分类的音频也可以单击面板顶部的【清除音频类型】按钮，重新对音频进行分类。

在预设窗口中保存着大量预设，可以对音频快速修改，如图 12-26 所示。

单击预设后面的按钮，可以将自己调整好的设置保存为预设，如图 12-27 所示。

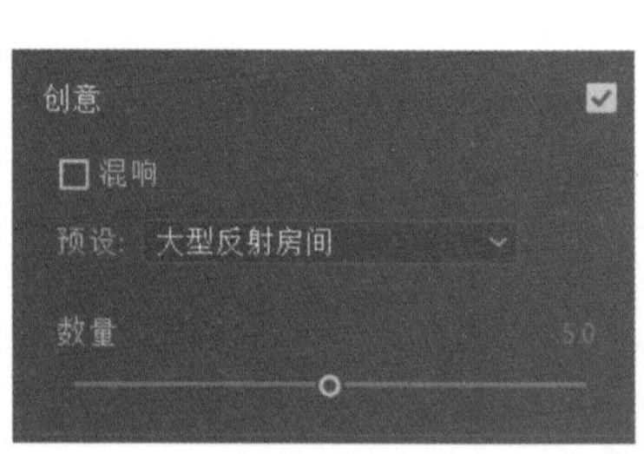

图 12-25

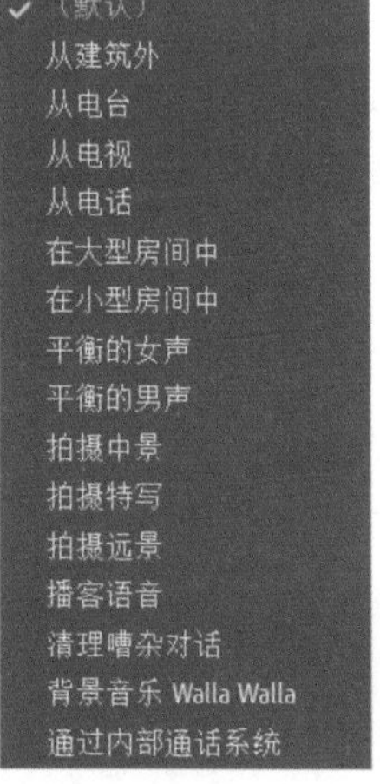

图 12-26

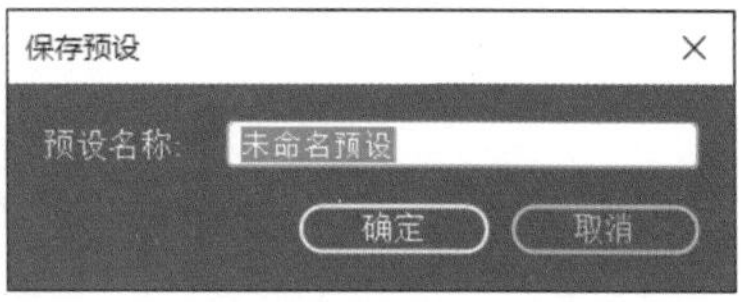

保存预设

预设名称：未命名预设

确定 取消

图 12-27

2．音乐

【音乐】类型中可以使用自动闪避功能，自动为背景音乐添加音量关键帧，在出现对话时自动降低背景音乐音量，对话结束后自动恢复背景音乐音量，如图 12-28 所示。

选择“旁白”单击【对话】选项，选择“宇宙飞船”单击【音乐】选项，然后将“旁白”分割成几个片段，如图 12-29 所示。

单击“宇宙飞船”，在【基本声音】面板中单击【回避】选项并打开，如图 12-30 所示。

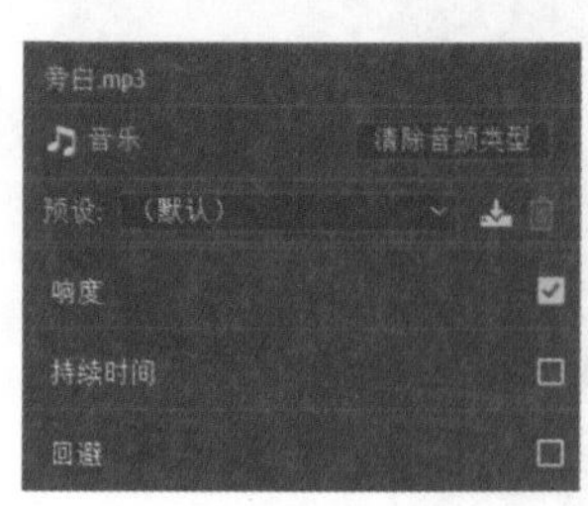

图 12-28

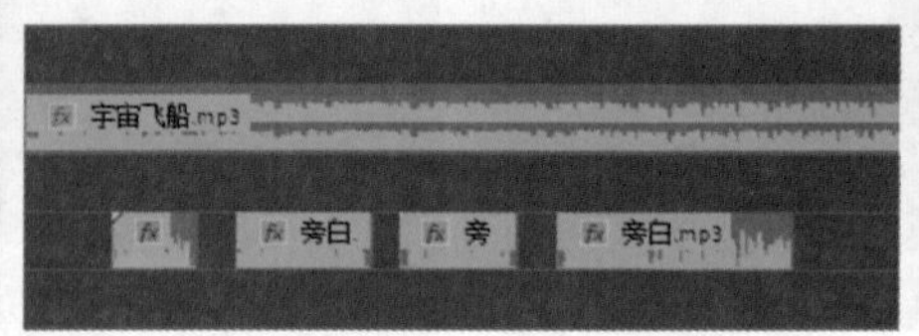

图 12-29

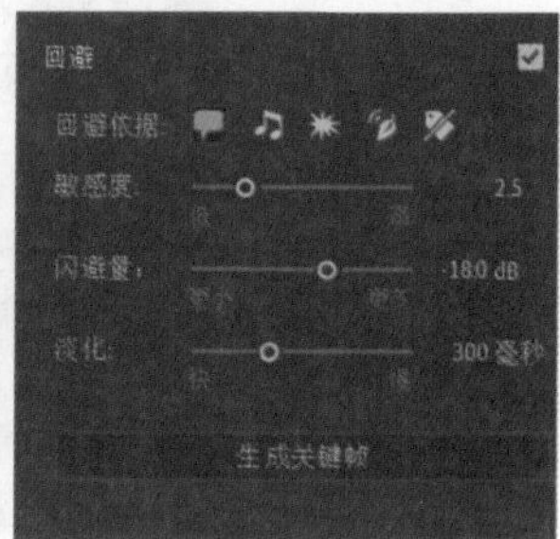

图 12-30

【回避依据】：选择之前定义的音频类型，在这里我们定义了“旁白”为【对话】，这里保持默认。

【敏感度】：这里调整触发闪避的敏感度，敏感度越低或者越高，都将减少触发频率，敏感度在中间时，触发频率最高。

【闪避量】：触发闪避时，用来控制音量降低的数值。

【淡化】：用来控制触发闪避时的过渡时间。

单击【生成关键帧】，播放序列可以发现“宇宙飞船”的音量自动闪避了“旁白”，出现“旁白”时“宇宙飞船”的音量自动降低，“旁白”结束时“宇宙飞船”的音量自动恢复。双击打开轨道视图，如图 12-31 所示。可以看到音量变化的关键帧。

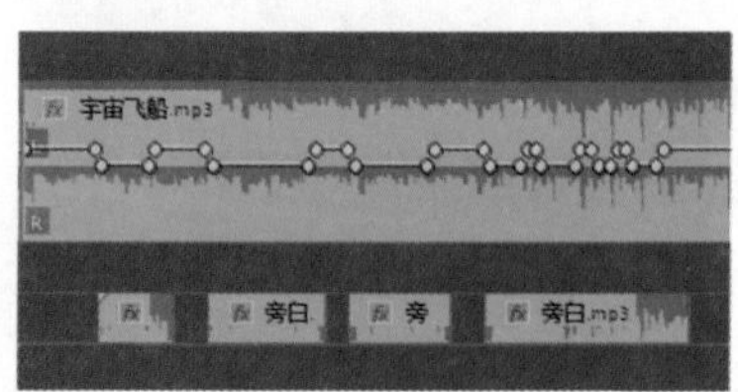

图 12-31

■ 【持续时间】

在【音乐】选项中，可以设置音频的【持续时间】，用来控制音频的播放速度，鼠标在时间轴上移动可以修改音频的现有时间，如图 12-32 所示。

图 12-32

向右移动持续时间变长，音频被减速；向左移动持续时间变短，音频被加速。

3．SFX

【SFX】用来创建模拟的伪声效果，可以模拟不同的环境产生的声音，并且模拟声源从一个位置移动到另一个位置产生的音频效果，单击【SFX】选项并打开，如图 12-33 所示。

【创意】：选中【混响】复选框，可以为音频添加混响效果，声音听起来像是某个特殊环境发出的声音，在预设中可以选择混响的强度，如图 12-34 所示。

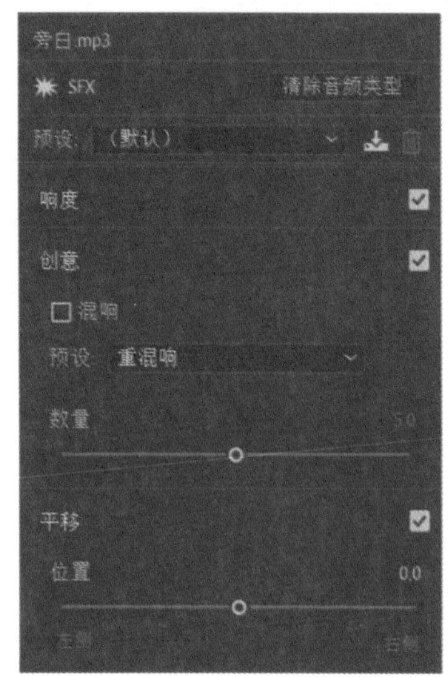

图 12-33

图 12-34

【平移】：可以控制声音的平移，模拟声源在场景中移动的效果。

4．环境

【环境】类型可以使音频模拟不同环境中的混响效果，也可以指定音频使用自动闪避功能，如图 12-35 所示。

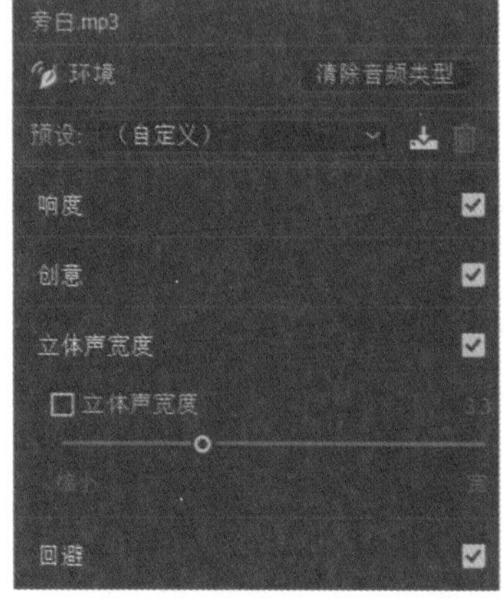

图 12-35

【立体声宽度】：修改立体声声场的宽度。

在【基本声音】面板中调节音频时，可以在【效果控件】面板中看到音频上添加的相对应的音频效果。

12.6 音频效果分类

在【效果】面板【音频效果】文件夹中保存着很多音频效果，在添加效果时如果选择的是【过时的音频效果】组中的效果，会出现“音频效果替换”对话框，如图 12-36 所示，单击【是】按钮即可添加，音频效果大致分为以下几种类型。

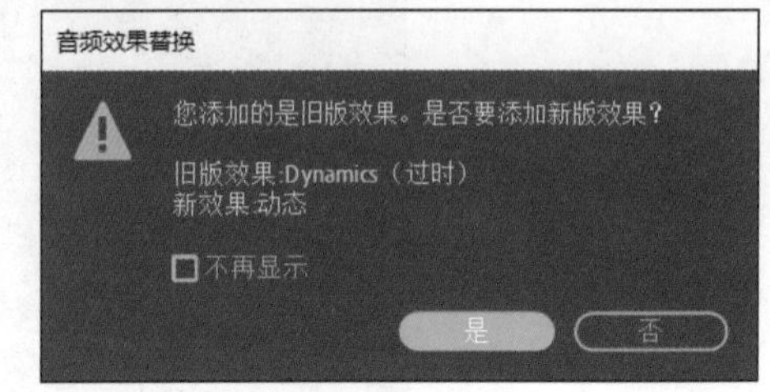

图 12-36

1. 振幅与压限

【通道混合器】：改变声音的声道平衡，校正声道的不平衡现象。

【增幅】：可以增强或者减弱音频音量。

【通道音量】：可以单独控制音频中每个声道的音量。

【多频段压缩器】：利用多频段压缩器，单独最多压缩 4 个不同的频段，专门用于音频的母带处理。

【电子管建模压缩器】：可以模拟复古硬件电子管的不同音质。

【强制限幅】：可以将高于指定阈值的音频进行限制，可以提高音频整体音量的同时保证音频不会出现扭曲。

【单频段压缩器】：可以压缩音频的动态范围，使音频产生一致的音量，常用于压缩背景音，突出画外音。

【动态】：通过自动门、压缩器、扩展器、限幅器来控制指定阈值的音频。自动门用于衰减指定阈值的音频；压缩器通过衰减指定阈值的音频来减少音频的动态范围；扩展器用于衰减低于指定阈值的音频来增加音频的动态范围；限幅器用来衰减超过指定阈值的音频。

【动态处理】：可用作压缩器、扩展器、限幅器。可以设置音频的电平增益、增益处理器、频段限制。

【增幅】：增强或者减弱音频的声道。

【消除齿音】：用于消除麦克风与人声之间的高频噪声。

2. 延迟与回声

【多功能延迟】：可以为音频添加 4 个回声，并且可以单独控制每个回声的音量级别与延迟量。

【模拟延迟】：模拟老式延迟装置的温暖声音特性，可以创建不连续的回声，可以指定预设，模拟不同的硬件类型。

【延迟】：可用于生成单一的不连续回声。

3．滤波器和 EQ

【带通】：移除指定范围外的频率或频段。

【FFT 滤波器】：抑制或提升特定频率的曲线或陷波。

【低通】：消除高于指定“屏蔽度”频率的频率。

【低音】：控制音频中的低音，增大或降低低频。

【陷波滤波器】：可去除用户自定义的频段，用于去除窄频段，同时保证周围频段不变。

【参数均衡器】：用于调整音调均衡，调整音频的频率、Q、音频增益等设置。

【图形均衡器（10 段）】【图形均衡器（20 段）】【图形均衡器（30 段）】：增强或减弱特定的频段，并生成 EQ 曲线。其中（10 段）表示一个八度音阶，（20 段）表示二分之一八度音阶，（30 段）表示三分之一八度音阶。

【科学滤波器】：用于对音频进行高级处理，调整滤波器的类型、模式，调整精度等。

【高通】：消除低于指定“屏蔽度”频率的频率。

【高音】：控制音频的高频，增强或降低高频。

4．调制

【镶边】：通过将大致等比例的短延迟混合到原始信号中产生的音效。

【和声 / 镶边】：和声与镶边效果的组合。“和声”可以一次模拟多个语音或乐器，原理是通过少量反馈添加多个短延迟。可以增强人声或者为单声道音频增加立体声空间感。

【移相器】：移动音频的相位并与原始信号合并，创造超自然的声音。

5．降杂 / 恢复

【降噪】：降低或者去除音频中的噪声，可以去除各种背景噪声。

【减少混响】：减少音频中的混响效果。

【消除嗡嗡声】：消除音频中的嗡嗡声，如电子设备线靠近麦克风时发出的嗡嗡声。

【自动咔嗒声移除】：去除音频中的咔嗒声、爆音等噪声。

6．混响

【卷积混响】：可以模拟从衣柜到音乐厅的各种空间环境中的声音混响效果。

【室内混响】：模拟声学空间环境中的混响效果，相较于其他混响效果速度更快。

【环绕声混响】：主要用于 5.1 类型的音频，增强音频通道的混响效果，模拟环绕声环境。

7．特殊效果

【吉他套件】：通过压缩器减少音频的动态范围，模拟吉他音频的处理器。

【用右侧填充左侧】：将音频右声道信息复制，填充到左声道中。

【用左侧填充右侧】：将音频左声道信息复制，填充到右声道中。

【雷达响度计】：使用雷达响度计测量音频级别，单击【编辑】选项，如图 12-37 所示。

【扭曲】：对音频的振幅峰值进行扭曲，可以用来模拟汽车音箱、消音的麦克风或者过载的放大器。

【互换通道】：将立体声的左右声道互换。

【人声增强】：快速增强人声的质量，并减少音频中的杂音，选择预设可以快速改善“男声”“女声”音频质量。

【反相】：将所有声道的相位反转。

【母带处理】：对音频进行母带处理，提升音频的清晰度、响度，增强混响等功能。

8．立体声声像

【立体声扩展器】：可以定位并扩展立体声声像。

9．时间与变调

【音高换挡器】：改变音频的音调。可以选择预设快速实现卡通、魔幻的效果。

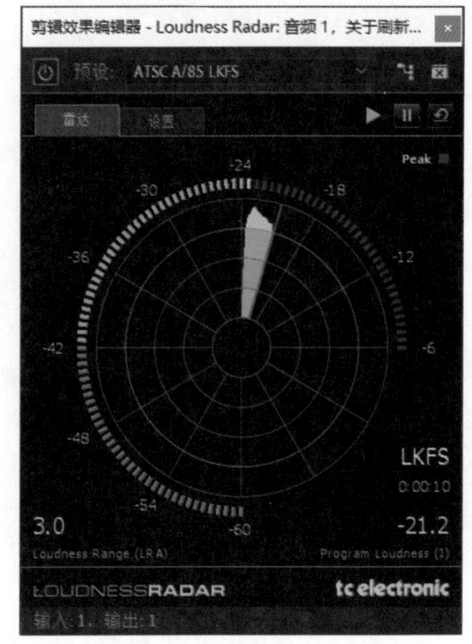

图 12-37

12.7 案例——去除音频噪声

（1）新建项目“去除音频噪声”，导入素材“原音频”并创建序列。

（2）播放序列，可以听到音频中存在着很明显的噪声，选择【窗口】-【基本声音】命令打开面板，如图 12-38 所示。

（3）单击【对话】选项，将音频标记为【对话】类型，单击【修复】选项并打开，选中【减少杂色】复选框并调整数值为 10，如图 12-39 所示。

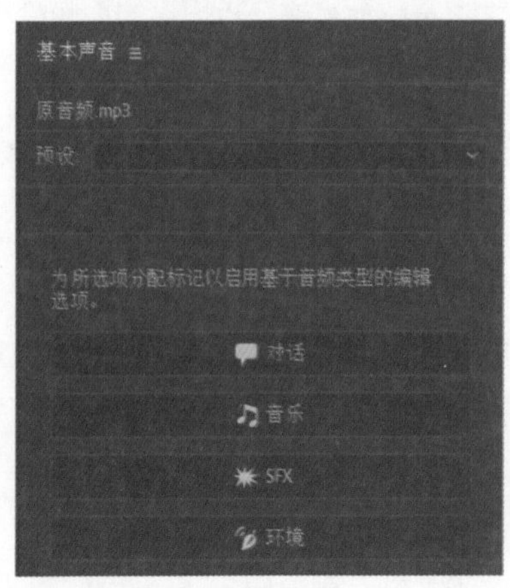

图 12-38

图 12-39

（4）播放序列可以听到杂音已经被消除了很多，但是开始时还是有一些嘶嘶声，继续选中

【消除齿音】复选框，如图 12-40 所示。

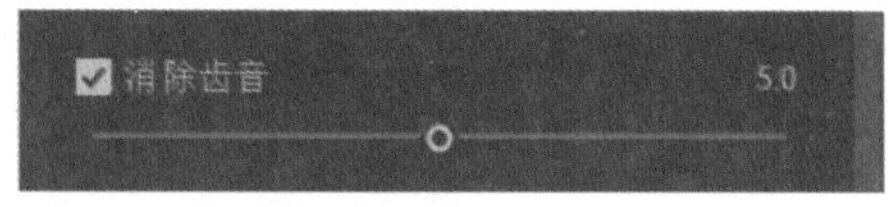

图 12-40

（5）再次播放序列可以听到音频中的杂音已经被基本消除干净了，这样一个降噪的过程就完成了。

12.8 案例——水下音频效果

（1）新建项目“水下音频效果”，导入素材“游泳”“Under Water”，并移动到时间轴上创建序列。

（2）播放序列发现视频速度过慢，右击“游泳”选择【速度 / 持续时间】命令，修改速度为 150%，如图 12-41 所示。

（3）播放序列，在画面中人物入水的地方使用【剃刀工具】将音频切开，如图 12-42 所示，选择音频的后半部分片段，添加音频效果【低通】，播放序列试听效果，可以发现人物入水的地方声音变得低沉，这样就有了声音随画面变化的效果。

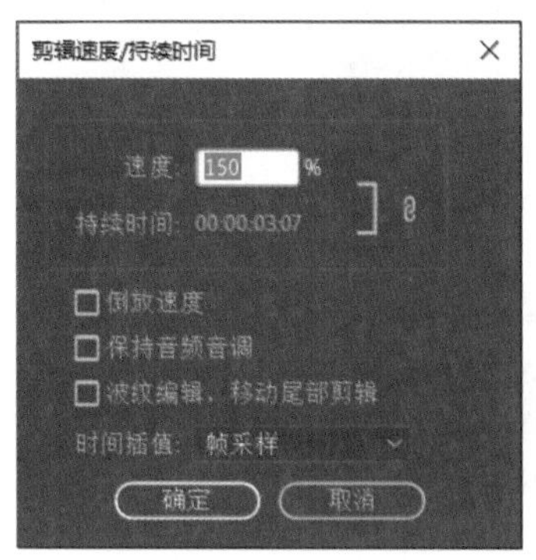

图 12-41

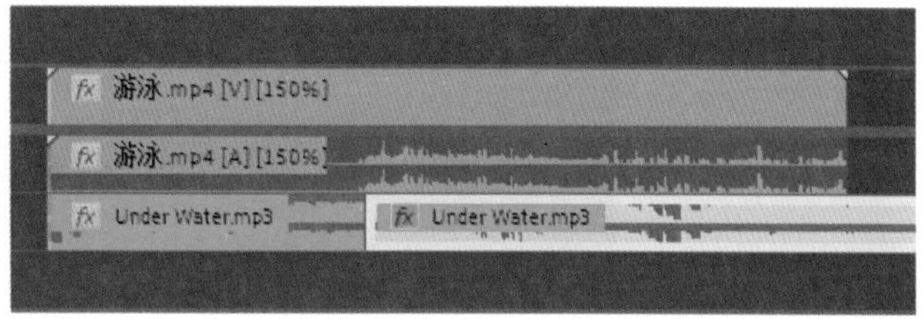

图 12-42

12.9 案例——机器人声音效果

（1）新建项目“机器人声音效果”，导入素材“语音 1”并移动到时间轴上创建序列。

（2）选择“语音 1”，添加在【效果】面板中，搜索音频效果【低音】并添加到音频上，调整【提升】为 6dB，如图 12-43 所示，可以听到声音变得低沉。

（3）添加音频效果【音高换挡器】，单击【编辑】进入【剪辑效果编辑器】面板，调整【半音阶】为 -3，【拼接频率】为 50Hz，使声音变得厚重，如图 12-44 所示。

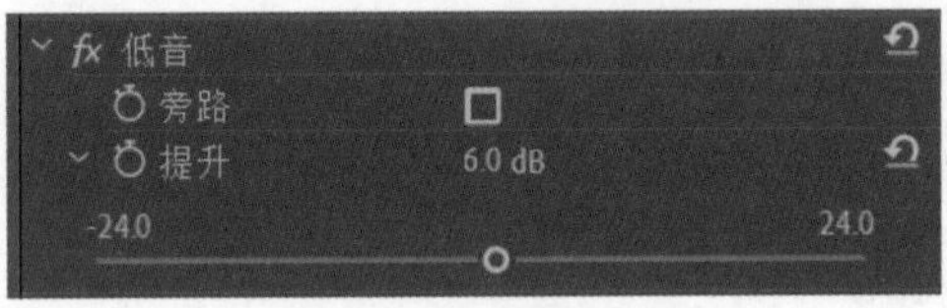

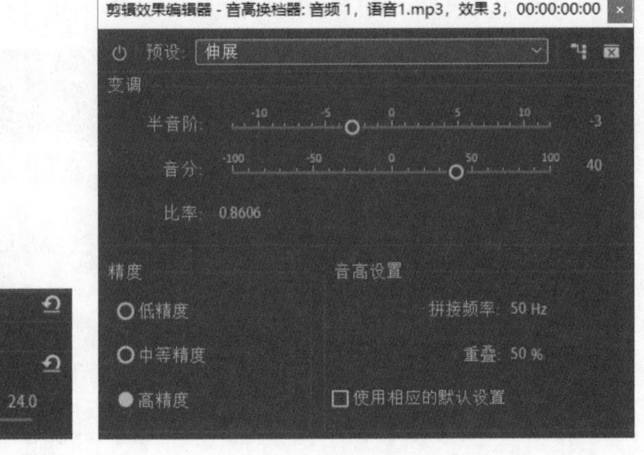

图 12-43

图 12-44

（4）添加音频效果【模拟延迟】，单击【编辑】选项，打开【剪辑效果编辑器】面板，在【预设】下拉菜单中选择【机器人声音】命令，调整【延迟】为 30ms，如图 12-45 所示。可以给声音添加延迟的回声效果。

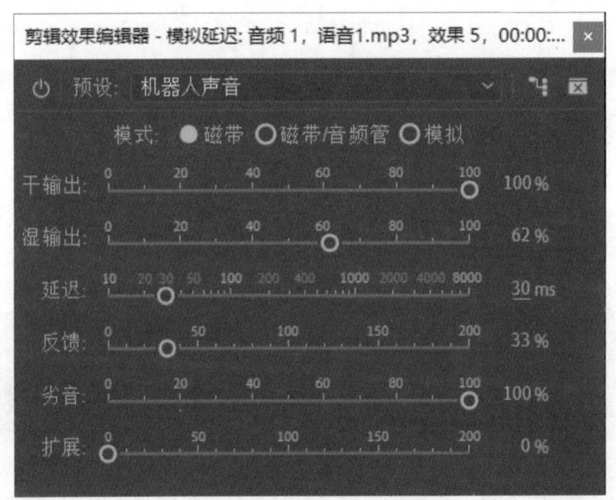

图 12-45

（5）播放序列可以听到，声音由原来的普通声音变成类似机器人发出的声音。

这些音频效果独立使用往往不能将音频调整到最好，配合其他效果对音频进行高质量的处理，可以将音频从普通的原声，混合为优美动听的高质量音频。处理音频需要对音频有专业深刻的认识才能熟练运用。

第 13 章 创建文本与标题动画

在制作影片时常常需要向画面中添加文字、标题动画、字幕等，关于图形与文字的编辑 Premiere Pro 也提供了专业的面板，如【旧版标题】面板、【基本图形】面板，并提供了大量的文本样式、动态图形模板，只需要简单的操作就可以制作出丰富的标题动画。

切换为图形工作区可以看到【基本图形】面板。

13.1 文字工具

打开本章项目“第 13 章 创建文本与标题动画”，单击【工具】面板的【文字工具】，或按快捷键 T，在【节目监视器】中单击即可创建文本框，输入文字“美丽海滩”，如图 13-1 所示。

在序列中会自动生成新的剪辑并以输入的文字命名，打开【效果控件】面板会看到关于文字的属性，如图 13-2 所示。

图 13-1

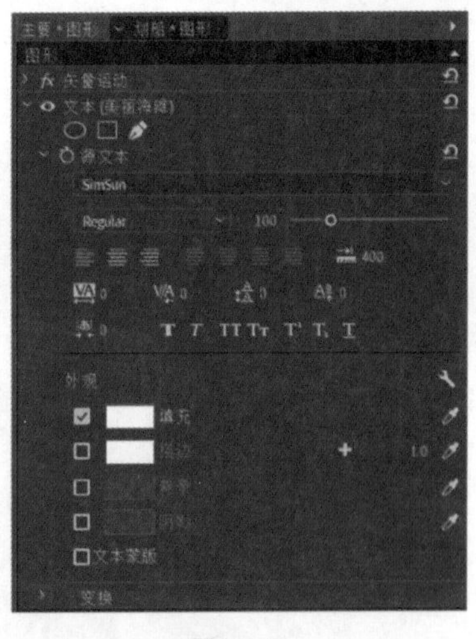

图 13-2

在【文字工具】右下角可以看到有三角形，长按【文字工具】，在弹出的下拉菜单中选择【垂直文字工具】，可以创建垂直文字。

另外，在使用【文字工具】【垂直文字工具】时在【节目监视器】中直接框选可以创建矩形文本框，在文本框内输入文字，如果输入的文字过多，在文本框外多余的文字不会显示在【节目监视器】中，如图 13-3 所示。

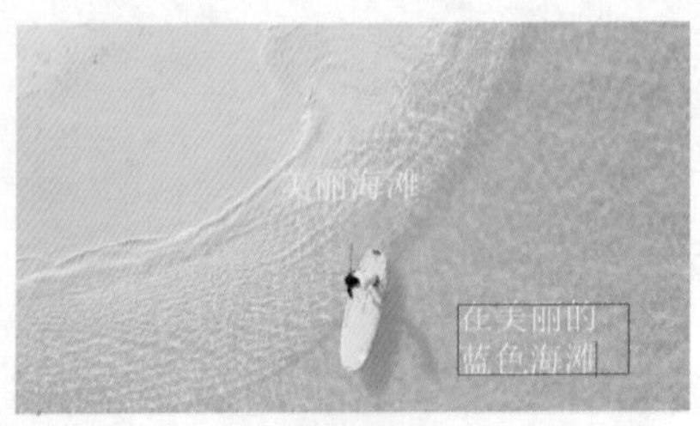

图 13-3

13.2 编辑文本样式

1. 修改【源文本】属性

可以看到白色的文字在画面中不明显，修改文本的【字体】为【思源黑体】，【字体样式】为【Medium】，【字体大小】为 130，【字体间距】为 500，并修改字体的【外观】属性，修改【填充】为蓝色，选中【描边】复选框，然后修改【描边宽度】为 25，参数如图 13-4 所示，字体效果如图 13-5 所示。

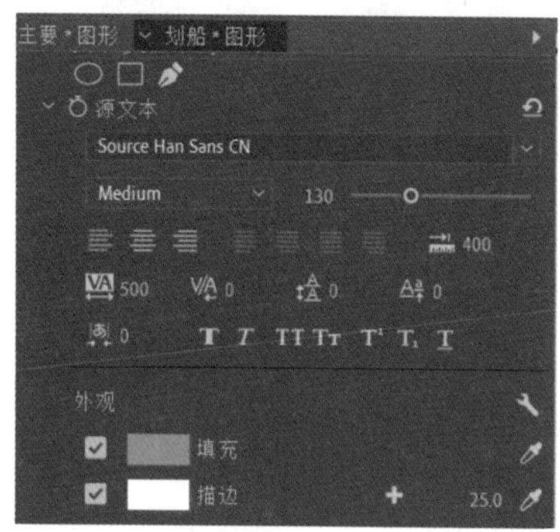

图 13-4

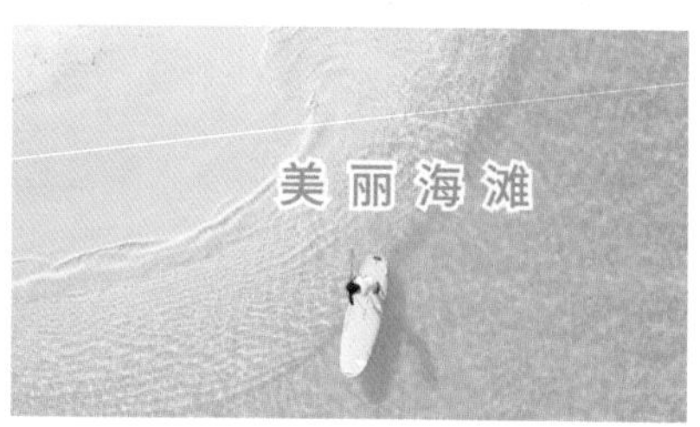

图 13-5

单击【描边】后面的加号可以为文字添加多个描边，如图 13-6 所示。

添加多重描边后效果如图 13-7 所示。

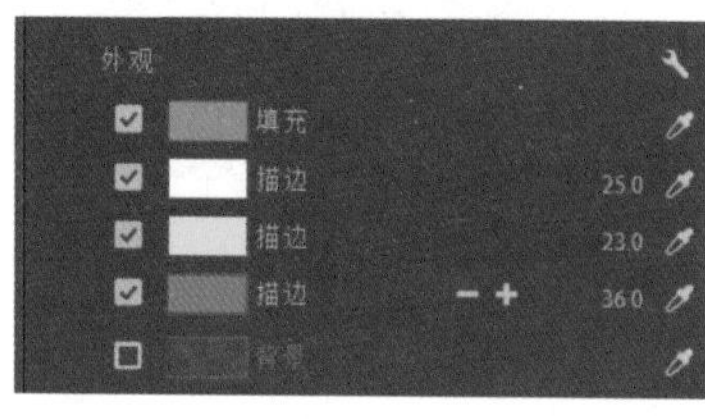

图 13-6

图 13-7

可以发现描边出现了很多棱角，如果不喜欢这种描边方式，可以更改图形的设置，单击外观后面的【图形设置】按钮，可以修改描边的几种样式，如图 13-8 所示。

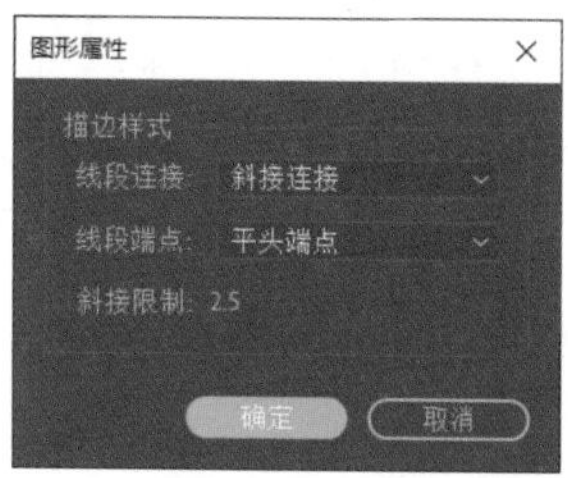

图 13-8

线段连接的 3 种方式分别为斜接连接、圆角连接、斜面连接，如图 13-9 所示。

图 13-9

线段端点的 3 种类型分别为圆头端点、方头端点、平头端点，如图 13-10 所示。

图 13-10

其中【斜接限制】表示斜接连接变为斜面连接之前的最大斜接长度，数值越大，斜接长度越长；数值越小，斜接长度越短。

选中【背景】复选框后可以看到关于文字背景的【不透明度】【大小】参数，如图 13-11 所示。

选中【阴影】复选框后可以看到更多的参数，如图 13-12 所示。

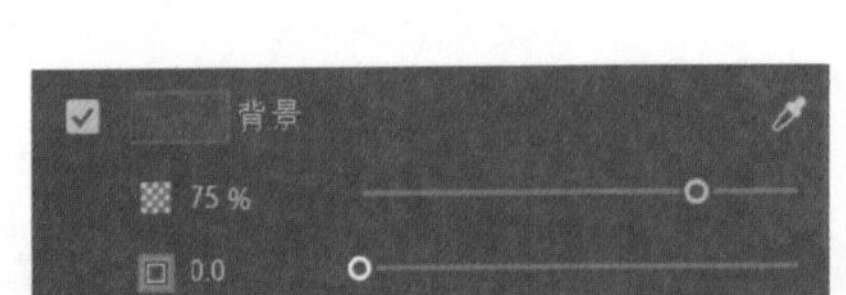

图 13-11

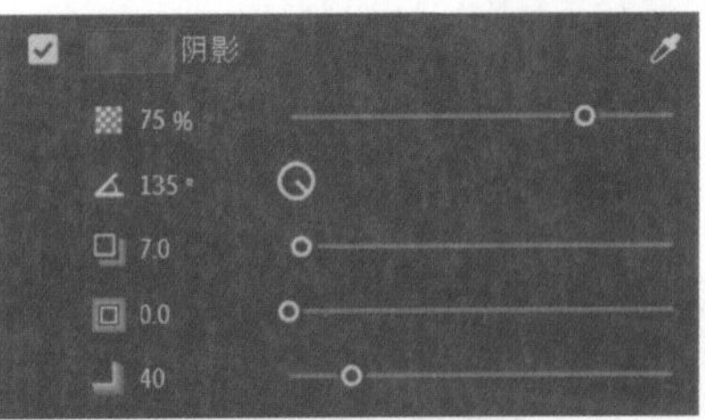

图 13-12

关于【外观】的所有颜色设置可以使用属性后面的吸管吸取颜色。

当存在多个图层时，这里的【文本蒙版】可以将文字设置为蒙版，用来将重复的部分遮挡或显示，制作出如图 13-13 所示的效果。

图 13-13

2．保存文本预设

除了对文字进行以上操作，还可以在文字上添加【背景】【阴影】【蒙版】等效果。编辑好文本样式后将文本样式保存为预设，在【效果控件】面板中右击选择【保存预设】命令，如图 13-14 所示，命名后单击【确定】按钮，打开【效果】面板，在【预设】文件夹中可以找到保存好的预设，与保存的效果预设一样。

图 13-14

3．矢量运动

【矢量运动】中包含【位置】【缩放】等信息，与【运动】属性看似相同，但是【矢量运动】制作的关键帧动画是矢量的，可以避免像素化而产生的锯齿。

选择【矢量运动】中的【缩放】属性，修改数值为 1000%，如图 13-15 所示。

选择【运动】中的【缩放】属性，修改数值为 1000%，如图 13-16 所示。

图 13-15　　图 13-16

观察图形的边缘可以发现明显区别，修改【矢量运动】属性，图形的边缘非常清晰，而修改【运动】属性后图形被栅格化，图形的边缘出现模糊。

13.3　图形工具

在制作标题动画时还会使用到图形工具，可以绘制线段、矩形、椭圆等形状，并制作图形动画。

在【项目】面板中右击选择【新建项目】-【颜色遮罩】命令，颜色设置为浅绿色作为背景。

1．钢笔工具

选择【钢笔工具】，在【节目监视器】中绘制三角形路径，然后在【效果控件】面板中设置图形【描边】的宽度为 50，如图 13-17 所示。

图 13-17

2. 矩形工具

长按【钢笔工具】切换为【矩形工具】可以绘制任意矩形，绘制时按住 Shift 键可以绘制正方形，如图 13-18 所示。

图 13-18

在【效果面板】中可以对图形的【填充】【描边】等属性进行设置。

3. 椭圆工具

切换为【椭圆工具】可以绘制任意椭圆形，绘制时按住 Shift 键可以绘制正圆，如图 13-19 所示。

图 13-19

13.4 编辑图形属性

编辑图形属性与编辑文字样式一样，打开【效果控件】面板，可以看到图形的【填充】【描边】等样式，如图 13-20 所示。

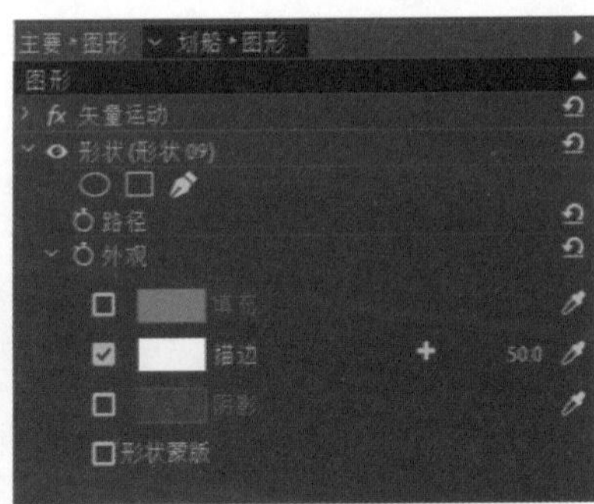

图 13-20

这里【形状蒙版】同【文本蒙版】类似，当存在多个图形时，将图形设置为蒙版，用来显示或遮住其他图形。

13.5 旧版标题面板

选择【文件】-【新建】-【旧版标题】命令，打开【新建字幕】对话框，输入字幕名称后打开【旧版标题】面板，面板中分为工具、样式、动作、属性、字幕预览区 5 个区域，如图 13-21 所示。

图 13-21

1．工具区域

在【旧版标题】面板工具区域中，有【文字工具】【垂直文字工具】【区域文字】【路径文字】等大量文字编辑工具，并且提供了更多的图形编辑工具，如【圆角矩形工具】【弧形工具】等，如图 13-22 所示。

图 13-22

2．旧版标题样式

在【旧版标题】面板的底部区域保存着很多旧版标题样式，创建好文字后直接单击标题样式，在右侧区域对标题样式进行微调，可以快速完成文本样式的编辑，如图 13-23 所示。

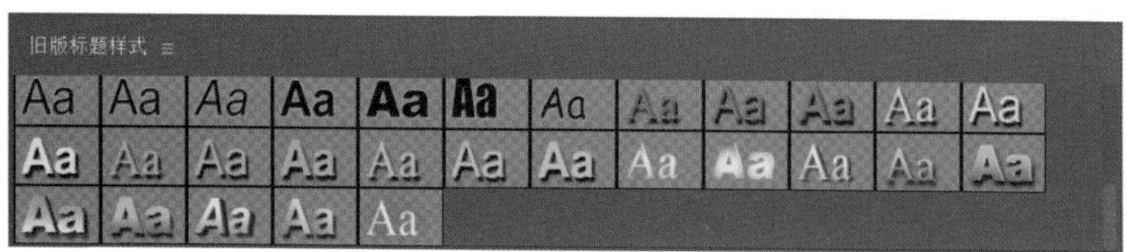

图 13-23

如果不满足于现有的默认标题样式还可以添加新的样式，单击旧版标题样式旁边的【面板菜单图标】▪，如图 13-24 所示。

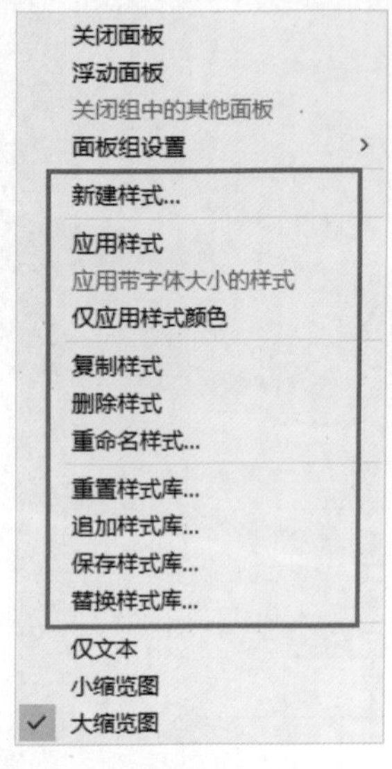

图 13-24

在弹出的下拉菜单中选择【新建样式】命令创建自定义的标题样式，或者选择【追加样式库】命令将准备好的文本样式导入即可。

3．创建滚动字幕

创建滚动字幕有两种方式，在旧版标题面板中创建好文字后单击【字体】前面的【滚动 / 游动选项】▪，打开【滚动 / 游动选项】对话框，可以为字幕创建滚动动画，默认选中【静止图像】单选项，选中其他单选项可以激活定时的更多选项，如图 13-25 所示。

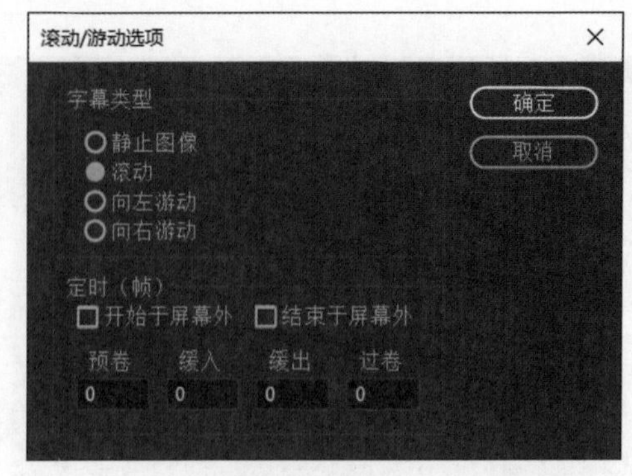

图 13-25

在制作字幕的过程中，单击旧版标题的面板菜单图标▪按钮，在显示窗口中可以设置安全字幕边距、文本基线等，如图 13-26 所示，单击【显示视频】命令可以在对话框中同时显示文字与视频。

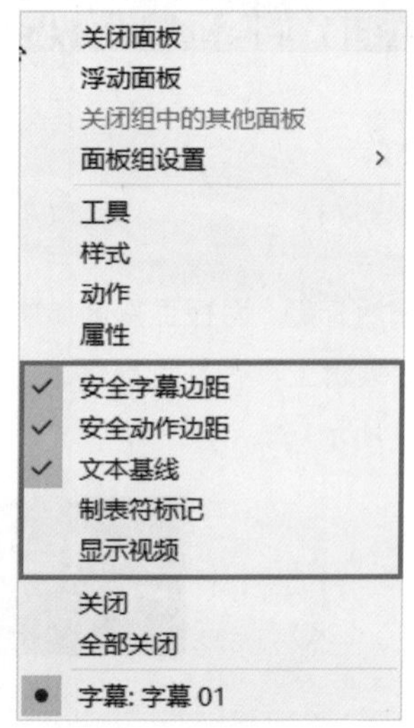

图 13-26

13.6 基本图形面板

除了在【旧版标题】面板中编辑文字样式，还可以在【基本图形】面板中对文字和图形进行更丰富的设计，【基本图形】面板中还提供了动态标题模板，模板中保存了文字样式、文字动画、图形动画等，只需要修改文字就可以使用，非常方便。

选择【窗口】-【基本图形】命令，打开面板，如图 13-27 所示。

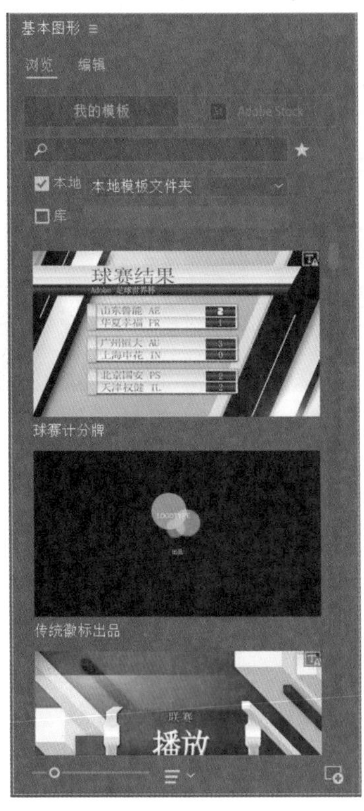

图 13-27

在【基本图形】面板中有【浏览】【编辑】两个选项卡，在【浏览】选项卡中保存着一些动态图形模板，在【编辑】选项卡中可以对文字或者图形的变换属性、外观属性等进行设置。

1．使用本地模板

在面板中浏览本地模板，选择“游戏开场”直接放到序列中，可以在序列中看到剪辑，效果如图 13-28 所示。

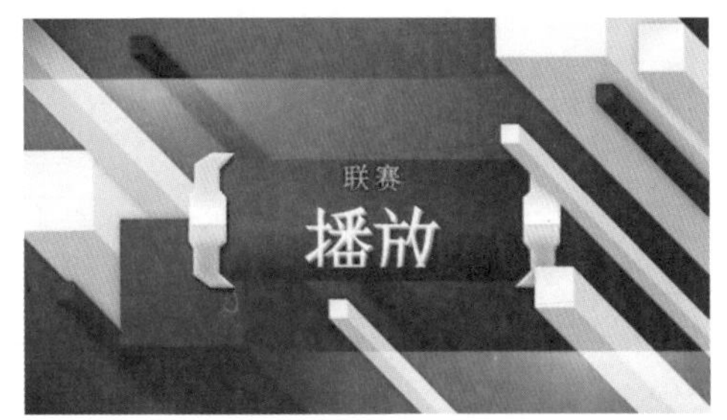

图 13-28

选择序列中的剪辑，切换到【编辑】选项卡可以看到关于模板的参数设置，如图 13-29 所示，根据自己的需要对模板的参数进行修改，修改完后需要对模板进行渲染才能实时地预览最终的效果。

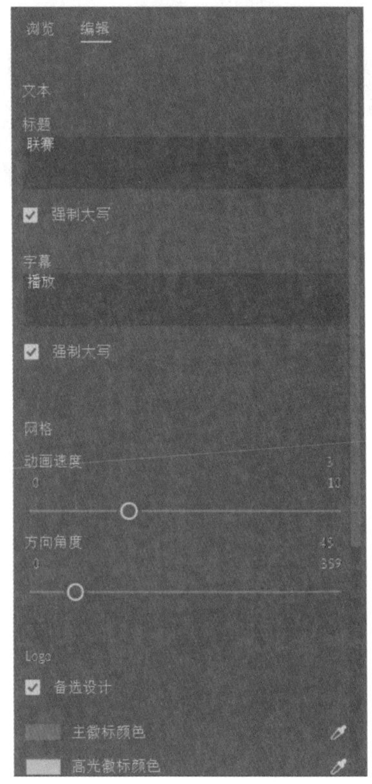

图 13-29

2．导入动态图形模板

除了使用本地的模板，还可以自己制作模板或者自定义导入动态图形模板，单击面板的【面板菜单】按钮，选择【管理更多文件夹】命令，打开【管理更多文件夹】对话框，如图 13-30 所示。

单击【添加】按钮打开资源管理器，找到准备好的保存有动态图形模板的文件夹，单击【确定】按钮就可以导入新的模板。

导入新的动态图形模板后，在【基本图形】面板中，打开【本地】后面的下拉菜单可以看到导入的模板，如图 13-31 所示，单击对应的名称选项卡就可以浏览文件夹中的模板。

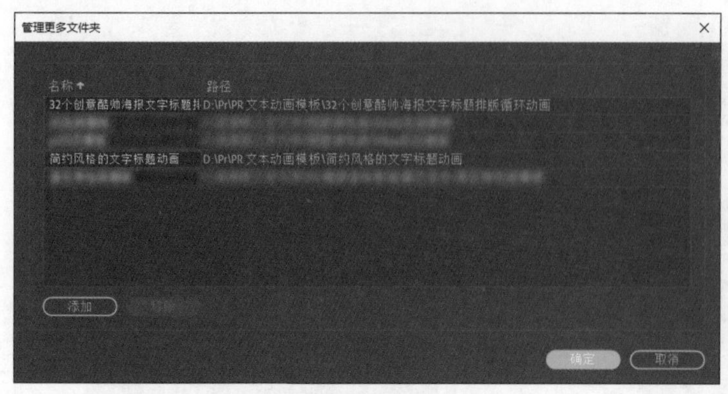

图 13-30

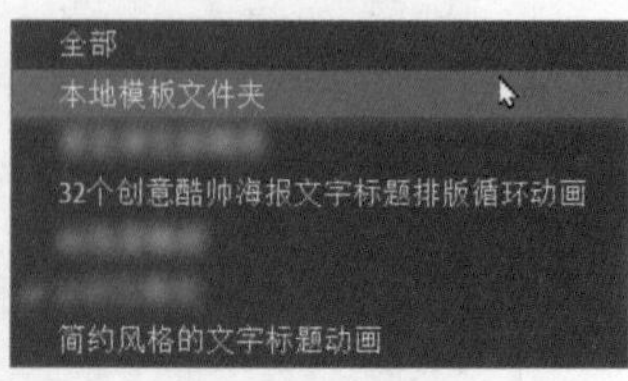

图 13-31

3．响应式设计

在 Premiere Pro 中可以在图形与图形之间创建响应式设计，自动根据图形的运动或者持续时间做出改变，响应式设计分为两种：【响应式设计 - 时间】【响应式设计 - 位置】。

先来看一下【响应式设计 - 时间】。选择时间轴上的图形剪辑，打开【基本图形】面板中的【编辑】选项卡，可以看到【响应式设计 - 时间】属性，如图 13-32 所示。

使用【响应式设计 - 时间】可以为文字、图形创建滚动的动画。选中【滚动】复选框可以看到关于滚动的更多参数设置，如图 13-33 所示。

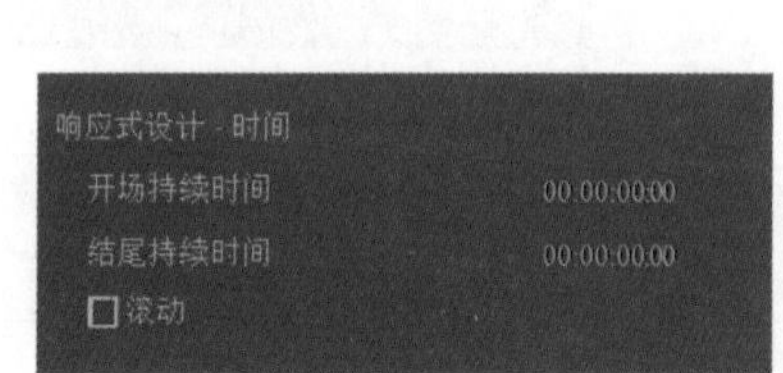

图 13-32

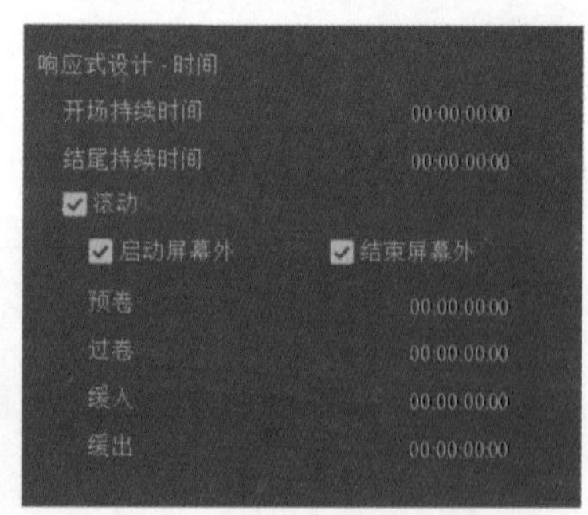

图 13-33

【开场持续时间】设置开场保护的时间，在开场持续时间内，图形的关键帧动画不会被修剪，关键帧会根据图形的持续时间自动拉伸或缩短。

【结尾持续时间】设置结尾保护的时间，在结尾持续时间内，图形的关键帧动画不会被修剪，关键帧会根据图形的持续时间自动拉伸或缩短。

【启动屏幕外】：设置滚动的起始位置。选中时，文字启动位置位于屏幕之外开始滚动；取消选中时，文字启动位置位于原始位置开始滚动。

【结束屏幕外】：设置滚动结束的位置。选中时，结束位置位于屏幕之外结束滚动；取消选中时，结束位置位于原始位置结束滚动。

【预卷】：设置滚动开始前持续的时间。

【过卷】：设置滚动结束后持续的时间。

【缓入】：指定字幕进入所需要的时长。

【缓出】：指定字幕滚出所需要的时长。

选中【滚动】单选项后可以在【节目监视器】右侧看到关于字幕的滚动条，如图 13-34 所示。

图 13-34

再来看【响应式设计－位置】。在【编辑】选项卡中选择图形，可以看到关于图形的【响应式设计－位置】属性，如图 13-35 所示，可以将图形与其他图形关联起来，根据父级图形的属性变化自动改变自身的属性变化。

图 13-35

在下拉菜单中可以为当前图形指定一个父级图形，如图 13-36 所示。

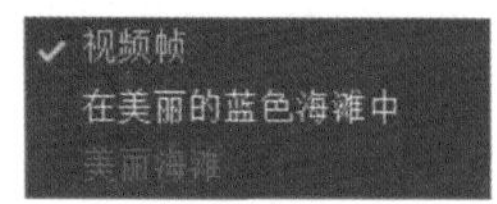

图 13-36

将“在美丽的蓝色海滩中”指定为父级图形，在后面区域单击控件可以指定子级图形固定的边缘，可以选择全部边或者四条边中的任意一条边，这里单击中间方块选择全部，如图 13-37 所示。

图 13-37

选择图形“在美丽的蓝色海滩中”，制作【位置】与【缩放】的关键帧动画，播放序列可以发现图形“美丽海滩”自动跟随着图形“在美丽的蓝色海滩中”的关键帧动画做出响应，这就是【响应式设计－位置】，在父级图形与子级图形之间创建关联。

4．对齐并变换

可以选择单个或多个图形进行对齐操作，还可以对图形的变换属性进行操作，这里的【位置】【旋转】等属性，与【效果控件】面板中的对应属性一致，如图 13-38 所示。

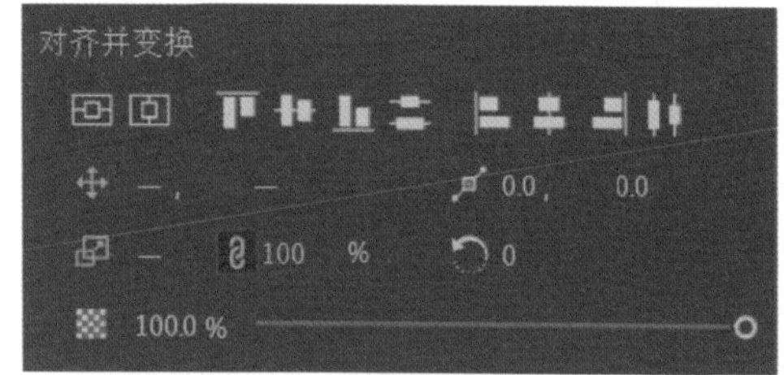

图 13-38

5．编辑主样式

可以将图形、文本的【字体】【填充】【描边】等样式保存下来，保存后可以直接将样式应用到其他图形、文本上，快速应用相同的文本样式。

在【编辑】选项卡中选择调整好的图形剪辑，单击【样式】下拉菜单中的【创建主文本样式】，如图 13-39 所示，在弹出的【主样式】对话框中将图形样式命名，单击【确定】按钮就可以创建文本样式。

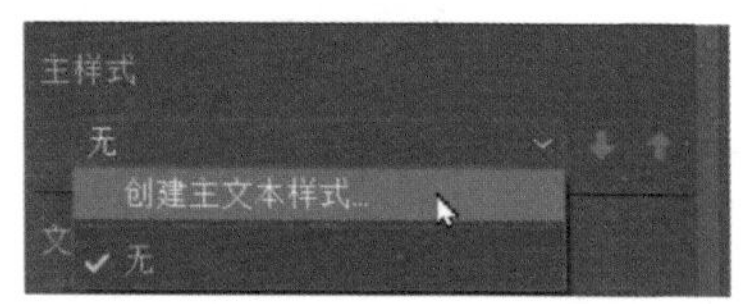

图 13-39

创建好样式后，【项目】面板会生成图形样式的缩览图，如图 13-40 所示，这里它并不是剪辑，不能插入序列中。需要应用图形样式时，直接将样式移动到时间轴中的图形剪辑上即可，或者在【基本图形】面板【编辑】选项卡中，单击下拉菜单应用保存的图形样式，如图 13-41 所示。

图 13-40

图 13-41

应用图形样式后，也可以在此基础上对样式进行修改，修改图形样式后在【主样式】下拉菜单中会显示出【彩色文字 < 已修改 >】的字符，单击后面的【从主样式同步】按钮，可以将修改的参数恢复为保存的图形样式，单击【推送为主样式】按钮可以将保存的图形样式更新为当前修改的图形样式，如图 13-42 所示。

图 13-42

6．导出为动态图形模板

选择创建好的图形剪辑，选择【文件】-【导出】-【动态图形模板】命令，弹出【导出为动态图形模板】对话框，如图 13-43 所示，输入名称并设置存放的路径单击【确定】按钮即可。

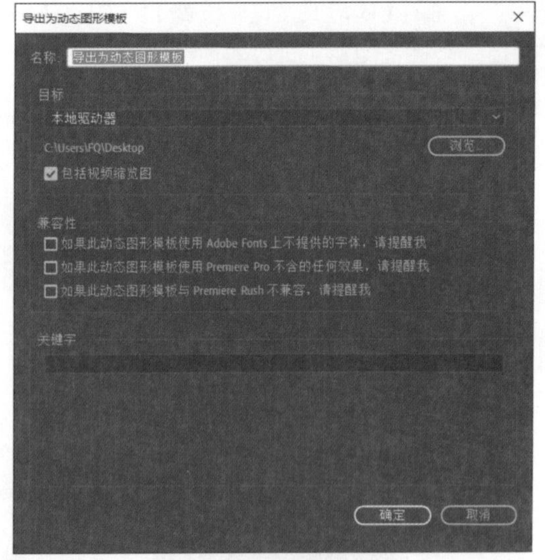

图 13-43

13.7 使用字幕

在电视节目或者电影中，会看到画面底部区域有字幕显示。字幕通常分为两种类型，一种是隐藏式字幕，隐藏式字幕可以由观看者自定义开启或者隐藏；另一种是开放式字幕，这种字幕总是可见的。

1．创建字幕

打开序列“添加字幕”，选择【文件】-【新建】-【字幕】命令，可以看到【新建字幕】对话框，如图 13-44 所示。

单击各参数下拉菜单，选择创建字幕的标准、流、时基等设置，如图 13-45 所示。

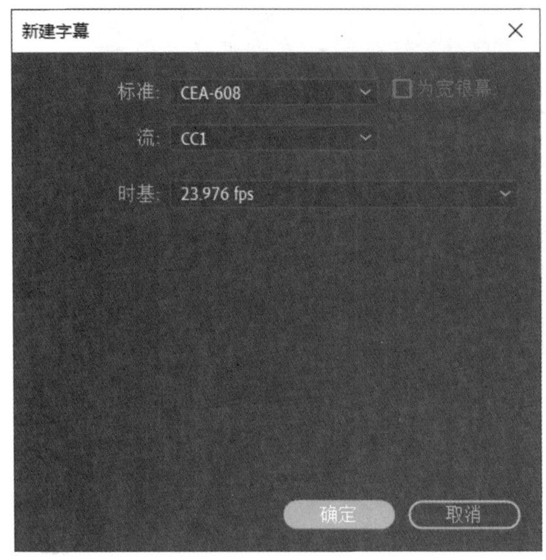

图 13-44

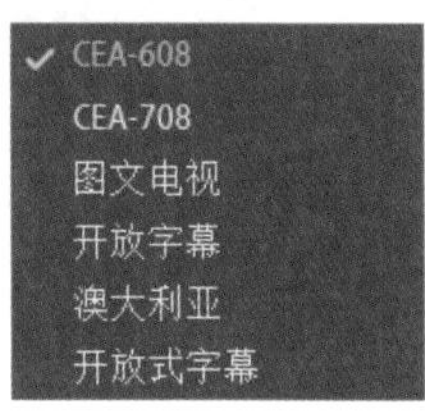

图 13-45

【CEA-608】: 模拟电视常用的标准。

【CEA-708】: 数字广播电视的标准。

【图文电视】: PAL 制式常用字幕类型。

【开放字幕】: 常规可见的字幕。

【澳大利亚】: 澳大利亚地区常用的字幕格式。

【开放式字幕】: 可见的字幕，社交媒体常用字幕类型。

这里选择【开放式字幕】，其他设置保持默认不变，单击【确定】按钮后，在【项目】面板中会出现新建的字幕，将字幕放到序列 V2 轨道上，【节目监视器】中就会出现字幕，如图 13-46 所示。

图 13-46

2. 编辑字幕

选择【窗口】-【字幕】命令，然后选择序列上的字幕，在【字幕】面板中编辑字幕内容，如图 13-47 所示。

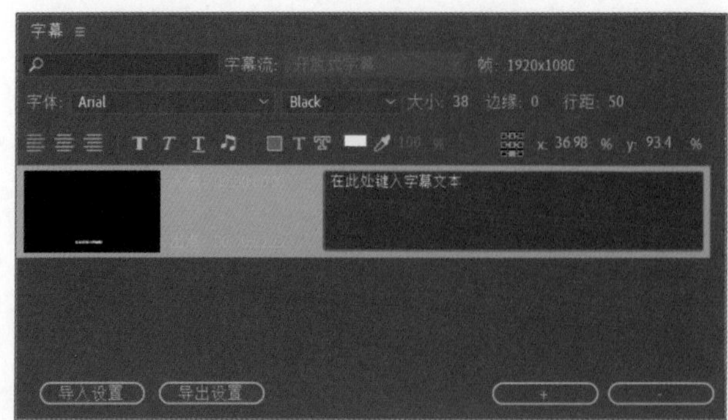

图 13-47

在面板中可以修改字幕的字体、大小、颜色等设置。选择字幕单击【背景颜色】■，修改后面的颜色、数值可以改变字幕的背景颜色，然后切换为【字体颜色】【边缘颜色】并修改数值，这里三个属性共用颜色框与不透明度属性，颜色可以使用吸管工具直接吸取。后面的【打开位置字幕块】按钮可以设置字体的位置。

设置好字幕后单击面板右下角的加号【添加字幕】按钮可以添加新的字幕。

在序列上字幕可以像剪辑一样进行剪辑，鼠标编辑字幕的出点将持续时间与视频“划船”的持续时间对齐，如图 13-48 所示。

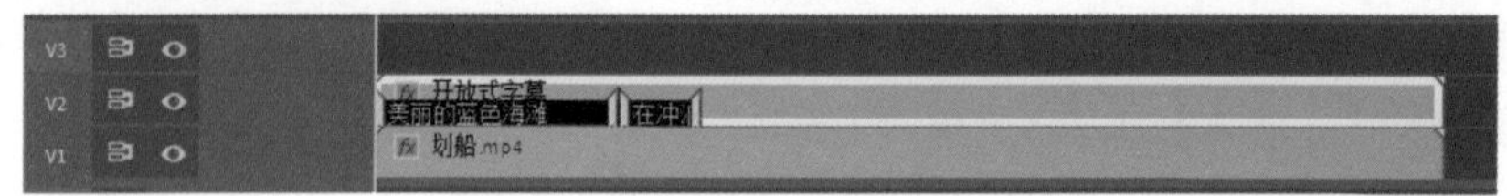

图 13-48

在字幕剪辑上按顺序排列着一段段字幕，使用鼠标拖动字幕的边缘可以修改每一段字幕的持续时间，如图 13-49 所示。

图 13-49

13.8 案例——相信自己标题动画

（1）新建项目“相信自己标题动画”，导入素材“摆拍”并移动到【时间轴】创建序列。

（2）长按【钢笔工具】，选择【矩形工具】，在图中绘制矩形，然后调整【填充】为蓝色，如图 13-50 所示。

（3）在【效果控件】面板中选择蓝色矩形并按快捷键 Ctrl+C 复制，然后按快捷键 Ctrl+V 粘贴并重命名为“洋红色”，修改填充颜色为洋红色，使用【钢笔工具】移动矩形的锚点，如图 13-51 所示。

图 13-50

图 13-51

（4）使用【文本工具】创建文字并输入文字“相信自己”，设置【填充】为白色，选中【阴影】选项并设置阴影颜色为浅蓝色，设置【不透明度】为 100%，【角度】为 290°，【距离】为 15，【模糊】为 0，效果如图 13-52 所示。

（5）复制文本“相信自己”并粘贴，修改副本的【阴影】颜色为紫色，【角度】为 135°，效果如图 13-53 所示。

图 13-52

图 13-53

（6）使用【矩形工具】在文字周围绘制矩形，选择【描边】命令并设置【描边宽度】为 10，然后选择【形状蒙版】-【反转】命令，在周围创建透明的矩形蒙版，如图 13-54 所示。

（7）文字编辑好后开始制作动画，选择【时间轴】上的“相信自己”，在入点处添加【双侧平推门】，修改过渡【持续时间】为 15 帧，选中【反向】复选框，效果如图 13-55 所示。

图 13-54

图 13-55

（8）选择【效果控件】中的文字，单击【创建 4 点多边形蒙版】，调整蒙版的路径，如图 13-56 所示。

（9）移动指针到 18 帧处，激活【蒙版扩展】关键帧，并设置为 -140，向右移动指针到 1 秒 11 帧，修改【蒙版扩展】为 210，如图 13-57 所示。

图 13-56

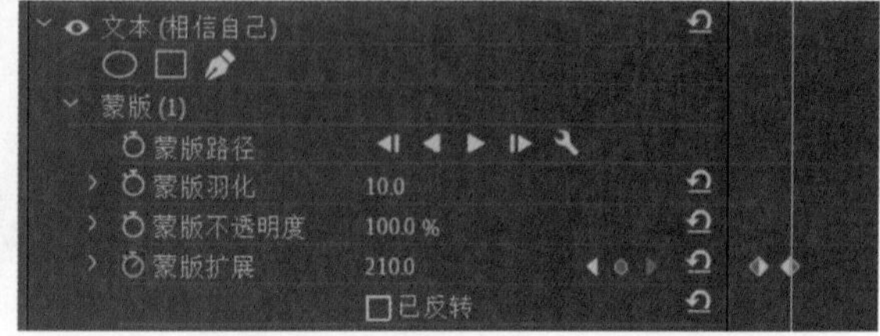

图 13-57

（10）选择蒙版右击选择【复制】命令，粘贴给另一个颜色的文本，制作文本逐渐出现的效果。

（11）选择紫色阴影的文本，移动指针到 1 秒 13 帧处，激活【不透明度】关键帧，向右移动 2 ~ 3 帧并不断修改【不透明度】属性，直到剪辑出点，然后选择全部关键帧右击选择【关键帧插值】-【定格】命令，如图 13-58 所示。

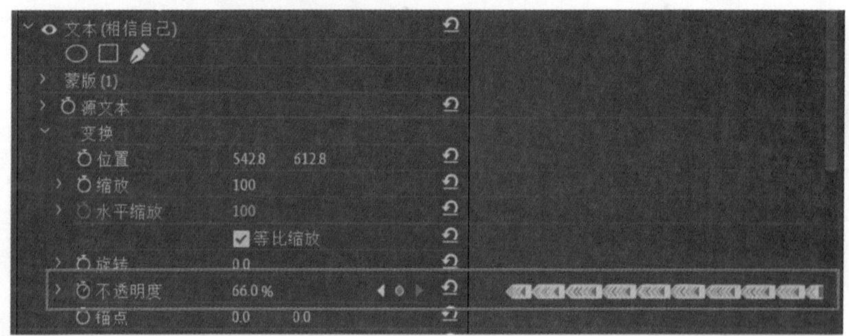

图 13-58

（12）选择另一个阴影颜色的文本制作类似的关键帧动画，制作完关键帧后将全部关键帧向左移动 3 帧左右，实现错位，效果如图 13-59 所示。

图 13-59

（13）播放序列查看效果，这样一个文本动画案例就制作完成了。

13.9 案例——泳池派对

（1）新建项目“泳池派对”，创建序列“AVCHD 1080p30”并导入素材“泳池”“雷娜”“莱文”。

（2）选择“泳池”放到 V1 轨道，在 0 秒处激活【缩放】关键帧，修改数值为 200，移动指针到 17 帧处，修改【缩放】为 125，打开【缩放】图标，修改关键帧曲线，如图 13-60 所示。

（3）选择“泳池”添加效果【颜色平衡（HLS）】，修改【亮度】为 -50，如图 13-61 所示。

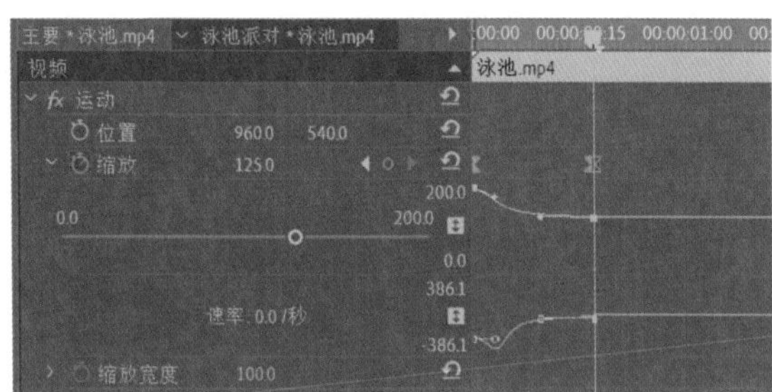

图 13-60

图 13-61

（4）选择“泳池”按住 Alt 键向上移动，在 V2 轨道创建副本并重命名为“中间”，还原【缩放】属性为 100% 并移除【颜色平衡（HLS）】效果，添加【裁剪】效果，移动指针到 4 帧处，激活【顶部】【底部】关键帧并调整为 50%，然后移动指针到 27 帧处，修改【顶部】【底部】数值为 29%，如图 13-62 所示。

（5）分别调整【顶部】【底部】的关键帧曲线，如图 13-63 所示。

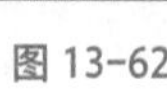
图 13-62

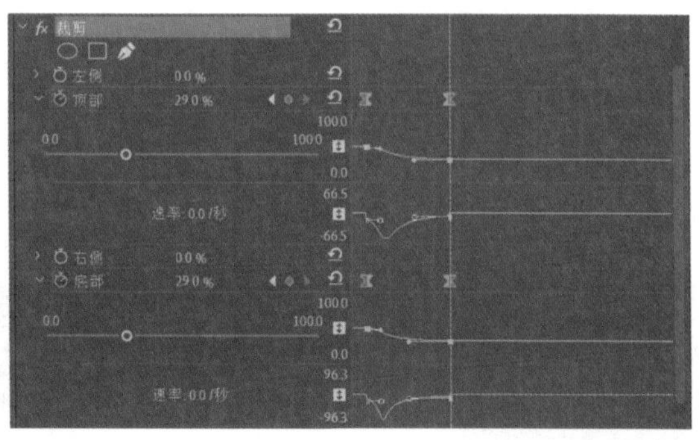

图 13-63

（6）使用【文本工具】创建文本，输入文字“泳池派对”，字体选择【Source Han Sans CN】，字体样式为【Regular】，字体大小为【217】，【填充】选择白色，如图 13-64 所示。

（7）选择“泳池派对”移动指针到 0 秒处，激活【矢量运动】中的【缩放】关键帧，修改数值为 388，激活【不透明度】关键帧修改数值为 0%，移动指针到 18 帧处，还原【缩放】【不透明度】数值，制作关键帧动画，效果如图 13-65 所示。

图 13-64

图 13-65

（8）创建文本并输入“已经开启”，修改字体大小为【86】，首先修改【运动】属性的【位置】为【960，1140】，将图形移动到画面中的下面区域，隐藏其他图层，如图 13-66 所示。

（9）移动指针到 8 帧处，激活【矢量运动】的【位置】关键帧修改为【785，-13】，移动指针到 24 帧，修改【位置】为【785，90】，制作“已经开启”向下移动的位移动画，如图 13-67 所示。

图 13-66

图 13-67

（10）选择“雷娜”放到 V1 轨道“泳池”的后面，修剪持续时间为 3 秒，在 V2 轨道创建副本并重命名为“雷娜（蓝色）”，如图 13-68 所示。

（11）选择“雷娜（蓝色）”添加效果【颜色平衡（RGB）】调整【红色】为 0，【蓝色】为 200，效果如图 13-69 所示。

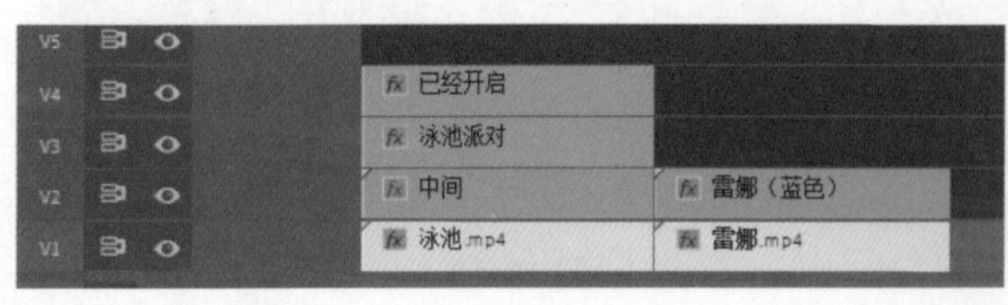

图 13-68

图 13-69

（12）继续在“雷娜（蓝色）”上添加【裁剪】效果，在 3 秒处激活【左侧】关键帧设置为 40%，激活【右侧】关键帧设置为 60%，移动指针到 3 秒 24 帧处修改【左侧】关键帧设置为 8%，【右侧】关键帧设置为 53%，如图 13-70 所示。

（13）选择“雷娜”，添加【偏移】效果，在 3 秒激活【将中心移位至】设置为【960，

540】，移动指针到 4 秒处，修改数值为【2880，540】，如图 13-71 所示。

图 13-70

图 13-71

（14）使用【文本工具】创建文字“雷娜”，设置字体大小为【140】，打开【运动】属性中的【位置】，设置为【1127，540】，如图 13-72 所示。

（15）打开【文本】属性中的【变换】属性，激活【位置】关键帧，移动指针到 3 秒 18 帧处，修改【位置】为【-287，760】，移动指针到 4 秒 8 帧处，修改【位置】为【47，760】，制作位移动画，如图 13-73 所示。

图 13-72

图 13-73

（16）创建文字并输入“享受太阳的光芒”，字体大小为【65】，移动指针到 3 秒 26 帧，打开【文本】中的【变换】属性，激活【位置】关键帧，设置为【-530，830】，移动指针到 4 秒 15 帧处，修改【位置】为【40，830】，制作位移动画，如图 13-74 所示。

（17）选择“莱文”放到 V5 轨道，在剪辑入点处添加视频过渡【双侧平推门】，单击视频过渡在【效果控件】面板中选中【反向】复选框，效果如图 13-75 所示。

图 13-74

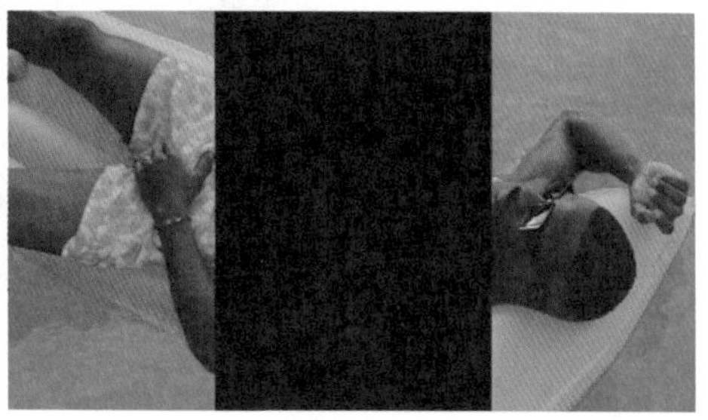

图 13-75

（18）调整“莱文”修剪持续时间为 3 秒并调整在时间轴上的位置，使过渡期间与“雷娜”重合，如图 13-76 所示。

（19）创建文字“莱文”，字体大小为【220】，调整【运动】中的【位置】为【1455，540】，如图 13-77 所示。

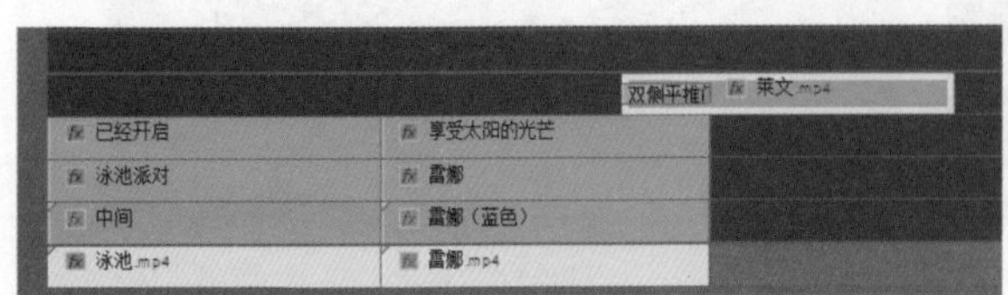

图 13-76

图 13-77

（20）移动指针到 5 秒 5 帧处，打开【文本】中的【变换】属性，激活【位置】关键帧，设置为【-440，470】，移动指针到 5 秒 28 帧处，修改【位置】为【250，470】，制作位移动画，如图 13-78 所示。

（21）使用【矩形工具】绘制矩形，使用【文本工具】创建文字输入“莱文无处不在”，字体大小为【80】，选中【文本蒙版】-【反向】复选框，如图 13-79 所示。

图 13-78

图 13-79

（22）打开矩形中的【变换】属性，修改【位置】为【1220，526】，修改【锚点】为【540，0】，移动指针到 5 秒 15 帧处，取消选中【等比缩放】复选框并激活【水平缩放】关键帧，设置为 0%，移动指针到 6 秒 6 帧处，设置【水平缩放】为 100%，制作缩放动画，如图 13-80 所示。

图 13-80

（23）最后添加素材“光晕”到所有图层上方并调整【混合模式】为【叠加】，添加背景音乐“Beau Walker - Waves”到 A1 轨道，播放序列查看效果如图 13-81 所示，这样一个文本动画就制作完成了。

图 13-81

13.10 案例——使用动态图形模板

（1）新建项目“使用动态图形模板”，导入素材“摩托车手”“穿越沙漠”“表演车技”“前行”并移动到时间轴上创建序列，如图 13-82 所示。

图 13-82

（2）选择【窗口】-【基本图形】命令，打开【基本图形】面板，单击面板中的【面板菜单图标】-【管理更多文件夹】，在弹出的【管理更多文件夹】对话框中单击【添加】按钮，如图 13-83 所示，找到准备好的“我的模板”文件夹导入。

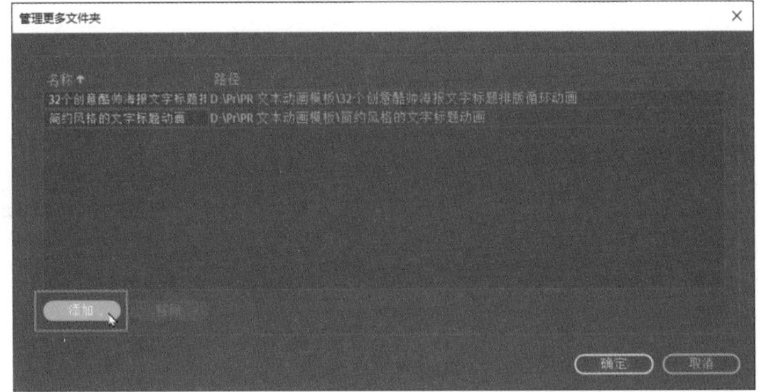

图 13-83

（3）切换【本地】下拉菜单为【我的模板】，可以看到“标题动画”如图 13-84 所示。

（4）选择“标题动画”放到 V2 轨道，打开【基本图形】的【编辑】菜单，编辑文字并修改文字的字体、大小、颜色等参数，效果如图 13-85 所示。

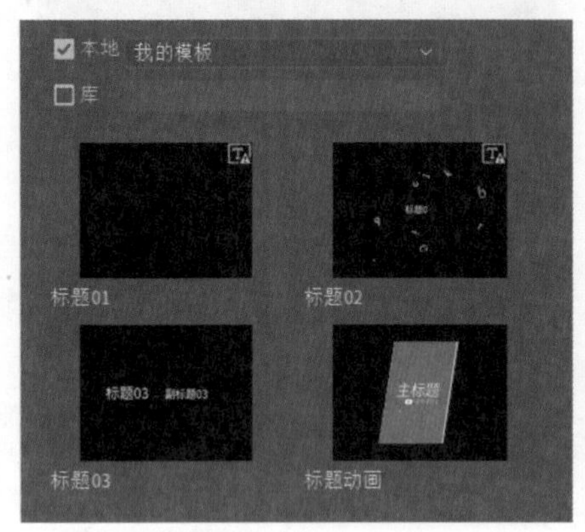

图 13-84

图 13-85

（5）选择“标题动画”，移动【位置】到画面左侧，这样第一个标题动画就编辑完成了，如图 13-86 所示。

（6）在【基本图形】面板中选择“标题 01”放到“穿越沙漠”轨道上方，然后在【编辑】菜单中修改文字属性，如图 13-87 所示。

图 13-86

图 13-87

（7）选择“标题 02”添加到“表演车技”轨道上方，在【编辑】菜单中修改文字样式，效果如图 13-88 所示。

（8）选择“标题 03”放到“前行”轨道上方，在【编辑】菜单中修改文字属性，如图 13-89 所示。

图 13-88

图 13-89

（9）播放序列查看效果，这样使用动态图形模板就能快速完成标题动画。

第 14 章 渲染与导出

在编辑工作过程中遇到尺寸比较大的视频或者效果复杂的剪辑时，预览时会出现卡顿、丢帧的现象，需要对序列上的内容进行渲染，渲染后才能正常播放。

完成编辑后，将项目导出为媒体文件。在 Premiere Pro 中有专门的导出设置面板，可以将当前序列导出为各种格式的媒体，并有大量的预设，可以快速设置导出的格式。

14.1 渲染与替换

在编辑过程中遇到播放卡顿时可以将剪辑直接渲染为一个新的文件，然后将渲染的文件替换到当前位置，这样播放过程中就不会出现卡顿现象了。

选择序列上的剪辑，选择【剪辑】-【渲染和替换】命令，或者直接右击选择【渲染和替换】命令，弹出【渲染和替换】对话框，如图 14-1 所示。

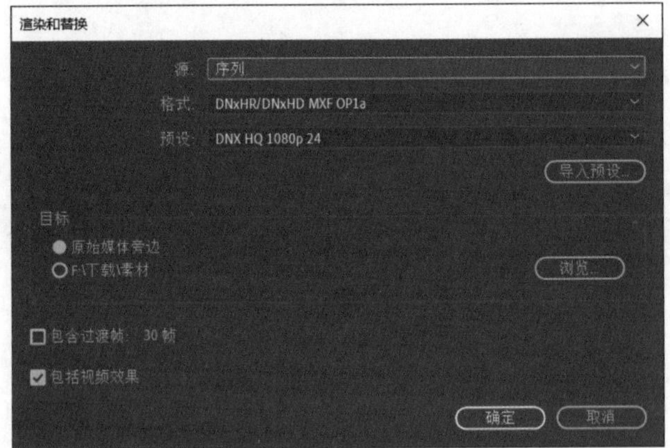

图 14-1

在对话框中选择需要渲染和替换的与剪辑匹配的对象，选择输出格式，在预设选项中可以直接选择保存的预设，然后确定好渲染后媒体的存放位置。

选中【包含过渡帧】复选框，可以将剪辑前后的指定帧数同时渲染并导出。

选中【包括视频效果】复选框，可以将剪辑上应用的效果同时渲染并导出为媒体文件。

设置好后单击【确定】按钮，等待渲染进度条结束，如图 14-2 所示。然后打开目标路径可以看到“XX. 已渲染”名称的媒体文件。

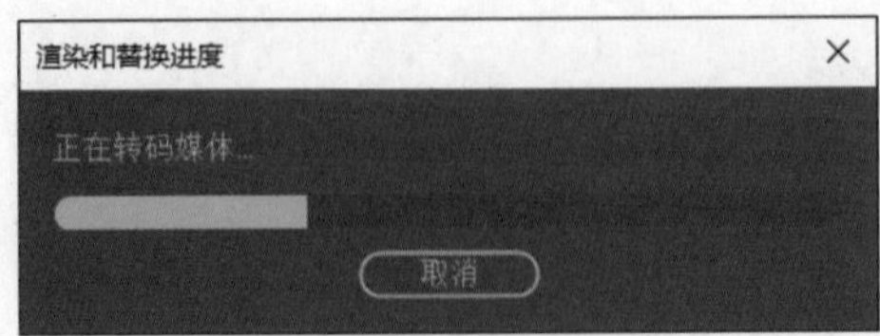

图 14-2

选择【渲染和替换】命令后还可以将剪辑还原，选择已经渲染的剪辑，右击选择【恢复已渲染的内容】命令即可。

14.2　渲染序列

渲染可以使序列上的内容进行实时回放，在编辑序列时经常可以看到时间轴上出现绿色、黄色、红色 3 种颜色的渲染条，分别代表不同的状态，如图 14-3 所示。

图 14-3

绿色渲染条表示已经渲染，可以实时回放。

黄色渲染条表示未渲染，但是无须渲染就可以实时回放。

红色渲染条表示必须要经过渲染才可以实时回放。

如果想要渲染黄色或者红色的渲染条，首先在序列上分别标记入点与出点，定义需要渲染的区域，然后选择【序列】-【渲染入点到出点】命令开始渲染序列，等待渲染进度条结束，如图 14-4 所示。

渲染结束后序列上入点与出点之间的渲染条会变成绿色，播放序列可以完成实时回放，如果未设置入点与出点，执行命令后将渲染序列上的所有内容。

也可以选择【渲染入点到出点的效果】命令，可以只渲染序列上入点到出点之间的红色渲染条，保证实时回放。或者自定义选择序列上的剪辑，然后选择【渲染选择项】可以对选择的剪辑进行渲染，如图 14-5 所示。

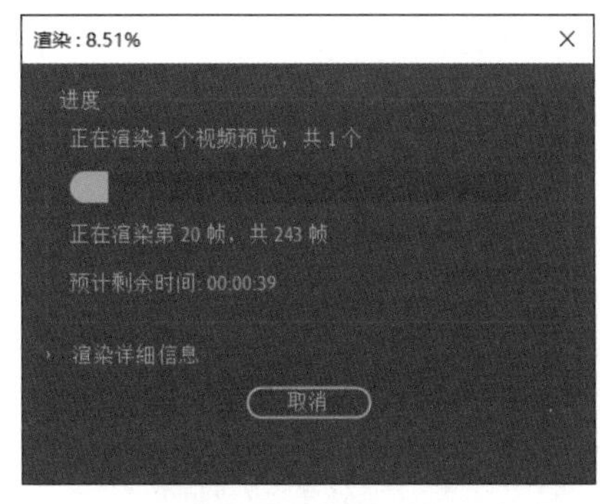

图 14-4

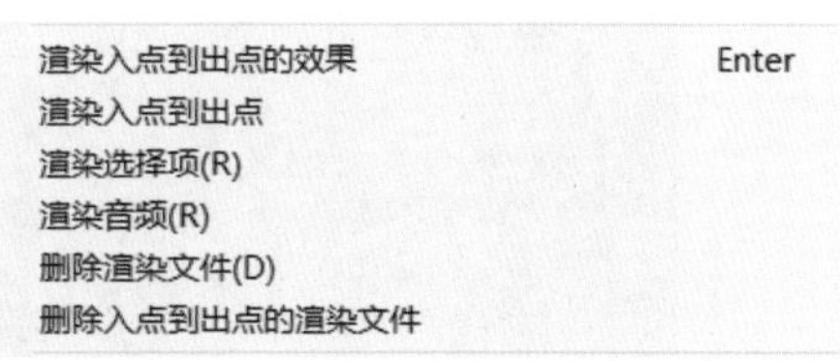

图 14-5

14.3　收录设置与创建代理

除了使用渲染功能实现实时回放，还可以使用收录设置或者为剪辑创建代理文件。在处理一些 4K、8K 高帧速率的媒体时，也会出现红色的渲染条，使用收录设置或者为剪辑创建代理文件，可以避免编辑项目时出现卡顿、丢帧现象，如图 14-6 所示。

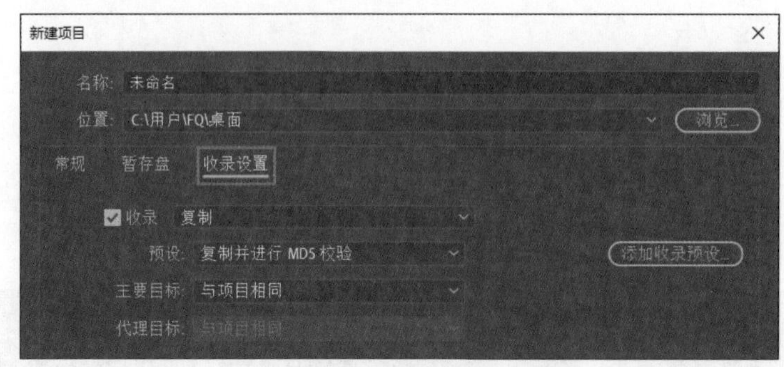

图 14-6

在新建项目或者修改项目设置时，单击【收录设置】选项卡，选中【收录】复选框可以看到收录设置，在下拉菜单中选择收录的方式。

【复制】：在导入媒体文件时，复制媒体并保存在一个指定的位置，在编辑项目时使用这些复制的媒体文件。

【转码】：在导入媒体文件时，将这些媒体文件转码为统一的格式，并存放在指定路径中，转码的格式由添加的【预设】决定。

【创建代理】：在导入媒体文件时，直接为媒体文件创建一个低分辨率的代理文件，在编辑项目时使用代理文件，输出序列时切换为原始媒体文件作为输出。

【复制并创建代理】：在复制的同时创建代理文件，保证原始的媒体文件副本存在并创建出低分辨率的代理文件。

在【预设】下拉菜单中可以选择创建代理文件的预设。

【主要目标】用来指定复制的文件或者代理文件存放的位置。

也可以直接在【项目】面板中选择指定的剪辑，为其创建代理。选择剪辑右击选择【代理】-【创建代理】命令，弹出【创建代理】对话框，如图 14-7 所示。

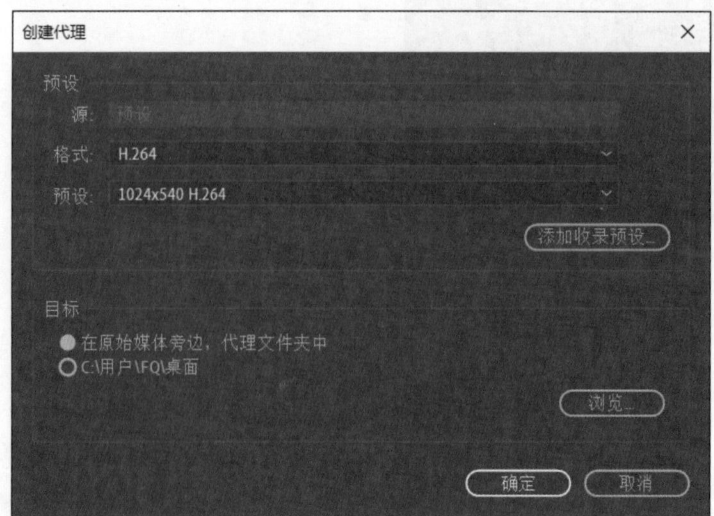

图 14-7

在对话框中选择创建的【格式】与【预设】，然后选择存放的位置，单击【确定】按钮。Premiere Pro 将自动打开 Adobe Media Encoder 软件并渲染导出。渲染结束后在目标位置会出现“Proxies”的文件夹，文件夹中存放着代理文件，如图 14-8 所示。

图 14-8

在 Premiere Pro 中编辑时，单击【节目监视器】面板中的【按钮编辑器】，将【启用代理】按钮移动到面板底部，激活【启用代理】按钮可以在【节目监视器】中查看代理文件。

14.4 导出单帧

如果想将序列上的一帧导出为单个图像，可以使用【节目监视器】面板底部的【导出帧】按钮，移动指针到指定位置，然后单击【导出帧】按钮，弹出【导出帧】对话框，如图 14-9 所示。

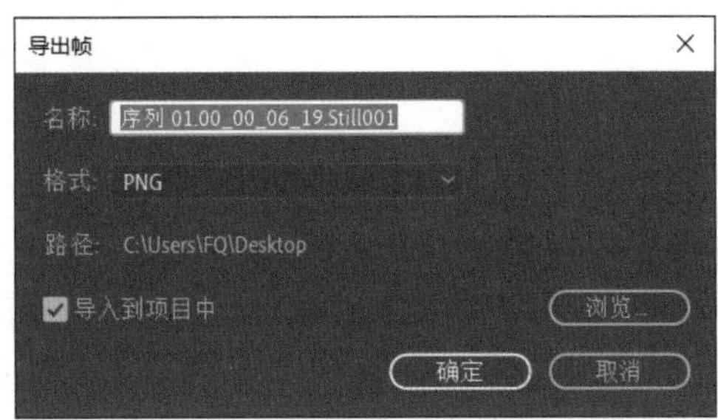

图 14-9

在对话框中输入导出图像的名称、格式，选择存放的路径，如果导出的单帧图像需要再次导入项目中，选中对话框左下角的【导入到项目中】复选框，单击【确定】按钮即可。

14.5 了解导出设置

编辑完成项目的最后一步，需要将当前序列导出为媒体文件，Premiere Pro 支持多种媒体文件格式的导出，也可以发送到 Adobe Media Encoder 中进行批量导出。

可以将项目导出为媒体文件、动态图形模板等格式，或者导出为 AAF、Final Cut Pro 等其他第三方编辑软件的格式，然后在其他编辑软件中进一步编辑。

选择【文件】-【导出】命令可以看到关于导出的设置，如图 14-10 所示。

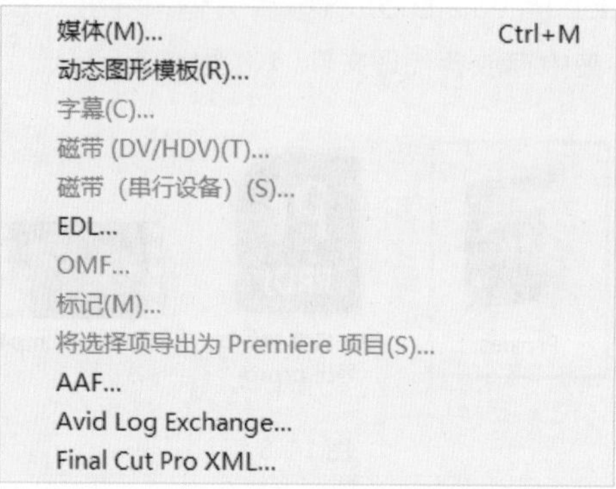

图 14-10

选择【媒体】命令，打开【导出设置】面板，如图 14-11 所示。

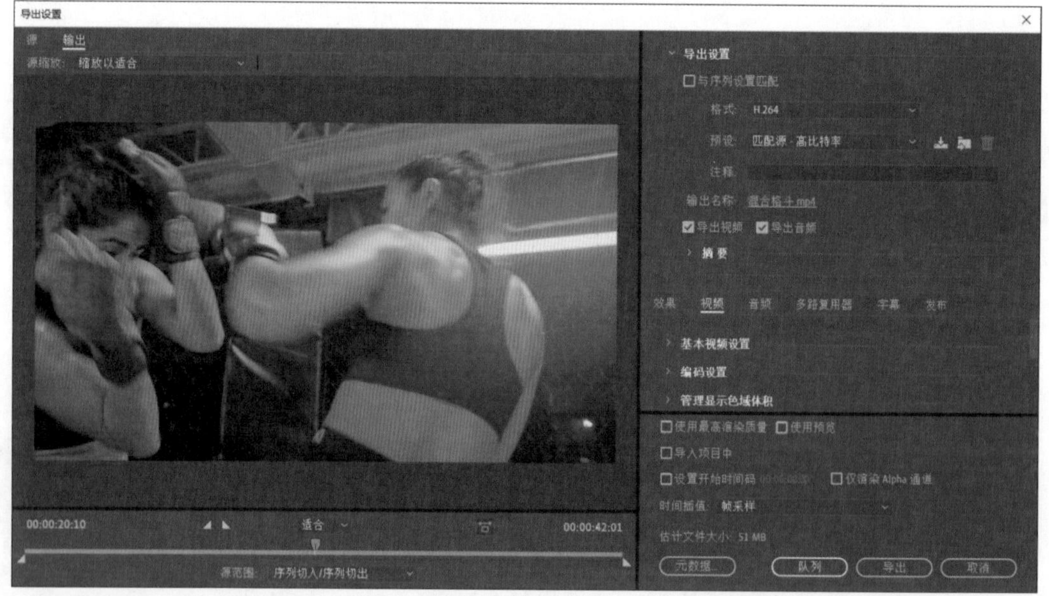

图 14-11

【源】：单击切换到【源】选项卡，在这里单击左侧的【裁剪输出的视频】按钮，可以对输出的画面进行裁切，在后面的各区域内可以对裁剪的区域进行微调，如图 14-12 所示。

图 14-12

裁剪之后切换到【输出】选项卡，在【源缩放】下拉菜单中可以选择【源缩放】的方式，如图 14-13 所示。

在面板底部可以选择输出的【源范围】，如图 14-14 所示，输出方式共有 4 种。

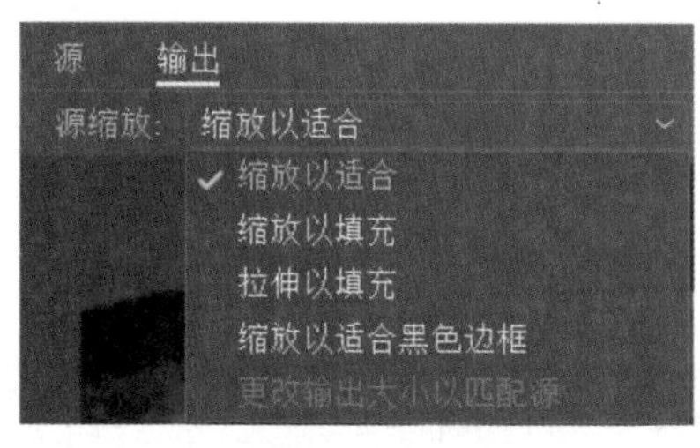

图 14-13

图 14-14

【整个序列】：导出为整个序列。

【源入点 / 出点】：渲染序列上入点到出点的范围。

【工作区域】：渲染工作区域的范围，单击【时间轴】面板的面板菜单图标，选择【工作区域栏】可以查看工作区域。

【自定义】：使用在【导出设置】面板中设置的入点到出点的范围进行导出。

在面板右侧可以对输出进行详细的设置，选择导出的格式、预设并输入输出文件的名称与输出的路径，也可以选择单独【导出视频】或【导出音频】，如图 14-15 所示。

选择完基本设置后，在下面的区域可以对当前设置进行微调，设置分为【效果】【视频】【音频】【多路复用器】【字幕】【发布】多个选项卡，如图 14-16 所示。

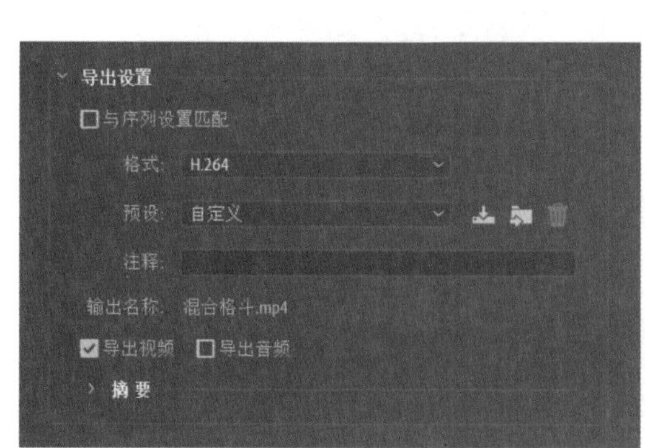

图 14-15

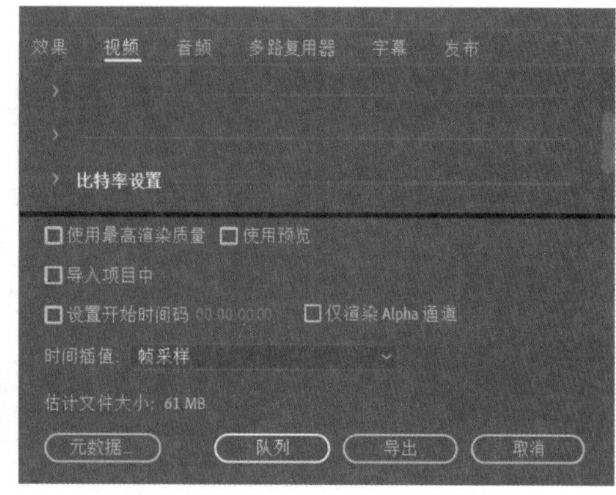

图 14-16

【效果】：在导出的序列上添加各种效果，如 Lumetri 颜色、图像、时间码等。

【视频】：对视频的帧速率、场序、编码设置、比特率等参数进行详细调整。

【音频】：设置音频的输出格式、编码器、采样率、声道等。

【多路复用器】：设置视频与音频混合的方式。

【字幕】：对项目中包含的字幕的导出方式、导出格式进行设置，

【发布】：选择发布的平台，如 Adobe Creative Cloud、Facebook、YouTube 等。

最后在面板底部区域还会有【使用最高渲染质量】【设置开始时间码】【时间插值】等一些其他参数设置。

完成所有导出设置后，选择面板底部的【导出】按钮，会出现【编码】的进度条，如图 14-17 所示，等待进度条结束即可。

或者单击【队列】按钮，将序列发送到 Adobe Media Encoder 的队列中进行批量导出，如图 14-18 所示。

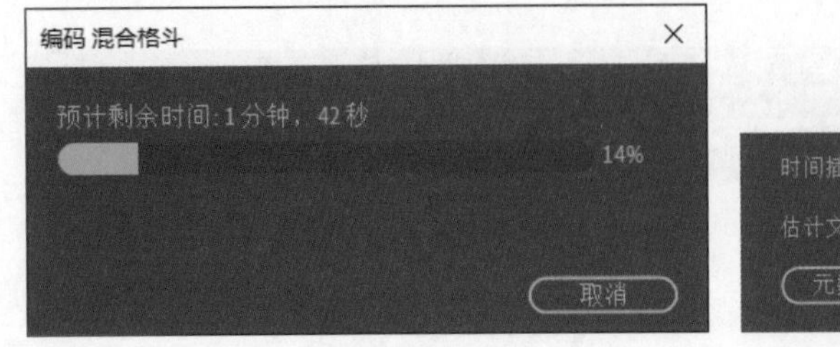

图 14-17

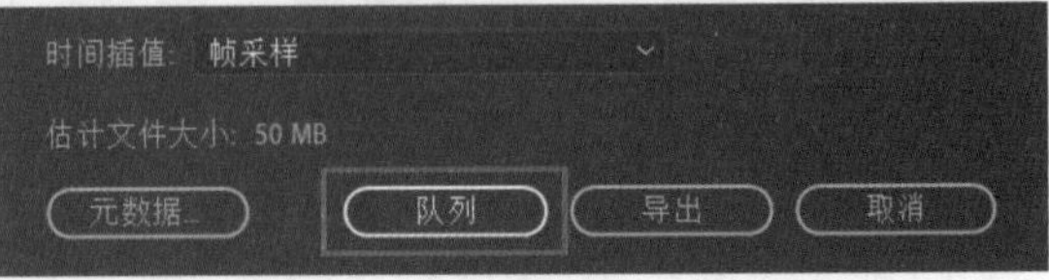

图 14-18

14.6 收集项目文件

在 Premiere Pro 中可以对当前的项目进行收集、整合。方便进行项目的共享、存档。

选择【文件】-【项目管理】命令，打开【项目管理器】面板，如图 14-19 所示。

图 14-19

在【项目管理器】面板中选中需要收集、转码的序列默认只选择当前序列，如果需要收集全部文件需要选中全部序列。然后单击【收集文件并复制到新位置】，选择目标路径，Premiere Pro

将自动计算生成项目的大小，单击【确定】按钮等待进度条结束后，就可以在目标路径中找到收集好的名称为“已复制_XXX”的文件夹了。

单击【整合并转码】将激活转码选项，选择需要转码的源于转码的格式等设置，在右侧将激活更多的复选框【包含过渡帧】【保留 Alpha】等。单击【确定】按钮后 Premiere Pro 将整合序列中的所有素材并转码保存到目标路径中。

14.7 Adobe Media Encoder 导出设置

除了使用 Premiere Pro 中的导出命令，还可以使用专门用于渲染的软件 Adobe Media Encoder，它是一个独立的编码应用程序，内置了大量的导出预设，并且可以支持批量队列导出，Adobe Media Encoder 在完成导出后自动开始渲染队列中的下一项。

1．添加输出到队列中

在 Premiere Pro 的【导出设置】面板中单击【队列】将启动 Adobe Media Encoder，启动软件后自动添加导出的序列到队列中，如图 14-20 所示。

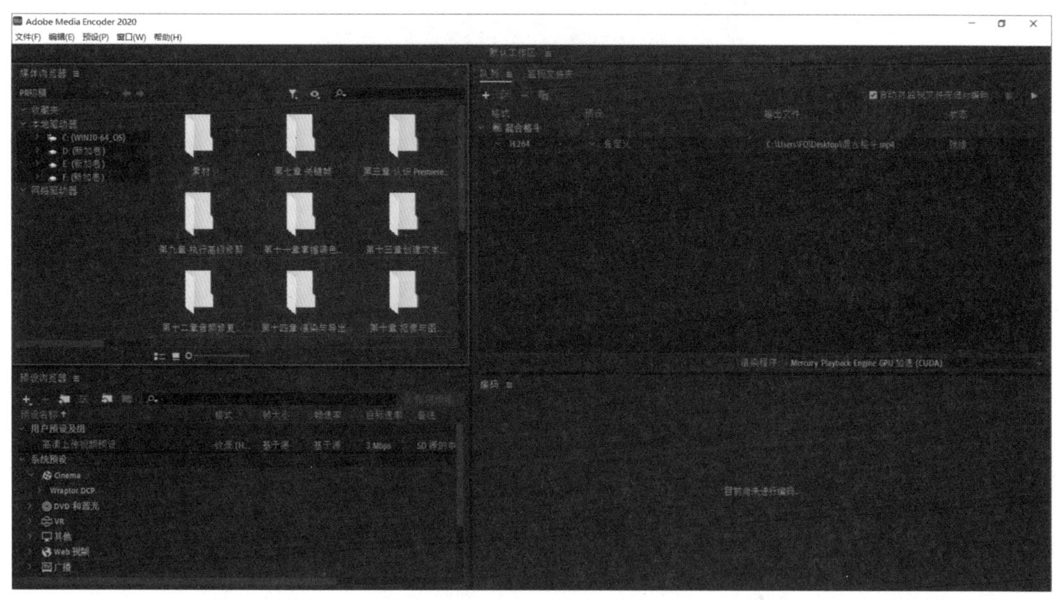

图 14-20

单击队列中的格式或者预设可以重新打开【导出设置】面板，或者直接单击蓝色字前面的小箭头打开下拉菜单，在下拉菜单中选择格式或者预设，如图 14-21 所示。单击后面的输出文件可以定义导出的路径。

也可以在左下角的【预设浏览器】面板中浏览预设，找到合适的预设后直接拖曳预设到队列的序列上就可以应用预设，就像在剪辑上添加效果一样。

在【预设浏览器】面板中单击面板名称下的【新建预设】按钮可以新建自定义的预设，或者在后面搜索栏中输出尺寸、格式、视频制式等设置来搜索指定的格式，如图 14-22 所示。

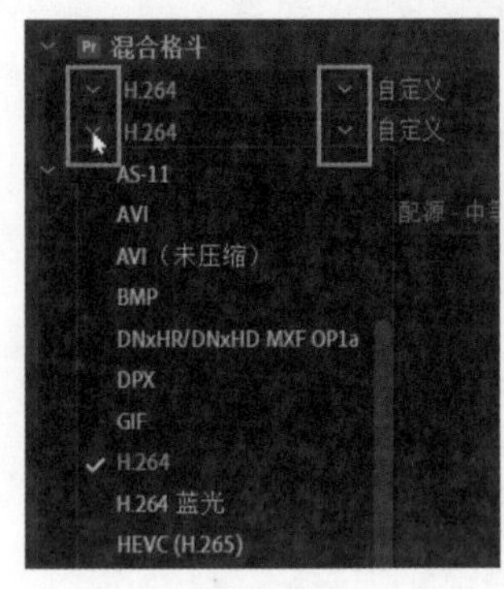

图 14-21

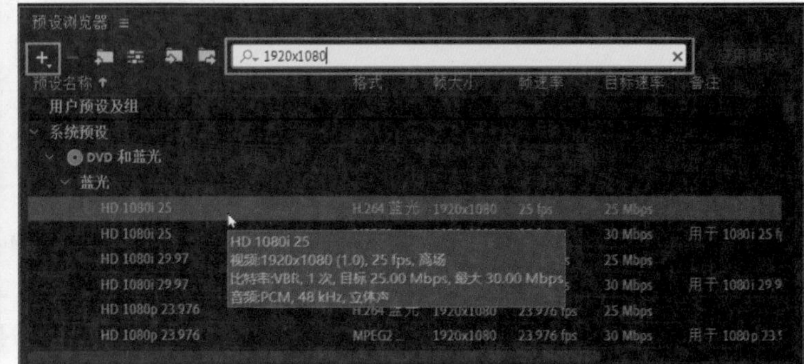

图 14-22

也可以直接在文件夹中选择 Premiere Pro 项目文件直接拖曳到【队列】面板中，在弹出的【选择项】对话框中选择需要导入的序列，如图 14-23 所示。

图 14-23

选择好输出的序列后单击【导入】按钮即可添加到队列中，在【队列】中序列将显示为“就绪”状态。

2. 开始渲染

【导出设置】设置完成后单击【队列】面板后面的【启动队列】▶按钮，就可以渲染了，渲染时会在队列右侧看到渲染进度条，在底部的【编码】面板可以看到显示的预览图、进度条与已用时间、剩余时间等，如图 14-24 所示。

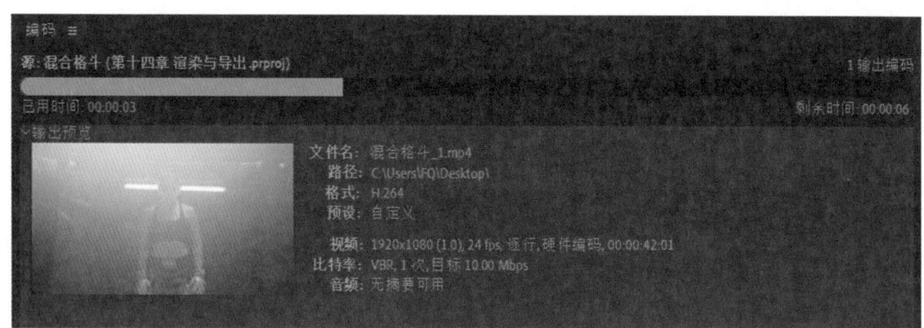

图 14-24

渲染完成后 Adobe Media Encoder 将更新状态为“完成”，并且自动执行队列中的下一项，如图 14-25 所示。

图 14-25

在进行导出设置时需要对视频的尺寸、帧速率、格式等信息有基本的了解。将项目中的序列导出为媒体文件后，我们就完成了整个编辑工作的最后一步。

学到这里我们已经掌握如何使用 Premiere Pro 进行非线性编辑的所有内容，在之后更新的 Premiere Pro 版本中更新了更多的、更强大的功能，在学习的过程中需要与官方网站更新的新功能结合，提升自己的操作水平与工作效率，制作出更加精彩、更加具有创意的作品。

第 15 章 综合案例

15.1 案例——无限色彩

（1）新建项目“无限色彩”，导入素材“原始颜色”“视频遮罩 1”至“视频遮罩 5”，移动“原始颜色”到时间轴上创建序列，使用【剃刀工具】将剪辑分割为 4 个片段，方便后期区分不同的颜色，如图 15-1 所示。

图 15-1

（2）框选所有片段，按住 Alt 键向上移动，在 V2 轨道上创建副本，然后选择第 1 个片段重命名为“紫色”，依次为后面片段重命名，如图 15-2 所示。

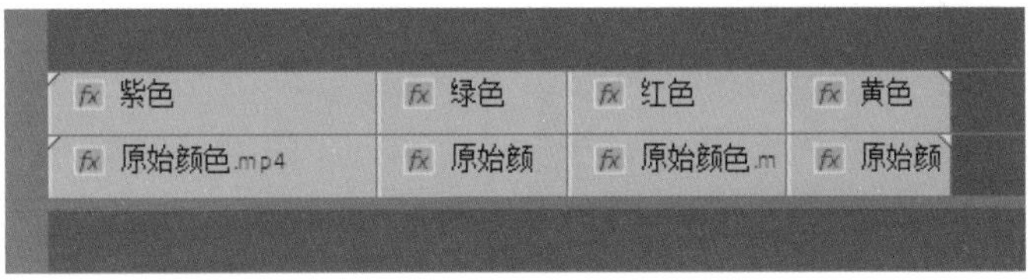

图 15-2

（3）选择“紫色”添加效果【更改颜色】，使用吸管吸取人物衣服的颜色，然后修改【色相变换】为 94，【匹配容差】为 35%，【匹配柔和度】为 8%，调整【匹配颜色】为【使用色相】。参数设置如图 15-3 所示，这样原来的蓝色衣服就变为了紫色，效果如图 15-4 所示。

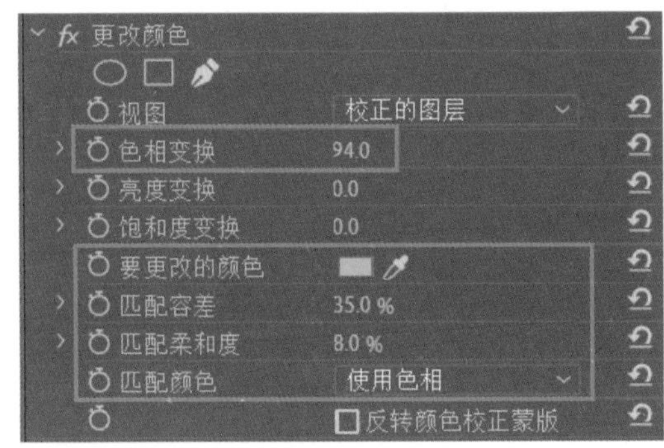

图 15-3

图 15-4

（4）为了使颜色变化有个过渡，选择素材“视频遮罩 1”与“视频遮罩 2”，放到 V3 轨道，视频遮罩是带有黑色、白色的视频，如图 15-5 所示。

图 15-5

（5）利用【轨道遮罩键】可以识别这些区域将剪辑变为透明。选择“紫色”添加【轨道遮罩键】，设置【遮罩】为【视频 3】，【合成方式】为【亮度遮罩】，选中【反向】复选框，这样就有了衣服由蓝色变为紫色的过渡效果，简单调整“视频遮罩 1”与“视频遮罩 2”的位置，控制过渡颜色的区域，如图 15-6 所示。

图 15-6

（6）选择“紫色”复制【更改颜色】效果，选择“绿色”粘贴，然后调整【色相】为 -100，将人物衣服的颜色调整为绿色，如图 15-7 所示。

（7）选择“红色”粘贴【更改颜色】效果，然后调整【色相】为 -180，将人物衣服的颜色调整为红色，如图 15-8 所示。

图 15-7

图 15-8

（8）选择“黄色”粘贴【更改颜色】效果，然后调整【色相】为 -144，将人物衣服的颜色调整为黄色，如图 15-9 所示。

（9）分别将遮罩素材放到 V3 轨道上，如图 15-10 所示。

图 15-9

图 15-10

（10）选择“紫色”复制【轨道遮罩键】效果，分别粘贴给“绿色”“红色”“黄色”，然后分别调整遮罩的【位置】【缩放】，调整颜色过渡的区域，播放序列可以看到已经有了颜色过渡的过程，如图 15-11 所示。

图 15-11

（11）但是这时过渡并不完整，过渡过程都是由原始的蓝色变为各自的颜色，片段之间并没有实现颜色的衔接，选择“紫色”的【更改颜色】效果复制，粘贴给 V1 轨道的第 2 个片段，播放序列可以看到片段与片段之间的颜色被继承了，衣服由紫色过渡为绿色，如图 15-12 所示。

图 15-12

（12）使用同样的方法选择“绿色”，复制【更改颜色】并粘贴给 V1 轨道的第 3 个片段，使衣服由绿色变为红色，选择“红色”复制【更改颜色】并粘贴给 V1 轨道的第 4 个片段，使衣服由红色变为黄色，修改“黄色”的【轨道遮罩键】效果，取消选中【反向】复选框，如图 15-13 所示。

图 15-13

（13）选择轨道上的全部剪辑，右击选择【嵌套】命令，重命名为“变色过程”，然后移动到 V2 轨道，将素材“彩色粉”移动到 V1 轨道，如图 15-14 所示。

（14）在“变色过程”上添加效果【颜色键】，使用吸管吸取画面中的黄色背景，然后调整数值，添加多次【颜色键】并适当调整参数，共同作用尽量将黄色背景抠除，头发区域不用抠除得太干净，效果如图 15-15 所示。

图 15-14

图 15-15

（15）选择【文件】-【新建】-【旧版标题】命令，命名为“无限色彩”，创建文字“无限”“色彩”，【字体】设置为【庞门正道标题体】，修改【填充】【阴影】参数，如图 15-16 所示。

（16）在【属性】中调整文字的【扭曲】属性，将文字变形，如图 15-17 所示。

图 15-16

图 15-17

（17）添加【描边】属性中的【外描边】，设置类型为【凹进】，调整【角度】为 90°，【强度】为 17，【颜色】为黄色、紫色，如图 15-18 所示。

（18）将“变色过程”移动到 V4 轨道，将【项目】面板的“无限色彩”放到 V3 轨道，如图 15-19 所示。

图 15-18

图 15-19

（19）按住 Alt 键向下移动，在 V2 轨道创建“无限色彩”的副本，软件自动将副本重命名为“无限色彩 复制 01”，如图 15-20 所示。

（20）选择“无限色彩 复制 01”，微调【位置】属性，将文字与“无限色彩”错位，并添加效果【反转】，效果如图 15-21 所示。

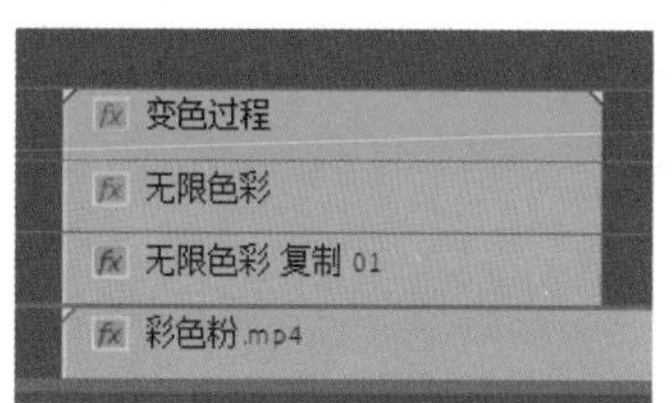

图 15-20

图 15-21

（21）选择文字“无限色彩”，添加效果【VR 数字故障】，添加【主振幅】与【随即植入】关键帧，使文字出现故障扭曲的效果，如图 15-22 所示。

（22）将【VR 数字故障】效果复制，粘贴给“无限色彩 复制 01”，效果如图 15-23 所示。

图 15-22

图 15-23

（23）添加音频“Sport Drums by”到 A1 轨道，选择【序列】-【渲染入点到出点】命令，等待进度条结束后播放序列，这样一个衣服不停变色的案例就制作完成了。

15.2 案例——人物写真相册

（1）新建项目“人物写真相册”，导入素材“人物 1”至“人物 6”，创建序列“AVCHD

1080p 30”。

（2）首先将素材“人物 1”放到序列中，右击选择【速度 / 持续时间】命令，修改【速度】为 300%，如图 15-24 所示，然后修剪“人物 1”的持续时间为 2 秒。

（3）使用【文字工具】工具创建文字并输入“DYNAMIC”，修改【字体】为【Source Han Sans CN】，【字体样式】为【Bold】，【字符间距】为 170，单击【全部大写字母】按钮，将文字变为大写，【填充】颜色选择白色，如图 15-25 所示。

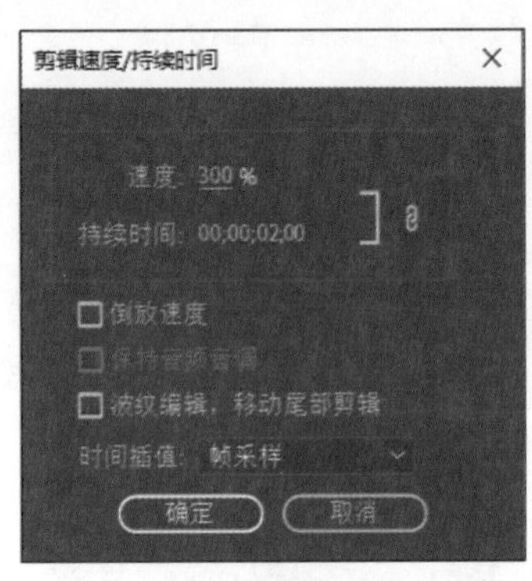

图 15-24

图 15-25

（4）在“人物 1”后面添加剪辑“人物 2”并修剪持续时间为 2 秒左右，使用【文字工具】工具创建文字并输入“OPENER”，如图 15-26 所示。

图 15-26

（5）选择“人物 2”与文字“OPENER”，右击选择【嵌套】命令并命名为“故障效果”，双击打开嵌套序列“故障效果”。

（6）单击【项目】面板中的【新建项】-【调整图层】，将调整图层放在 V3 轨道，然后添加效果【变换】，设置调整效果里面的【缩放】为 130。

（7）修剪调整图层的持续时间为 3 ~ 4 帧，然后随意放在 V3、V4 轨道上，如图 15-27 所示。

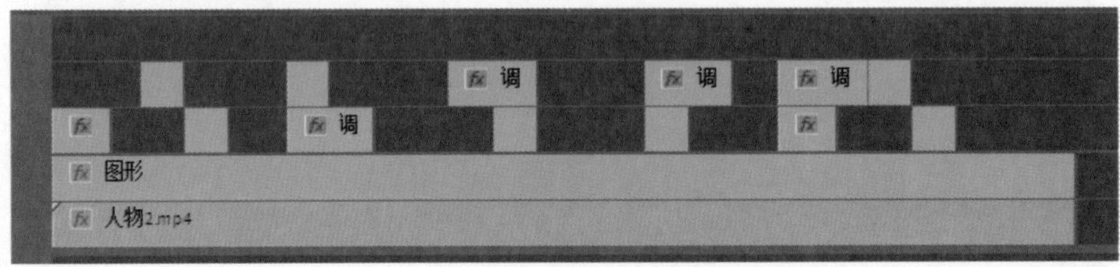

图 15-27

（8）选择调整图层的【运动】属性，在【节目监视器】中调整【位置】【缩放】，将所有调整图层的【运动】属性任意修改，制作错位的效果，如图 15-28 所示。

图 15-28

（9）回到总序列“人物展示相册”，选择将调整图层放在“DYNAMIC”轨道上方，修剪持续时间为 6 帧，添加效果【复制】，修改【计数】为 3，效果如图 15-29 所示。

图 15-29

（10）继续添加调整图层，放在 V4 轨道上，修剪持续时间为 12 帧，如图 15-30 所示。

（11）在 V4 轨道的调整图层上添加【变换】效果，在调整图层入点处调整效果中的【缩放】

为 300 并激活关键帧，在出点处修改【缩放】为 100，设置【快门角度】为 360，制作缩放的动画，效果如图 15-31 所示。

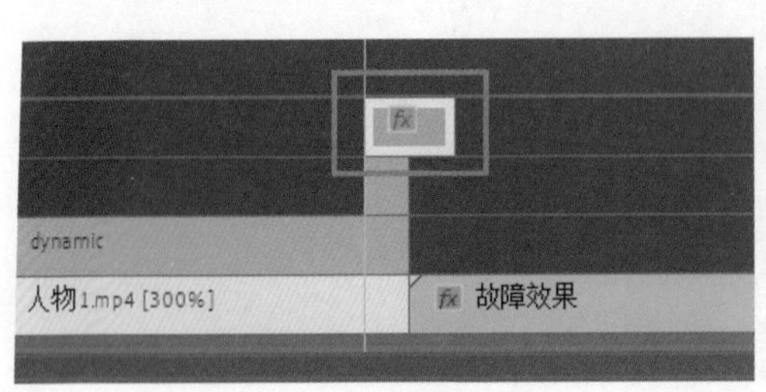

图 15-30

图 15-31

（12）添加“人物 3”到“故障效果”后面，并修剪持续时间为 2 秒左右，并使用【文字工具】创建文字“TRENDY”，效果如图 15-32 所示。

（13）将 V3、V4 轨道的调整图层复制，放到“故障效果”与“人物 3”上方，如图 15-33 所示。

图 15-32

图 15-33

（14）选择“人物 4”添加到 V4 轨道上 5 秒 20 帧处，修剪持续时间为 3 秒，如图 15-34 所示。

（15）在“人物 4”上添加效果【变换】，设置【快门速度】为 360，在 6 秒处激活【位置】关键帧，移动指针到 5 秒 10 帧处，修改【位置】为【960，-540】。制作“人物 4”自上而下的入场动画，效果如图 15-35 所示。

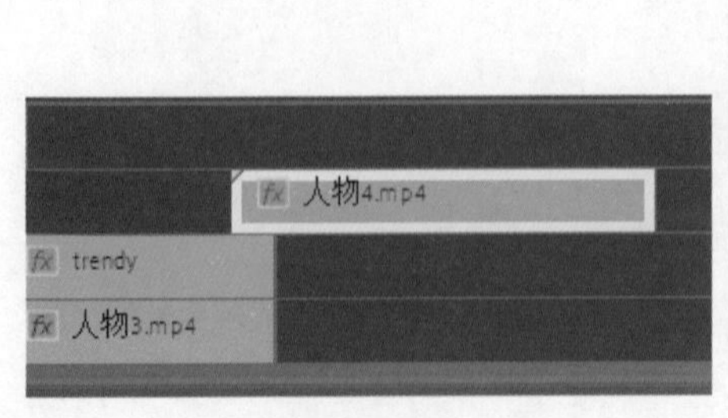

图 15-34

图 15-35

（16）使用【文字工具】创建文字“BRAND”，选择“人物 4”的【变换】效果，右击复制，粘贴给文字“BRAND”，效果如图 15-36 所示。

（17）在 V5 轨道 7 秒 20 帧处添加“人物 5”并创建文字“AWESOME”，如图 15-37 所示。

图 15-36

图 15-37

（18）选择“人物 5”与“AWESOME”右击选择【嵌套】命令，并命名为“人物 5 嵌套”。

（19）选择“人物 5 嵌套”添加效果【裁剪】，设置【右侧】参数为 75%，如图 15-38 所示。

（20）分别在 V6、V7、V8 轨道上创建副本并重命名，修剪持续时间相差 5 ~ 10 帧，如图 15-39 所示。

图 15-38

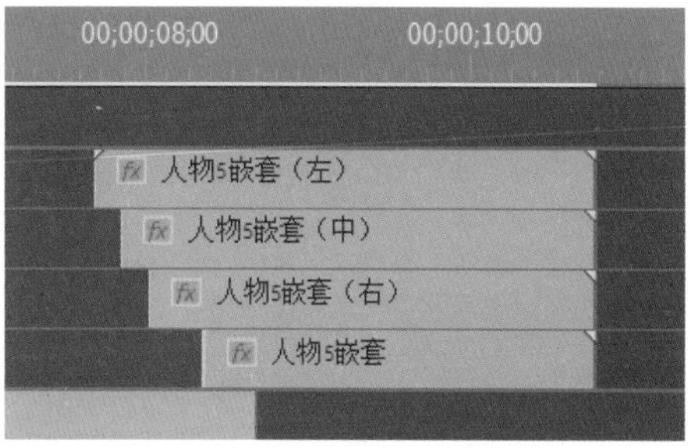

图 15-39

（21）选择“人物 5 嵌套（中）”，修改【左侧】为 35%，修改【右侧】为 40%，选择“人物 5 嵌套（右）”，修改【左侧】为 75%，如图 15-40 所示。

（22）选择“人物 5 嵌套”将【裁剪】效果清除，在 8 秒 20 帧处激活【位置】关键帧，移动指针到剪辑入点处修改【位置】为【2388，540】，制作从右向左的入场动画将画面补全，效果如图 15-41 所示。

图 15-40

图 15-41

（23）在 V9 轨道 10 秒处添加“人物 6”并使用【文字工具】创建文字“STYLE”，效果如图 15-42 所示。

（24）选择“人物 6”与“STYLE”，右击选择【嵌套】命令，命名为“人物 6 嵌套”。

（25）添加效果【线性擦除】，设置【过渡完成】为 50%，设置【擦除角度】为 180°，效果如图 15-43 所示。

图 15-42

图 15-43

（26）添加【变换】，设置【快门速度】为 360，在 10 秒 14 帧处激活【位置】关键帧，移动指针到 10 秒 3 帧处，修改【位置】为【-1000，540】，制作从左到右的入场动画，效果如图 15-44 所示。

（27）复制“人物 6 嵌套”到 V10 轨道并重命名为“人物 6 嵌套（上）”，修改【线性擦除】的【擦除角度】为 0，并向左移动【变换】中的【位置】关键帧 3 帧，补全画面中的上半部分，效果如图 15-45 所示。

图 15-44

图 15-45

（28）最后添加音乐“Beau Walker - Waves”，在 13 秒处添加序列出点，播放序列查看效果，这样一个人物写真相册的案例就制作完成了。